高等职业院校精品教材系列

液压应用技术项目化教程

王佳庆　主　编

電子工業出版社
Publishing House of Electronics Industry
北京·BEIJING

内 容 简 介

本书根据近几年开展的示范专业建设和课程内容改革进行编写，主要内容分为3个部分：第一部分为基础知识和基础回路，包括绪论、液压教学软件的使用、液压泵的性能检测、液压缸的手动控制、液压马达的正/反转控制回路、过载保护回路的安装运行等；第二部分为控制回路教学，包括压力控制回路的安装运行、行程控制回路的安装运行、时间控制回路的安装运行、速度控制回路的安装运行和蓄能器控制回路的安装运行等；第三部分为综合应用实践，包括液压回路的电液比例控制、多缸动作控制回路的安装运行、典型液压传动系统分析、液压回路的PLC控制、液压系统的使用维护和液压系统的故障诊断与排除等。本书以17个典型项目为主线进行介绍，内容结合行业发展，编排严谨有序，淡化理论分析，精简公式推导，实用性较强。

本书可作为高职高专院校相应课程的教材，也可作为应用型本科、开放大学、成人教育、自学考试、中职学校和培训班的教材，以及流体传动与控制工程技术人员的参考书。

本教材配有电子教学课件、习题参考答案等，详见前言。

图书在版编目（CIP）数据

液压应用技术项目化教程 / 王佳庆主编. —北京：电子工业出版社，2014.8（2024.1重印）
全国高等职业教育规划教材 • 精品与示范系列
ISBN 978-7-121-23677-8

Ⅰ. ①液… Ⅱ. ①王… Ⅲ. ①液压技术－高等职业教育－教材 Ⅳ. ①TH137

中国版本图书馆CIP数据核字（2014）第141622号

策划编辑：陈健德（E-mail：chenjd@phei.com.cn）
责任编辑：康　霞
印　　刷：北京七彩京通数码快印有限公司
装　　订：北京七彩京通数码快印有限公司
出版发行：电子工业出版社
　　　　　北京市海淀区万寿路173信箱　邮编 100036
开　　本：787×1 092　1/16　印张：16　字数：410千字
版　　次：2014年8月第1版
印　　次：2024年1月第9次印刷
定　　价：49.00元

凡所购买电子工业出版社图书有缺损问题，请向购买书店调换。若书店售缺，请与本社发行部联系，联系及邮购电话：（010）88254888，88258888。

质量投诉请发邮件至 zlts@phei.com.cn，盗版侵权举报请发邮件至 dbqq@phei.com.cn。

本书咨询联系方式：chenjd@phei.com.cn。

前　言

近年来，随着经济的快速发展，我国已成为世界性制造大国。各种机械设备产品层出不穷并得到广泛应用。液压技术作为现代传动与控制的关键技术也得到快速发展。掌握液压传动技术已成为许多人员上岗就业的必要条件，高职院校有多个专业开设了本课程。本书根据教育部新的教学改革要求，结合近几年开展的示范专业建设和课程内容改革，在长期从事职业教育和培训经验的基础上进行编写。

本书的内容设置以学生为教学主体，以激发学生主动学习、提高课堂教学效率为目标，注重培养学生理论联系实际的能力，突出职业素质和技能的培养。全书将 17 个实训项目贯穿于教学的始终，用项目和任务进行知识的引入，每个项目包含 1～3 个任务，所有的实训任务都来源于企业生产的实际工作。在教学课时方面，课程的实践占了 50%以上，教学全部在实训室进行，合理分配实训工位，使学生能在做中学、学中做。例如，在讲解液压回路时，学生首先在计算机上使用液压教学软件进行虚拟仿真模拟，教师提出相关问题让学生分析解答，使学生理解回路运行原理和各元件的作用；然后再由学生分组合作在实训台上完成回路的搭建和调试，并注意观察和分析实际运行结果；最后完成实训报告，由教师和学生一起进行总结评价。这样的教学方式有利于学生主动学习和掌握相关知识及技能。

本课程教学时数建议为 72 学时，各院校可根据实际情况灵活选择和安排教学内容。

本书由苏州工业园区职业技术学院机电工程系王佳庆老师主编。在编写过程中，参阅了同类著作和文献资料，得到许多同行的关心和帮助，多家合作企业的技术人员提供了宝贵的资料和建议，在此一并表示感谢。

为了方便教师教学，本书配有免费的电子教学课件、习题参考答案，请有此需要的教师登录华信教育资源网（http://www.hxedu.com.cn）免费注册后再进行下载，有问题时请在网站留言或与电子工业出版社联系（E-mail:hxedu@phei.com.cn）。

由于编者水平所限，书中难免存在不足和疏漏之处，恳请读者批评指正。

编　者

目 录

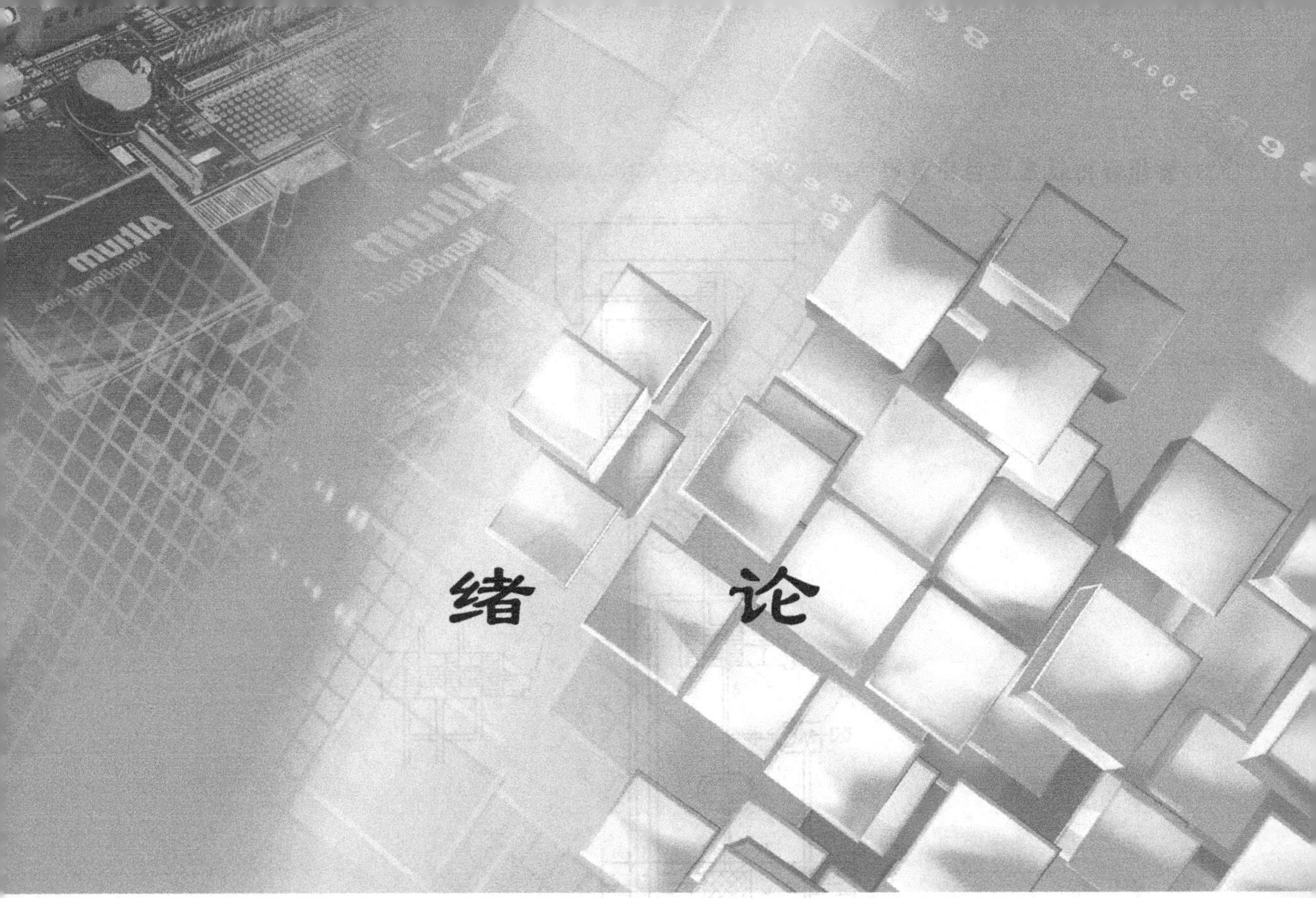

绪　论

0.1 液压系统的工作原理及组成

如图 0-1 所示为磨床工作台液压系统，其工作原理为：在如图 0-1（a）所示位置，液压泵 3 由电动机带动旋转后，从油箱 1 中吸油，油液经过滤器 2 进入液压泵 3，并经换向阀 5、节流阀 6、换向阀 7 进入液压缸 8 的左腔，液压缸 8 右腔的油液经换向阀 7 流回油箱，液压缸活塞在压力油作用下驱动工作台 9 右移。反之，通过换向阀 7 换向，如图 0-1（b）所示，压力油进入液压缸 8 的右腔，液压缸 8 左腔的油液经换向阀 7 流回油箱，液压缸活塞在压力油的作用下驱动工作台 9 左移。

根据以上分析可以看出，液压传动是以液压油作为工作介质，先通过动力元件（液压泵）将原动机（如电动机）输入的机械能转换为液体压力能，再经密封管道和控制元件等输送至执行元件（如液压缸），将液体压力能又转换为机械能以驱动工作部件。

液压传动系统由以下 5 个主要部分组成。

（1）动力元件。将原动机输入的机械能转换为液体压力能的装置，其作用是为液压系统提供压力油，是系统的动力源，如各类液压泵。

（2）执行元件。将液体压力能转换为机械能的装置，其作用是在压力油的推动下输出力和速度（或转矩和转速），以驱动工作部件，如各类液压缸和液压马达。

（3）控制调节元件。用来控制液压传动系统中油液的压力、流量和流动方向的装置，如溢流阀、节流阀和换向阀等。

（4）辅助元件。上述三部分以外的其他装置分别起储油、输油、过滤和测量压力等作用，如油箱、油管、过滤器和压力表等。

（5）液压油。液压系统中传递能量的工作介质，有矿物油、乳化液和合成型液压油等。

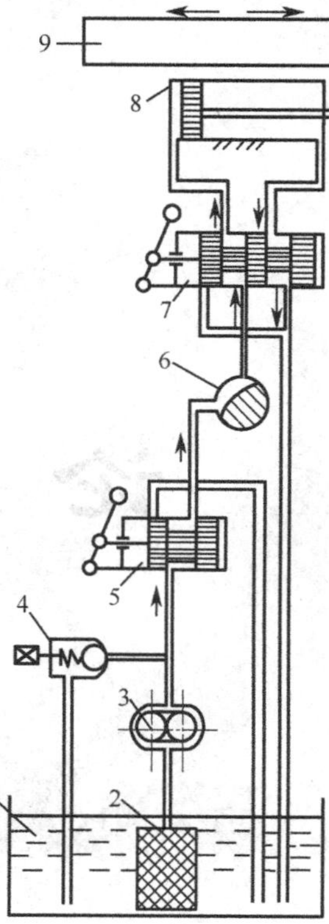

（a）

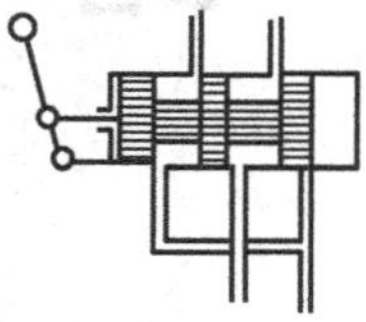
（b）

1—油箱；2—过滤器；3—液压泵；4—溢流阀；5、7—换向阀；6—节流阀；8—液压缸；9—工作台

图 0-1　磨床工作台液压系统

0.2　液压传动的优缺点

与机械传动、电气传动相比，液压传动具有以下优点。

（1）液压传动可在运行过程中进行无级调速，调速方便且调速范围大。

（2）质量轻、体积小、运动惯性小、反应速度快、输出力大。液压装置的体积比同样大小输出力的电动机及机械传动装置的体积要小得多。

（3）液压传动工作比较平稳、反应快、换向冲击小，能快速启动、制动和频繁换向。

（4）液压传动的控制调节简单，操作方便、省力，易实现自动化。当其与电气控制结合时更易实现各种复杂的自动工作循环。

（5）液压传动易实现过载保护，液压元件能够自行润滑，故使用寿命较长。

（6）液压元件已实现了系列化、标准化和通用化，故制造、使用和维修都比较方便。

液压传动同样存在一些缺点。

（1）液体的泄漏和可压缩性使液压传动难以保证严格的传动比。泄漏如果处理不当，会污染场地，还可能引起火灾和爆炸事故。

（2）液压传动在工作过程中能量损失较大，不宜做远距离传动。

（3）液压传动对油温变化比较敏感，不宜在很高或很低的环境温度下工作。

（4）液压传动要求有单独的能源，不像电源那样使用方便。

（5）液压元件的制造精度要求较高，因而价格较贵。

（6）液压传动出现故障时不易找出原因，使用和维修要求有较高的技术水平。

0.3 液压传动的应用

液压传动技术的应用领域非常广泛，建筑工程机械、农业机械等行走机械是液压技术的主要用户（如图 0-2 所示），其次是机床、冶金、塑机等行业（如图 0-3 所示）。

图 0-2　液压挖掘机

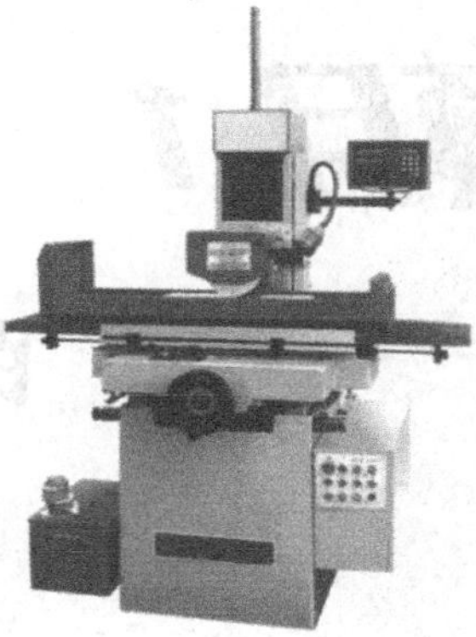

图 0-3　液压磨床

液压传动技术在各类机械行业中的应用实例见表 0-1。

表 0-1　液压传动技术在各类机械行业中的应用实例

行业名称	应用场所举例
工程机械	挖掘机、装载机、推土机、轧路机、铲运机等
起重运输机械	汽车吊、港口龙门吊、叉车、装卸机械、皮带运输机等
矿山机械	凿岩机、开掘机、开采机、破碎机、提升机、液压支架等
建筑机械	打桩机、液压千斤顶、平地机等
农业机械	联合收割机、拖拉机、农具悬挂系统等
冶金机械	电炉炉顶及电极升降机、轧钢机、压力机等
轻工机械	打包机、注塑机、校直机、橡胶硫化机、造纸机等
汽车工业	自卸式汽车，平板车，高空作业车，汽车中的转向器、减振器等
智能机械	折臂式小汽车装卸器、数字式体育锻炼机、模拟驾驶舱、机器人等

思考与练习题

1．液压传动系统由哪几部分组成？试说明各部分的作用。

2．液压传动有什么特点？

3．列举你所熟悉的液压传动在实际工程中的应用。

项目1 液压教学软件的使用

作为学习液压技术的工具和平台，液压传动教学软件可用于流量和压力的检测，元件图形符号和工作原理的学习，元件基本性能的检测，基本回路的设计、仿真、安装与检测，以及信号的控制连接与检测等。掌握软件的操作和使用方法，对于学习液压知识有着非常重要的意义。

1.1 项目目标

（1）学习液压油的相关知识；

（2）掌握压力和流量的基本概念，能够分析管道中油液压力和流量的变化；

（3）学会设置液压教学软件中各个液压元件的相关参数，并分析液压回路的运行状态和回路中各元件的作用；

（4）了解液体流动状态和压力损失的分类，知道液压冲击和空穴现象的产生原因及其危害；

（5）了解液压知识的学习过程和方法。

1.2 实训设备和元器件

项目所需实训设备和元器件见表 1-1。

表 1-1 实训设备和元器件明细表

名称	数量	名称	数量	名称	数量
计算机（安装教学软件）	1	车用立式液压千斤顶	1	重物（自选）	1

1.3 基础知识

1.3.1 液压油

在任何液压系统中，液压油都是至关重要的组成部分。它的功能是有效地传递能量、润滑部件、防锈防腐蚀和作为一种散热介质。液压系统能否可靠、灵敏、准确、有效而且经济地工作，与所选用的液压油品种及性能密切相关。因此，正确选用液压油是确保液压系统长期正常工作的前提。

1. 黏性

液体在外力作用下流动时，分子间的内聚力会阻碍分子间的相对运动而产生一定的内摩擦力，这种性质称为液体的黏性。油液只有在流动时才有黏性，静止液体不显示黏性。

黏性的大小用黏度表示。黏度是选择液压油的主要指标，它对油液流动特性影响很大。当油液黏度过高时，会导致机械上和液体内部两方面的摩擦增加，产生高温，增大压力损失和能耗；黏度过低时，又会增加内外泄漏，增加泵的动力传递损耗和元件的磨损。

常用的黏度有三种，即动力黏度、运动黏度和相对黏度。液压油的牌号用 40℃下运动黏度的平均值来表示，如 N46 号液压油就是指这种液压油在 40℃时的运动黏度的平均值是 46cSt（厘斯）。

2. 黏温特性

油液的黏度对温度的变化极为敏感，温度升高，油的黏度即显著降低，油的黏度随温度变化的性质称为黏温特性。如图 1-1 所示为某品牌液压油外包装示意图，黏温特性是液压油的主要性能特点之一，不同种类的液压油有不同的黏温特性，黏温特性较好的液压油，黏度随温度的变化较小。

图 1-1 某品牌液压油外包装示意图

除了黏温特性以外，液压油还有其他的一些主要性能，如润滑性与抗磨性、防锈和抗腐蚀性、氧化安定性和热安定性、抗剪切安定性、抗乳化性和水解安定性、抗泡性和空气释放性、清洁度和可滤性、对密封材料的相容性及其他要求，如低温性能、可压缩性等。

3. 液压油的分类

液压油的分类见表1-2，液压油的品种主要可分为石油型、乳化型和合成型三大类。

表 1-2　液压油的分类

分　类	名　称	代　号	组成和特性	应　用
石油型	精制矿物油	L—HH	无抗氧剂	低压液压系统
	普通液压油	L—HL	HH 油，改善其防锈和抗氧性	中低压液压系统，如精密机床
	抗磨液压油	L—HM	HL 油，改善其抗磨性	中高压液压系统，特别适合于有防磨要求带叶片泵的液压系统，如冶金机械
	低温液压油	L—HV	HM 油，改善其黏温特性	能在-40～-20℃的低温环境中工作，用于户外工作的矿山、工程机械和船用设备的液压系统
	高黏度指数液压油	L—HR	HL 油，改善其黏温特性	黏温特性优于 L—HV 油，用于数控机床液压系统和伺服系统
	液压导轨油	L—HG	HM 油，具有良好的黏滑特性	适用于导轨和液压系统共用一种油品的机床，对导轨有良好的黏滑性和防爬性
	其他液压油		加入多种添加剂	用于高品质的专用液压系统
乳化型	水包油乳化液	L—HFAE	需要难燃液压油的场合	
	水包油乳化液	L—HFB		
合成型	水—乙二醇液	L—HFC		
	磷酸酯液	L—HFDR		

4. 液压油的选用

首先应根据液压系统的环境与工作条件选用合适的液压油类型，其次选择液压油的牌号。

对液压油牌号的选择主要是对油液黏度等级的选择，这是因为黏度对液压系统的稳定性、可靠性、效率、温升及磨损都有显著影响。在选择黏度时应注意以下几点。

（1）液压系统的工作压力。工作压力较高的液压系统宜选用黏度较大的液压油，以便于密封，减少泄漏；反之，可选用黏度较小的液压油。

（2）环境温度。环境温度较高时宜选用黏度较大的液压油，因为环境温度高使油的黏度下降。

（3）运动速度。当工作部件的运动速度较高时，为减小液流的摩擦损失，宜选用黏度较小的液压油。

在液压系统的所有元件中，以液压泵对液压油的性能最为敏感，因为泵内零件的运动速度最高，承受的压力最大，且承压时间长，温升高。因此，常根据液压泵的类型及其要求来选择液压油的黏度。

1.3.2 液体静力学基础

1. 压力

在液压传动中，油液的压力主要来自油液表面所受的外力（大气压力除外），通常将液体在单位面积上所受到的垂直作用力称为压力，用符号 p 表示，即

$$p=\frac{F}{A} \tag{1.1}$$

式中，p 为外力产生的压力，单位为 Pa；F 为对液体的作用力，单位为 N；A 为受力面积，单位为 m^2。

压力的表示方法有两种，一种是以绝对真空作为基准所表示的压力，称为绝对压力；另一种是以大气压力作为基准所表示的压力，称为相对压力，也称为表压力（仪表所测得的压力）。两者的关系为：绝对压力=相对压力+大气压力，当绝对压力低于大气压力时，比大气压力小的那部分数值叫做真空度，即真空度=大气压力-绝对压力。

压力的单位为 N/m^2，即 Pa，除此之外还有 kPa、MPa，以及以前沿用的一些单位，如 bar、工程大气压 at（即 kgf/cm^2）、标准大气压 atm 等。

换算关系为

$$1\ MPa=10^3\ kPa=10^6\ Pa$$

$$1\ bar=10^5\ N/m^2=0.1\ MPa=1.02\ kgf/cm^2$$

2. 帕斯卡原理

在密闭容器内，施加于静止液体的压力能等值地传递到液体内部各点，这就是帕斯卡原理，或称静压力传递原理。

如图 1-2 所示，作用在大活塞上的负载 F_1 形成液体压力 $p=F_1/A_1$，为防止大活塞下降，在小活塞上应施加的力 $F_2=pA_2=F_1A_2/A_1$，由此可得：液压传动可使力放大，也可使力缩小，也可以改变力的方向；液体内的压力是由负载决定的。

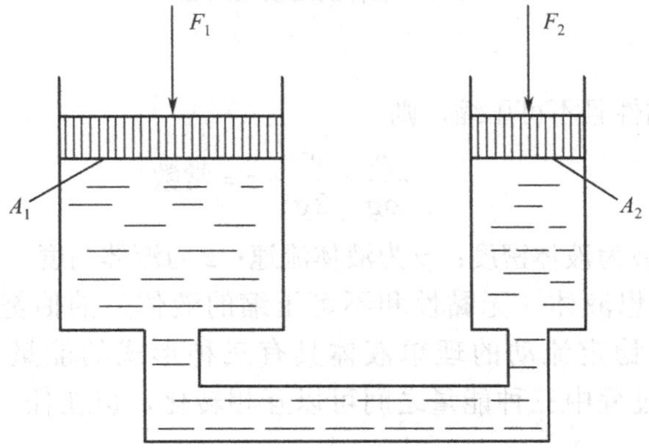

图 1-2 帕斯卡原理示意图

1.3.3 液体动力学基础

1. 理想液体和恒定流动

研究流动液体时要考虑其黏性，而液体的黏性阻力是一个很复杂的问题，因此引入了理想液体的概念。所谓理想液体就是无黏性、不可压缩的假想液体。首先对理想液体进行研究，然后通过实验验证的方法对所得的结论进行补充和修正。这样，不仅使问题简单化，而且得到的结论在实际应用中也具有足够的精确性。

恒定流动是指液体流动时液体中任意一点处的压力、流速和密度不随时间而变化。反之，则是非恒定流动。

2. 流量

单位时间内通过通流截面的液体体积称为流量，用 q 表示，即

$$q=\frac{V}{t}=vA \tag{1.2}$$

式中，q 为流量，单位为 m^3/s，工程上常用 L/min；V 为液体体积，单位为 m^3；t 为通过液体所需的时间，单位为 s；v 为平均流速，单位为 m/s；A 为通流截面面积，单位为 m^2。

3. 连续性方程

假定液体不可压缩，则液体在同一单位时间内流过同一通道两个不同断面的体积应相等。如图 1-3 所示，v_1、v_2 为液体在截面 1 和 2 处的平均流速，A_1、A_2 为截面 1 和 2 处的截面积，则 $v_1A_1=v_2A_2$=常量，因而流速和截面积成反比，直径大的管道流速慢，直径小的管道流速快。

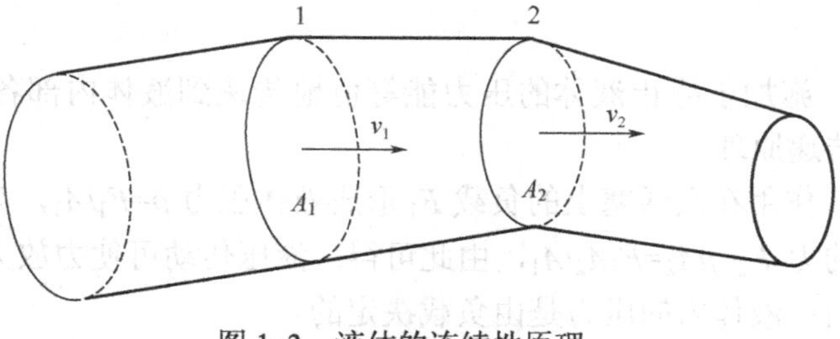

图 1-3 液体的连续性原理

4. 伯努利方程

假定液体不具有黏性且不可压缩，则

$$\frac{p}{\rho g}+\frac{v^2}{2g}+z=常数 \tag{1.3}$$

式中，p 为液体压力；ρ 为液体密度；v 为液体流速；z 为液体高度。

式（1.3）称为理想液体（无黏性和不可压缩的液体）的伯努利方程，其物理意义是：在密闭管道内做稳定流动的理想液体具有三种形式的能量（压力能、位能、动能），在沿管道流动过程中三种能量之间可以互相转化，但在任一截面处，三种能量的总和为一常数。

实际液体在管道中流动时，由于液体具有黏性，会产生内摩擦力，而且随着管道形状

和尺寸的变化，会产生扰动，造成能量损失，因此实际液体在流动时的伯努利方程中需加入能量损耗。

实例 1-1 试用连续性方程和伯努利方程分析如图 1-4 所示的变截面水平管道各截面上的液体流速和压力。

解 由连续性方程 $v_1A_1=v_2A_2=v_3A_3=$常量

因为 $A_1>A_2>A_3$，所以 $v_1<v_2<v_3$

再根据伯努利方程

$$\frac{p_1}{\rho g}+\frac{v_1^2}{2g}+z_1=\frac{p_2}{\rho g}+\frac{v_2^2}{2g}+z_2=\frac{p_3}{\rho g}+\frac{v_3^2}{2g}+z_3=\text{常量}$$

由于管道水平放置，故 $z_1=z_2=z_3$，上式可改写为

$$\frac{p_1}{\rho g}+\frac{v_1^2}{2g}=\frac{p_2}{\rho g}+\frac{v_2^2}{2g}=\frac{p_3}{\rho g}+\frac{v_3^2}{2g}$$

因为 $v_1<v_2<v_3$，所以 $p_1>p_2>p_3$。

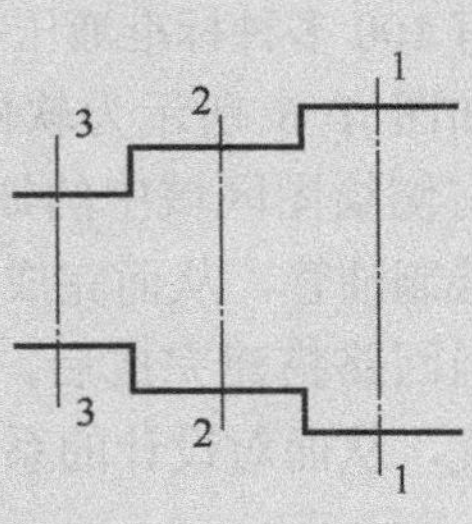

图 1-4 变截面管道示意图

实例 1-2 分析如图 1-5 所示液压千斤顶的工作原理。

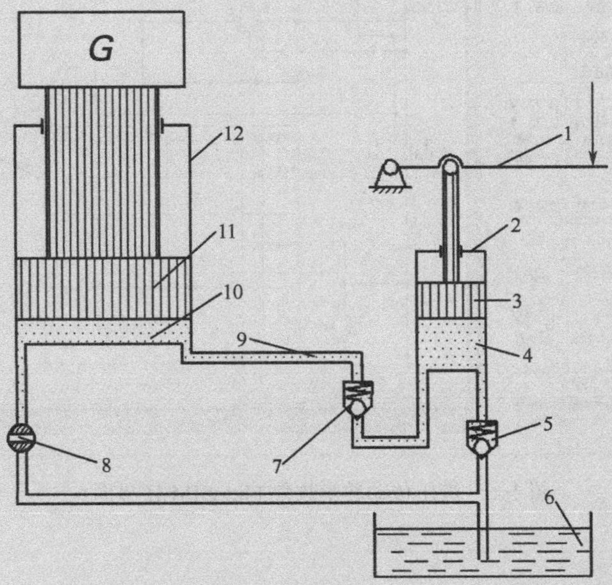

1—杠杆；2—泵体；3、11—活塞；4、10—油腔；5、7—单向阀；6—油箱；8—放油阀；9—油管；12—缸体

图 1-5 液压千斤顶的原理图

分析 液压千斤顶的结构中有两个液压缸，用手向上扳动手柄，小液压缸中的小活塞 3 向上移动，油从油箱 6 经过油管、单向阀 5（只准油液从下往上单方向流动的阀门）进入小液压缸下腔 4，产生抽吸作用；当压下手柄，小活塞 3 下移时，将吸入小液压缸下腔 4 的油经油管 9、单向阀 7 压入大液压缸下腔 10，迫使大活塞 11 向上移动，从而顶起重物。这样不断地上下扳动手柄就能将油间歇地压入大液压缸下腔 10，使重物缓慢上升，而且由于油液的不可压缩性，可以保持重物的上升位置。工作完毕，拧开放油阀 8，大液压缸下腔 10 的油就可经管道流回油箱，大活塞 11 下移，千斤顶就可取出来了。

1.3.4 液压传动教学软件

FluidSIM 是一款由德国 FESTO 公司开发的专门用于液压与气压传动的教学软件，运行于 Microsoft Windows 操作系统，其中 FluidSIM-H 用于液压传动教学。该软件的绘图功能模块中含有 100 多种标准液压、电气元件，利用该模块实现液压、电气回路的设计及绘制。

如图 1-6 所示为软件界面，在新建文件后，首先用鼠标从左侧元件库中拖动所需的元件至右侧绘图区域中的期望位置进行元件的布置。完成元件布置后，在两个选定的油口之间可绘制油管，从而完成液压回路的搭建。用同样方法可搭建电气回路。

当回路搭建完成后，利用系统模拟仿真功能模块可对组成液压回路的元件参数进行调节设置，从而对设计的系统进行准确的动作和工作参数的模拟及测试。

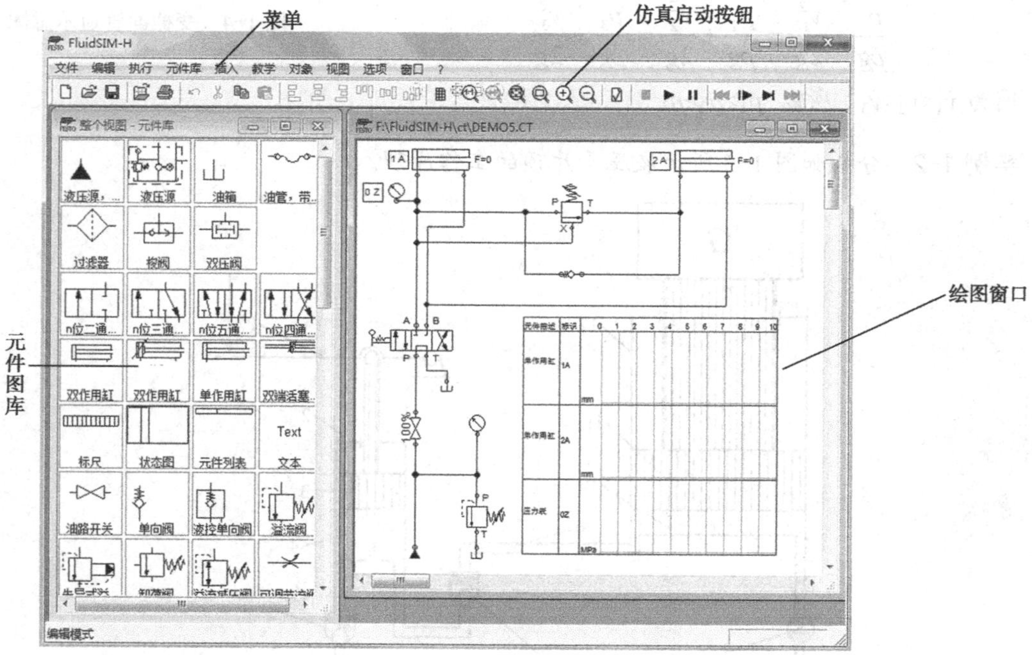

图 1-6 液压传动教学软件 FluidSIM-H 界面

1.4 实训操作

任务 1-1 观察和了解液压回路的工作过程

1. 任务说明

通过液压教学软件的使用，观察和了解教学软件中液压回路的工作过程。

2. 操作步骤

（1）打开计算机，运行液压教学软件 FluidSIM-H；

（2）单击工具栏上的“新建”按钮；

（3）如图 1-7 所示，用鼠标从元件图库中选择所需元件，并拖动至右侧绘图区域中，在元件选定的油口之间绘制油管，完成液压回路的搭建；

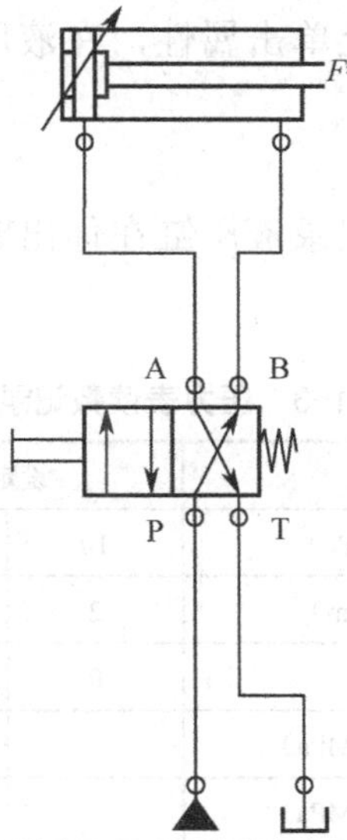

图 1-7 任务 1-1 的液压回路图

（4）点选回路中的液压元件，通过鼠标右键菜单观看元件描述、元件图片和元件插图；

（5）仿真运行液压回路，观察回路的工作过程；

（6）完成实训报告（见附录）。

3. 分析讨论

通过观察教学软件中液压回路的工作过程，分析讨论系统组成及各部分的作用。

任务 1-2 液压回路的压力分析

1. 任务说明

在液压教学软件中搭建液压回路，设置液压缸和液压源的相应参数，根据伸出时压力表的读数，分析回路中压力的变化。

2. 操作步骤

（1）搭建回路

如图 1-8 所示，运行液压教学软件，在软件的绘图区域中搭建液压回路，点选每一个液压元件，通过鼠标右键菜单观看元件描述、元件图片和元件插图。

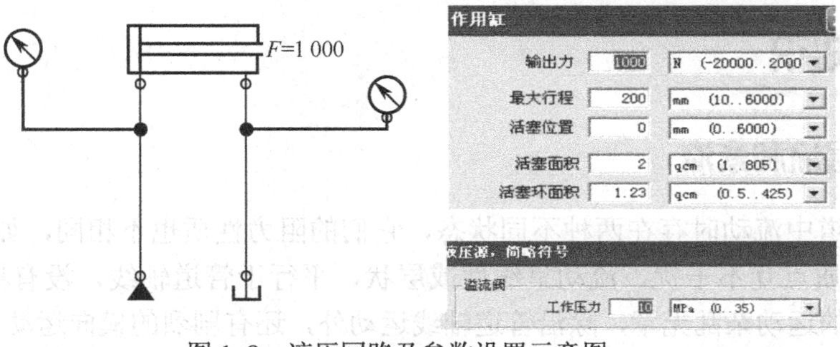

图 1-8 液压回路及参数设置示意图

（2）设置参数

点选液压源，在鼠标右键菜单上单击属性，在液压源的属性窗口中设置工作压力为 10 MPa。

（3）仿真运行

对回路进行仿真运行，观察并记录液压缸在伸出时和伸出到位后压力表的读数（见表 1-3）。

表 1-3　压力表读数记录

元件参数		设定值/压力表读数		
液压源工作压力（MPa）		10	10	15
液压缸活塞面积（qcm）		2	2	3
输出力（N）		0	1 000	2 000
伸出	进油路压力（MPa）			
	回油路压力（MPa）			
到位	进油路压力（MPa）			
	回油路压力（MPa）			

（4）修改参数并仿真运行回路

在液压缸的属性窗口中设置输出力为 1 000 N，仿真运行回路后记录液压缸伸出时和伸出到位后压力表的读数。

（5）再次修改参数并仿真运行回路

改变相应参数（液压缸输出力为 2 000 N，活塞面积为 3 qcm，液压源工作压力为 15 MPa），仿真运行回路后记录液压缸伸出时和伸出到位后压力表的读数。

3. 分析讨论

根据液压缸伸出且输出力为 0 时的进油路压力计算液压缸伸出时摩擦力的大小，分析后面两种情况下压力读数的变化。

4. 总结

液压系统中的压力是由于油液的前面受负载阻力的阻挡，后面受液压泵输出油液的不断推动而处于一种“前阻后推”的状态下产生的，工作压力取决于负载，而与流入液体的多少无关。

1.5　拓展知识

1.5.1　层流和紊流

液体在管道中流动时存在两种不同状态，它们的阻力性质也不相同，如图 1-9 所示。层流是指液体质点互不干扰，流动呈线性或层状，平行于管道轴线，没有横向运动；紊流是指液体质点的运动杂乱无章，除沿管道轴线运动外，还有剧烈的横向运动。

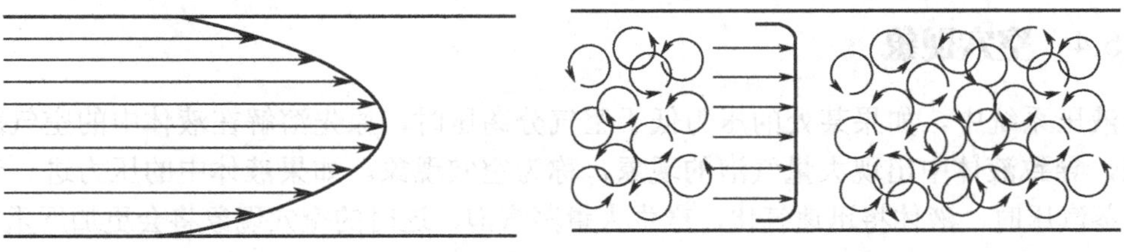

图 1-9 液体流动状态示意图

液体的流动状态通过雷诺数 R_e 来判断，即

$$R_e = \frac{vd}{\gamma} \tag{1.4}$$

式中，v 为液体流动速度；d 为管道直径；γ 为液体的运动黏度。

液体流动时由层流转化为紊流时的雷诺数 R_e 叫临界雷诺数 R_{e0}。当雷诺数 R_e 小于临界雷诺数 R_{e0} 时为层流，而当雷诺数 R_e 大于临界雷诺数 R_{e0} 时为紊流。

1.5.2 压力损失

液压系统中的压力损失分为两类，一类是油液沿等直径直管流动时所产生的压力损失，称之为沿程压力损失。这类压力损失是由液体流动时的内、外摩擦力所引起的。另一类是油液流经局部障碍（如弯头、接头、管道截面突然扩大或收缩）时，由于液流的方向和速度的突然变化，在局部形成旋涡引起油液质点间，以及质点与固体壁面间相互碰撞和剧烈摩擦而产生的压力损失，称之为局部压力损失。

压力损失过大会引起液压系统中功率损耗的增加，这将导致油液发热、泄漏量增加、效率下降和液压系统性能变坏。

管路系统的总压力损失等于所有沿程压力损失和所有局部压力损失之和。

1.5.3 液压冲击

在液压系统中，由于某种原因（当极快地换向或关闭液压回路时）而引起油液的压力在瞬间急剧升高，形成较大的压力峰值，这种现象称为液压冲击。

系统中出现液压冲击时，液体瞬时压力峰值可以比正常工作压力大好几倍。液压冲击会损坏密封装置、管道或液压元件，还会引起设备振动，产生很大噪声。有时，液压冲击还会使某些液压元件如压力继电器、顺序阀等产生误动作，影响系统正常工作。

减小液压冲击的主要措施有以下几点。

（1）延长阀门关闭和运动部件制动换向的时间。

（2）限制管道流速及运动部件速度。

（3）适当加大管道直径，尽量缩短管路长度。

（4）采用软管，以增加系统的弹性。

（5）在系统中装置安全阀，可起卸载作用。

1.5.4 空穴现象

在液压系统中，如果某处的压力低于空气分离压时，原先溶解在液体中的空气就会分离出来，导致液体中出现大量气泡的现象，称为空穴现象。如果液体中的压力进一步降低到饱和蒸汽压时，液体将迅速气化，产生大量蒸汽泡，这时的空穴现象将会更加严重。

当液压系统中出现空穴现象时，大量的气泡破坏了液流的连续性，造成流量和压力脉动。气泡随液流进入高压区时又急剧破灭，以致引起局部液压冲击，发出噪声并引起振动。当附着在金属表面上的气泡破灭时，它所产生的局部高温和高压会使金属剥蚀，这种由气穴造成的腐蚀作用称为气蚀。气蚀会使液压元件的工作性能变坏，并使其寿命大大缩短。

空穴多发生在阀口和液压泵的进口处。由于阀口的通道狭窄，液流的流速增大，压力则大幅下降，以致产生空穴。当泵的安装高度过大，吸油管直径太小，吸油阻力太大，或泵的转速过高，造成进口处真空度过大时，也会产生空穴。

为减小空穴和气蚀的危害，通常采取下列措施。

（1）减小小孔或缝隙前、后的压力降。

（2）降低泵的吸油高度，适当加大吸油管内径，限制吸油管内液体的流速，尽量减小吸油管路中的压力损失（如及时清洗滤油器或更换滤芯等）。对于自吸能力差的泵，需用辅助泵供油。

（3）管路要有良好的密封，防止空气进入。

1.6 拓展任务——液压千斤顶的操作

1. 任务说明

如图 1-10 所示为车用立式液压千斤顶实物图，学生通过分组练习来操作液压千斤顶，掌握液压千斤顶的使用方法和结构原理。

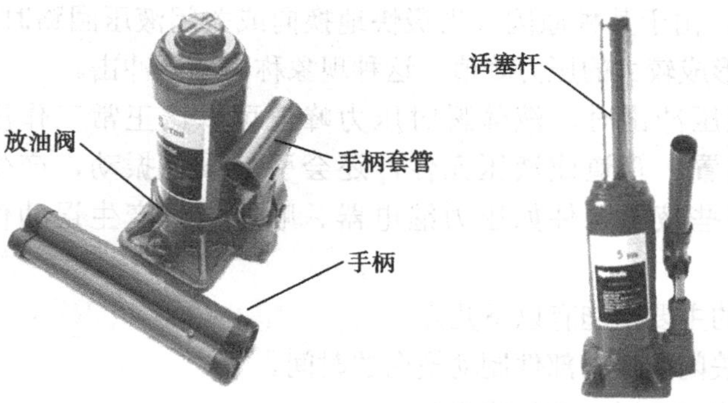

图 1-10 车用立式液压千斤顶实物图

2. 操作步骤

操作步骤如下。

（1）用手柄的开槽端，顺时针方向旋紧放油阀；

（2）使用前估计起重物体的质量，切忌超载使用，选择着力点，正确放置于起升部位下方；

（3）将千斤顶手柄插入手柄套管中，上下摇动手柄使活塞杆平稳上升，起升重物至理想高度；

（4）卸下手柄，缓慢地逆时针方向转动手柄，放松放油阀。如有载荷时，手柄转动不能太快，且放油阀松开一圈为宜。

3. 注意事项

注意事项如下。

（1）操作时，基础应稳固牢靠；

（2）载荷应与千斤顶轴线一致；

（3）液压千斤顶不能倒置使用。

4. 分析讨论

通过实际观察和操作液压千斤顶分析讨论千斤顶的结构原理。

思考与练习题

1．液压油有哪些主要类型？液压油的牌号与黏度有什么关系？如何选用液压油？

2．液体的压力是如何形成的？常用的压力单位是什么？

3．什么叫大气压力、相对压力、绝对压力和真空度？它们之间有什么关系？液压系统中压力表的读数指的是什么压力？

4．写出连续性方程和理想液体的伯努利方程，并说明伯努利方程的物理意义。

5．如图1-11所示液压千斤顶大活塞直径为100 mm，小活塞直径为25 mm，杠杆尺寸a=20 mm，b=100 mm，如果要顶起质量m=1 000 kg的重物，需要多大的力？

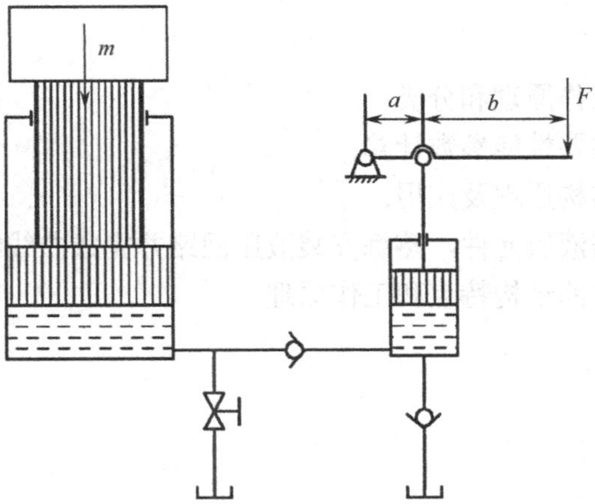

图1-11 题5图

6．说明液体流动状态和压力损失的分类。

7．什么是液压冲击？液压冲击的危害有哪些？

8．什么是空穴现象？空穴现象的危害有哪些？

项目2 液压泵的性能检测

作为液压传动系统中不可缺少的核心元件，液压泵提供系统所需的流量和压力，是系统的动力源。而对于液压泵的性能质量，可以采用试验测出的效率曲线（如压力-流量曲线、输出功率-压力曲线）来评价。

2.1 项目目标

（1）掌握液压泵的工作原理和分类；

（2）学会液压泵的主要性能参数计算；

（3）明白节流阀的结构原理及应用；

（4）能正确选取所需液压元件，熟练安装液压回路并完成曲线绘制；

（5）知道各类液压泵的结构特点和工作原理。

2.2 实训设备和元器件

项目所需实训设备和元器件见表 2-1。

表 2-1 实训设备和元器件明细表

名　称	数　量	名　称	数　量	名　称	数　量
液压实验台（含液压泵）	1	节流阀	1	油管	若干
计算机（安装教学软件）	1	量筒	1		
压力表	1	截止阀	1		

2.3 基础知识

2.3.1 液压泵

液压泵（如图 2-1 所示）是液压系统的动力元件，将原动机输入的机械能转换为压力能输出，为执行元件提供压力油，是一种能量转换装置。液压泵的常用图形符号如图 2-2 所示。

图 2-1 液压泵实物图

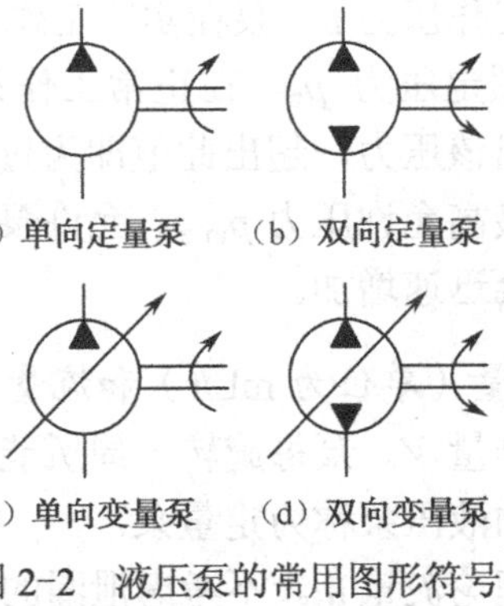

（a）单向定量泵　（b）双向定量泵

（c）单向变量泵　（d）双向变量泵

图 2-2 液压泵的常用图形符号

1. 液压泵的工作原理

液压泵是靠“容积变化”进行工作的（转变成液体的压力能）。液压泵的工作原理如图 2-3 所示，柱塞装在缸体 3 中形成一个密封容积，在弹簧作用下柱塞始终压紧在偏心轮上。原动机驱动偏心轮旋转使柱塞做往复运动，从而使密封容积的大小发生周期性的交替变化。当密封容积由小变大时就形成部分真空，使油箱中的油液在大气压作用下，经单向阀 6 进入密封容积腔而实现吸油；反之，当密封容积由大变小时，密封容积腔中的油液将顶开单向阀 5 流入系统而实现压油。这样原动机驱动偏心轮不断旋转，液压泵不断地吸油和压油，将机械能转换为液体的压力能。

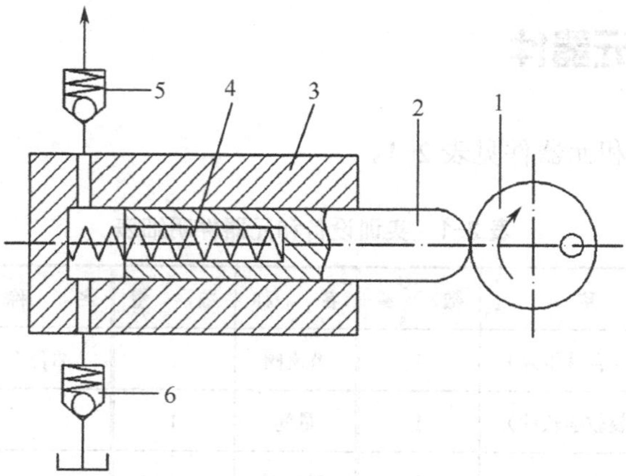

1—偏心轮；2—柱塞；3—缸体；4—弹簧；5—压油单向阀；6—吸油单向阀

图 2-3　液压泵的工作原理图

2. 液压泵的分类

液压泵按其在单位时间内所能输出的油液体积是否可调节可分为定量泵和变量泵两类；按结构形式可分为齿轮式、叶片式和柱塞式三大类；按额定压力的高低分为低压泵（0～2.5 MPa）、中压泵（2.5～8 MPa）、中高压泵（8～16 MPa）和超高压泵（32 以上）四种。

3. 液压泵的主要性能参数

1）压力（单位为 MPa）

（1）工作压力 p。泵在实际工作时的输出压力（与外负载和压力损失有关）。

（2）额定压力 p_n。在正常工作条件下，保证泵能长时间运转的最高压力。在液压泵铭牌上会标出该压力，超出此值即为过载。

（3）最高允许压力 p_{max}。允许泵在短时间内超过额定压力运转时的最高压力。超出此压力，泄漏会迅速增加。

2）排量（单位为 mL/r）和流量（单位为 L/min）

（1）排量 V。泵每旋转一周所能排出的液体体积。排量可调节的液压泵称为变量泵；排量为常数的液压泵称为定量泵。

（2）理论流量 q_i。不考虑泄漏的情况下，液压泵在单位时间内排出的液体体积。

如果液压泵的排量为 V，转速为 n（单位为 r/s），则理论流量 q_i 为

$$q_i = Vn \tag{2.1}$$

（3）实际流量 q。泵在实际工作时的流量为理论流量 q_i 乘以容积效率 η_v 或理论流量 q_i 减去泄漏量 Δq，即

$$q = q_i\eta_v = q_i - \Delta q \tag{2.2}$$

（4）额定流量 q_n。正常工作条件下，保证泵长时间运转所能输出的最大流量。

3）效率 η

电动机输入转矩和转速带动液压泵，液压泵的输出量为压力和流量，在机械能转换为压力能的过程中，液压泵的功率损失由容积损失和机械损失两部分组成。

（1）容积损失是指液压泵在流量上的损失。由于油液的压缩、泄漏等原因导致油液不能充满密封工作腔，使得液压泵的实际输出流量总是小于理论流量，液压泵的容积损失用容积效率η_v来表示，它等于实际输出流量q与理论流量q_i之比，即

$$\eta_v=\frac{q}{q_i}=\frac{q_i-\Delta q}{q_i}=1-\frac{\Delta q}{q_i} \tag{2.3}$$

（2）机械损失是指液压泵在转矩上的损失。由于机械摩擦、液体黏性等原因使得液压泵的实际输入转矩T总是大于理论上所需要的转矩T_i，液压泵的机械损失用机械效率η_m表示，它等于理论转矩T_i与实际输入转矩T之比，设转矩损失为ΔT，则液压泵的机械效率为

$$\eta_m=\frac{T_i}{T}=\frac{1}{1+\dfrac{\Delta T}{T_i}} \tag{2.4}$$

（3）总效率为容积效率与机械效率的乘积，即

$$\eta=\eta_v\eta_m \tag{2.5}$$

4）功率（单位为 kW）

（1）输入功率P_i是指作用在液压泵主轴上的机械功率。当输入转矩为T（单位为N·m），角速度为ω（单位为 rad/s）时，输入功率为

$$P_i=T\omega=2\pi Tn \tag{2.6}$$

（2）输出功率P为液压泵在工作过程中吸油口与压油口间的压差Δp和输出流量q的乘积除以60，即

$$P=\frac{\Delta pq}{60}=P_i\eta \tag{2.7}$$

实例 某液压泵的排量为 10 mL/r，工作压力为 10 MPa，转速为 1 500 r/min，泄漏量为 1.2 L/min，机械效率为 0.9，求泵的容积效率和总效率、输入和输出功率。

解 理论流量为：$q_i=Vn=10\times1\,500/1\,000=15$ L/min

实际流量为：$q=q_i-\Delta q=15-1.2=13.8$ L/min

容积效率为：$\eta_v=\dfrac{q}{q_i}=13.8/15=0.92$

总效率为：$\eta=\eta_v\eta_m=0.92\times0.9=0.828$

输出功率为：$P=\dfrac{\Delta pq}{60}=10\times13.8/60=2.3$ kW

输入功率为：$P_i=\dfrac{P}{\eta}=2.3/0.828=2.78$ kW

2.3.2 节流阀

1. 工作原理

节流阀（如图 2-4 所示）通过改变节流口的大小来调节通过阀口的流量，是流量控制阀的一种。当油液流经细长孔、薄壁孔、针形等形式的节流口时，会产生较大的阻力，改变节流口的通流面积，使液阻发生变化，就可以调节流量的大小。

如图 2-5 所示，用手旋动旋钮，柱塞随节流杆上下移动，改变节流口通流截面积，从而实现流量的调节。

图 2-4　节流阀实物图

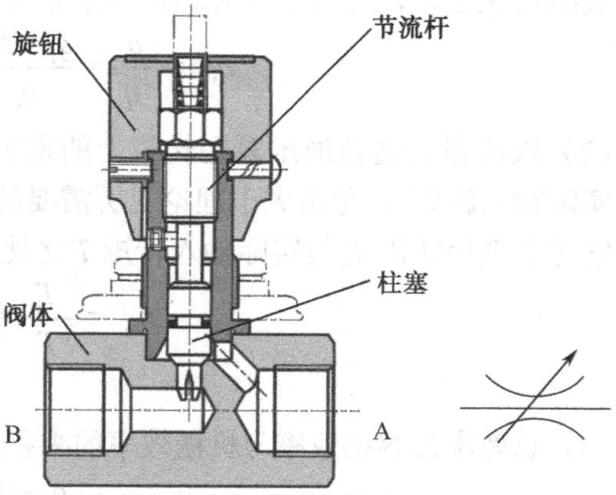

图 2-5　节流阀结构原理图

2. 影响节流阀流量的因素

节流阀的流量特性方程为：　$q = KA\Delta p^m$　(2.8)

式中　K——节流系数，薄壁小孔 $K=C_d(2/\rho)^{1/2}$，细长孔 $K=d^2/(32\mu L)$（C_d 为流量系数，ρ、μ为液体的密度和动力黏度，d、L 为细长孔的直径和长度）；

A——节流口通流面积；

Δp——节流阀的进出口压力差；

m——由孔口形状决定的指数（$0.5 \leqslant m \leqslant 1$），薄壁小孔 $m=1$，细长孔 $m=0.5$。

根据节流阀流量特性方程，通过节流阀的油液流量受到节流口前后压力差、温度、节流口通流面积、形状等多个因素影响，因此节流阀的流量稳定性较差，只适用于负载和温度变化不大或执行机构速度稳定性要求较低的场合。

2.4　实训操作

任务　测绘液压泵的压力-流量曲线

1. 任务说明

按照液压回路图（如图 2-6 所示）连接实验管路，完成测量工作，并绘制液压泵的压力-流量曲线。

2. 回路分析

液压回路的主要任务是检测液压泵在不同负荷（节流阀）作用下的排油能力，并由此判定液压泵的工作性能。该回路中液压泵是动力装置，输出液压油，也是待检测的对象；压力表用来指示压力（负荷）；截止阀用来启闭回路，保证在管路发生堵塞时能安全泄压；节流阀用来模拟液压泵的负荷；量筒用来计算油液的体积，从而计算液压泵的输出流量。

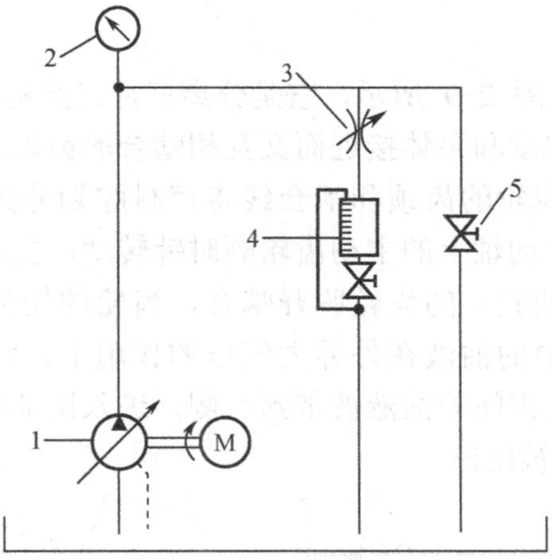

1—液压泵；2—压力表；3—节流阀；4—量筒；5—截止阀

图2-6 任务2-1液压回路图

3. 操作步骤

（1）按照液压回路图连接实验管路；

（2）检查所连接的回路并确保连接软管正确连接；

（3）关闭节流阀，启动液压泵，打开节流阀一直到压力表显示15 bar为止；

（4）关掉液压泵，打开量筒的截门放空油液后关闭截门；

（5）启动泵同时计时10 s观察量筒液位高度并注意记录读数；

（6）在压力为20 bar、25 bar、30 bar、40 bar和最大压力下，重复以上步骤；

（7）关闭液压动力站，拆卸元件和油管并整理归位；

（8）完成实训报告（见附录）。

2.5 拓展知识

2.5.1 齿轮泵

齿轮泵是液压泵中结构最简单的一种，价格便宜，在液压系统中被广泛应用。齿轮泵一般做成定量泵，按结构不同可分为外啮合齿轮泵（如图2-7所示）和内啮合齿轮泵（如图2-8所示）两种。

图2-7 外啮合齿轮泵实物图

图2-8 内啮合齿轮泵实物图

1. 外啮合齿轮泵

外啮合齿轮泵的结构如图 2-9 所示，它是分离三片式结构，三片是指泵盖和泵体，泵体内装有一对齿数相同、宽度和泵体接近而又互相啮合的齿轮，这对齿轮与前、后泵盖和泵体形成一密封腔，并由齿轮的齿顶和啮合线将密封腔划分为两部分，即吸油腔和压油腔。当电动机带动固定在传动轴上的主动齿轮顺时针转动、主动齿轮带动从动齿轮逆时针转动时，齿轮泵上方（吸油腔）的齿轮脱开啮合，齿轮的轮齿退出齿间，使密封容积增大，形成局部真空，油箱中的油液在外界大气压的作用下，经吸油管路、吸油腔进入齿间。随着齿轮的旋转，吸入齿间的油液被带到右侧，进入压油腔。这时轮齿进入啮合，使密封容积逐渐减小，油液便被挤出。

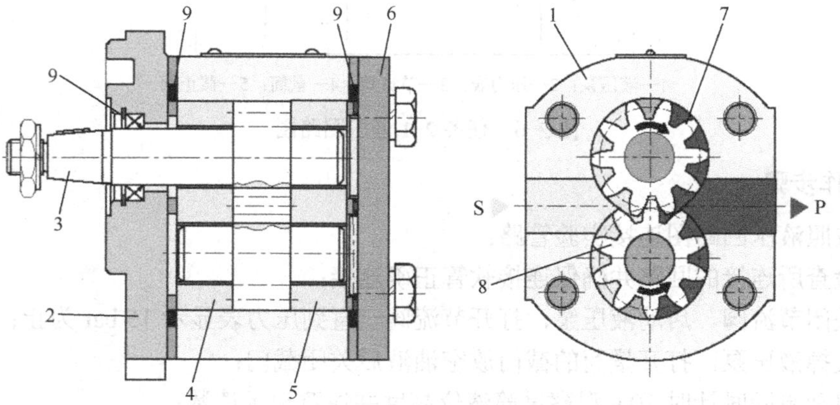

1—泵体；2—前泵盖；3—传动轴；4、5—轴承套；6—后泵盖；7—主动齿轮；8—从动齿轮；9—密封圈

图 2-9　外啮合齿轮泵的结构原理图

外啮合齿轮泵在结构上存在以下三个问题。

1）困油现象

齿轮泵要平稳工作，齿轮啮合的重叠系数必须大于 1，以保证工作的任一瞬间至少有一对轮齿在啮合，这样就在两对啮合的轮齿之间产生一个闭死容积，称为困油区，如图 2-10 所示。困油区容积先随齿轮转动逐渐减小（由图 2-10（a）到图 2-10（b）），以后又逐渐增大（由图 2-10（b）到图 2-10（c））。困油区容积减小会使被困油液受挤而产生高压，并从缝隙中流出，导致油液发热，轴承等机件受到附加载荷作用。困油区容积增大又会造成局部真空，产生气穴，引起噪声、振动和气蚀。

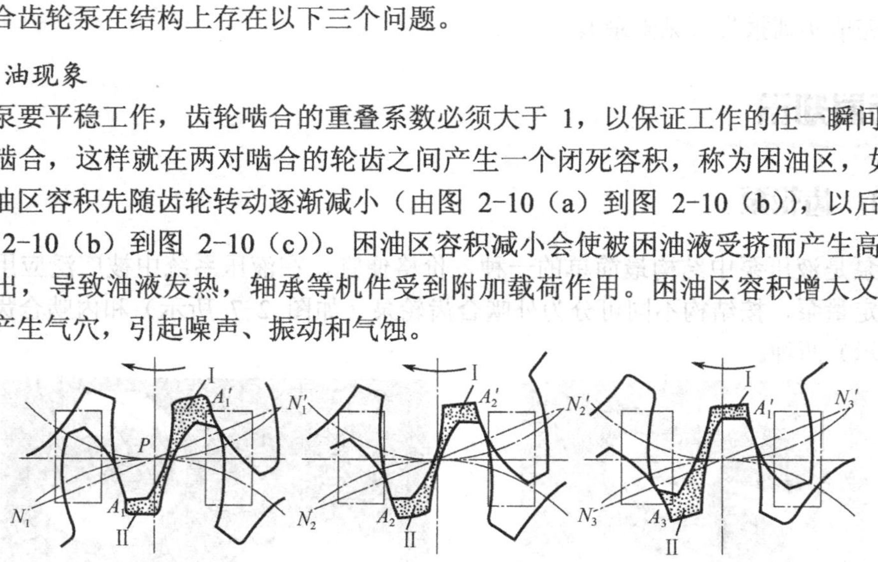

图 2-10　齿轮泵的困油现象

一般来说，困油现象是齿轮泵为了保证吸油腔和排油腔密封性必然引起的后果，因此要从根本上消除是不可能的，只能将其限制在允许的范围内，利用卸荷槽的结构措施（见

图 2-11 中 A、B 两处）来减弱它的有害影响。但是，两卸荷槽之间的距离不能太小，以防吸油腔与排油腔通过困油容积串通，影响泵的容积效率。

2）径向不平衡力

在齿轮泵中，油液作用在齿轮外缘的压力是不均匀的，压力沿齿轮旋转方向逐齿递增，这就是径向不平衡力，如图 2-12 所示。液压力越高，径向不平衡力就越大，其结果不仅加速了轴承的磨损，降低了轴承的寿命，而且使轴变形，造成齿顶和泵体内壁的摩擦等。

为了减小径向力不平衡的影响，常采取的方法有两种：其一是在盖板上开设压力平衡槽，使它们分别与低、高压腔相通，产生一个与径向力平衡的作用；其二是采取缩小压油口的办法，使压力油的径向压力仅作用在 1～2 个齿的小范围内，并适当增大径向间隙。

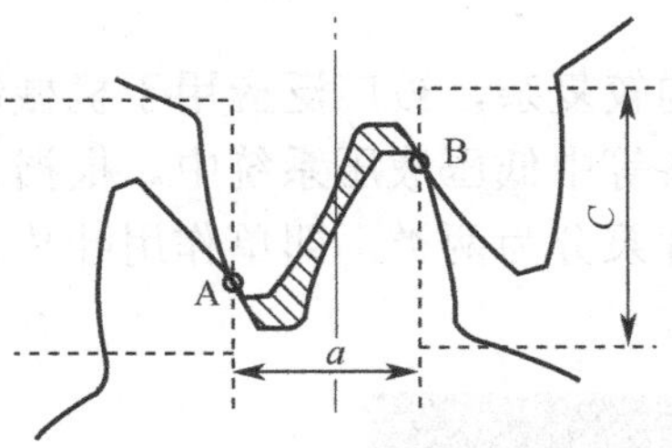

图 2-11　卸荷槽示意图

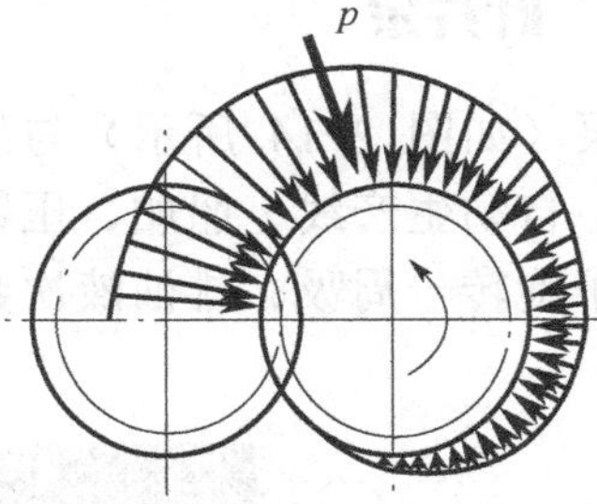

图 2-12　齿轮径向液压力分布示意图

3）泄漏

一般结构的齿轮泵，由于泄漏较大，容积效率低，多制成低压齿轮泵。齿轮泵的泄漏途径有以下 3 个方面：

（1）齿轮端面与前、后端盖间的端面间隙；

（2）齿顶与泵体内壁间的径向间隙；

（3）两轮齿啮合处的啮合线的缝隙。

这 3 种间隙以端面间隙对泄漏的影响最大，其泄漏约占总泄漏的 75%～80%，所以适当控制端面间隙的大小是提高齿轮泵容积效率的重要措施。

2. 内啮合齿轮泵

如图 2-13 所示，电动机带动主动轮而主动轮带动从动轮做顺时针旋转，通过月牙板将吸油腔和压油腔隔开，在主动轮下方由于轮齿退出啮合使容积增大，形成局部真空而从油箱吸油，而在主动轮右侧，由于轮齿进入啮合而排油。

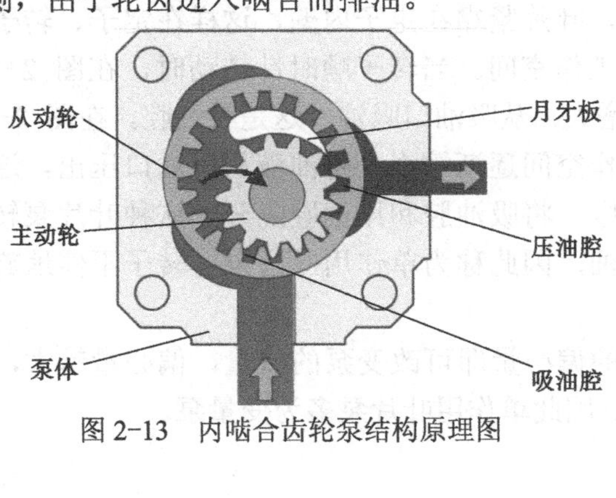

图 2-13　内啮合齿轮泵结构原理图

3. 齿轮泵的特点

齿轮泵的主要优点是结构简单，工艺性好，成本较低；与同流量的各类泵相比，结构紧凑，体积小，工作可靠，价格便宜；对油液污染不敏感，能耐冲击负荷，广泛应用于工作环境较差的工程机械上；具有较大的转速范围，通常齿轮泵的额定转速为1 500 r/min。

其主要缺点是工作压力较低；泄漏严重，容积效率低；流量脉动大，从而使管道、阀等元件产生振动和噪声；齿轮泵的零件磨损后不易修复，常因个别零件磨损而不得不更换新泵。

2.5.2 叶片泵

叶片泵（如图 2-14 所示）与齿轮泵相比结构较复杂，被广泛应用于机械制造中的专用机床、自动生产线、船舶、压铸机及冶金设备等中低压液压系统中。根据密封工作容积在转子旋转一周吸、排油液次数的不同，叶片泵分为两类，即单作用叶片泵和双作用叶片泵。

图 2-14　叶片泵实物图

1. 单作用叶片泵

单作用叶片泵（如图 2-15 所示），由转子、定子、叶片和端盖等组成，定子具有圆柱形内表面，定子和转子间有偏心距。叶片装在转子槽中，并可在槽内滑动。当转子回转时，由于离心力的作用，叶片紧靠在定子内壁，这样在定子、转子、叶片和两侧配油盘间就形成了若干个密封的工作空间。当转子顺时针转动时，在图 2-15 的左部，叶片逐渐伸出，叶片间的空间逐渐增大，从吸油口吸油，这是吸油腔。在图 2-15 的右部，叶片被定子内部逐渐压进槽内，工作空间逐渐缩小，将油液从压油口压出，这是压油腔。在吸油腔和压油腔之间有一段封油区，将吸油腔和压油腔隔开，这种叶片泵转子每转一周，每个工作空间完成一次吸油和压油，因此称为单作用叶片泵。转子不停地旋转，泵就不断地吸油和排油。

改变转子与定子间的偏心量即可改变泵的流量，偏心量越大，流量越大，若调成几乎同心，则流量接近为零，因此单作用叶片泵多为变量泵。

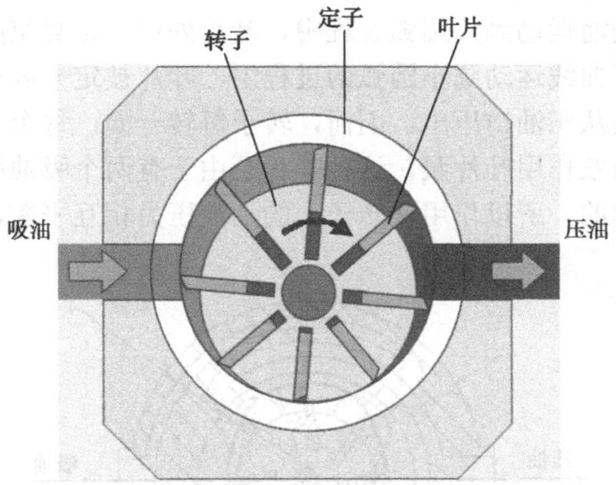

图 2-15 单作用叶片泵的结构原理图

2. 限压式变量叶片泵

限压式变量叶片泵是一种典型的可改变输出流量的单作用叶片泵，多用于组合机床的进给系统，压力较高时输出较小的流量而压力较低时则输出较大的流量；也适用于定位、夹紧系统，夹紧部件移动时输出低压大流量而夹紧时保持高压小流量。

如图 2-16 所示，限压式变量叶片泵的转子是固定的，定子可左、右移动，泵的出口压力油经通道与活塞相通，当输出压力小于某一限定压力时，在调压弹簧作用下定子被推向最右端，此时定子和转子间的偏心量最大，因此泵的输出流量最大；当压力高于限定压力时，随着压力升高，偏心量变小，泵的输出流量线性地减少，直至流量为零（考虑泄漏问题，偏心量未变为零时流量已经为零了）。

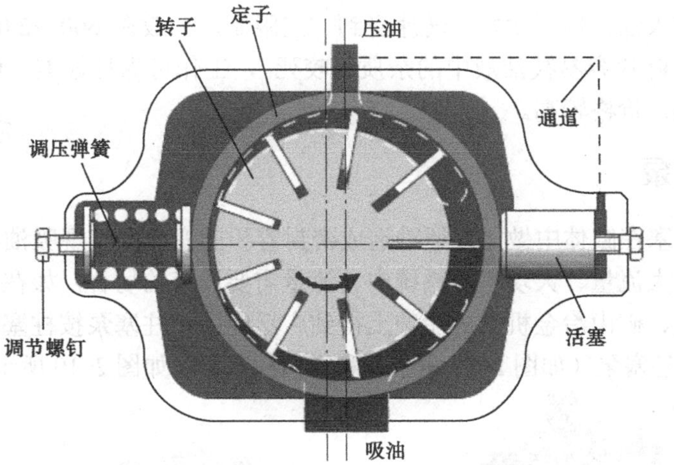

图 2-16 限压式变量叶片泵的结构原理图

3. 双作用叶片泵

双作用叶片泵的工作原理如图 2-17 所示，泵由定子、转子、叶片和配油盘等组成，泵的转子和定子中心重合，定子内表面近似为椭圆柱形。当转子转动时，叶片在离心力和根部压力油的作用下，在转子槽内作径向移动而压向定子内表面。由叶片、定子的内表面、转子的外表面和两侧配油盘间形成若干个密封空间，当转子顺时针转动时，处在小圆弧上的密封空间经过渡曲线而运动到大圆弧过程中，叶片外伸，密封空间的容积增大，吸入油液；再从大圆弧经过渡曲线运动到小圆弧的过程中，叶片被定子内壁逐渐压入槽内，密封空间容积变小，将油液从压油口压出。因而，转子每转一圈，每个工作空间要完成两次吸油和压油，所以称之为双作用叶片泵，这种叶片泵由于有两个吸油腔和两个压油腔，并且各自的中心夹角是对称的，所以作用在转子上的油液压力相互平衡，因此双作用叶片泵又称为卸荷式叶片泵。

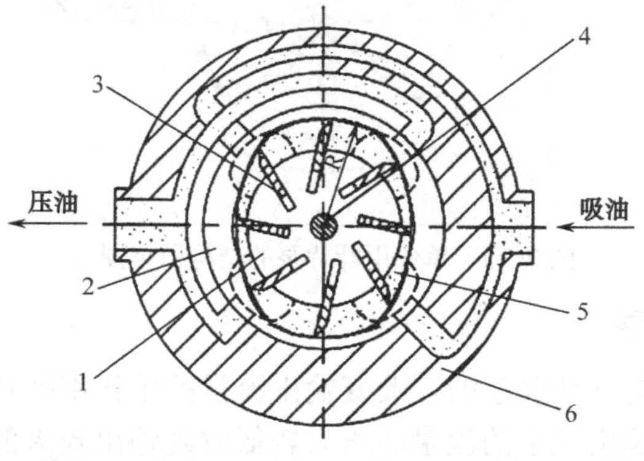

1—转子；2—定子；3—叶片；4—轴；5—配油盘；6—壳体

图 2-17　双作用叶片泵的结构原理图

4. 叶片泵的特点

叶片泵的优点主要有输出流量比齿轮泵均匀，运转平稳，噪声小；工作压力较高，容积效率较高；单作用叶片泵易于实现流量调节，双作用叶片泵则因转子受径向力平衡而使用寿命较长；结构紧凑，尺寸小而流量大。

其缺点主要有吸油特性不太好，转速受到一定限制，一般在 600～2 000 r/min 之间；对油液污染较敏感，叶片容易被油液中的杂质“咬死”，工作可靠性较差；结构较复杂，零件制造精度要求较高，价格较高。

2.5.3　柱塞泵

柱塞泵是靠柱塞在缸体中做往复运动造成密封容积的变化来实现吸油与压油的液压泵，常用在需要高压、大流量、大功率的系统中和流量需要调节的场合，如在龙门刨床、拉床、液压机、工程机械、矿山冶金机械、船舶上得到广泛应用。柱塞泵按柱塞的排列和运动方向不同，可分为轴向柱塞泵（如图 2-18 所示）和径向柱塞泵（如图 2-19 所示）两种。

图 2-18　轴向柱塞泵实物图

图 2-19　径向柱塞泵实物图

1. 轴向柱塞泵

轴向柱塞泵按结构形式可分为直轴式轴向柱塞泵和斜轴式轴向柱塞泵，直轴式轴向柱塞泵如图 2-20 所示，主要由柱塞、缸体、配油盘和斜盘等组成，缸体上均匀分布奇数个柱塞孔，孔内装有柱塞，柱塞的头部通过滑靴紧压在斜盘上。缸体旋转时，柱塞一面随缸体旋转，并由于斜盘（固定不动）的作用，在柱塞孔内往复滑动。当缸体从图示最下方的位置向上转动时，柱塞向外伸出，柱塞孔的密封容积增大，形成局部真空，油箱中的油液被吸入柱塞孔，这就是吸油的过程；当缸体从图示最上方的位置向下转动时，柱塞被压入柱塞孔，柱塞孔内密封容积减小，压力增大，孔内油液被压出，这就是压油的过程。缸体每转动一周，每个柱塞各完成一次吸油和压油，缸体不停旋转，则柱塞孔不断地吸油和压油。

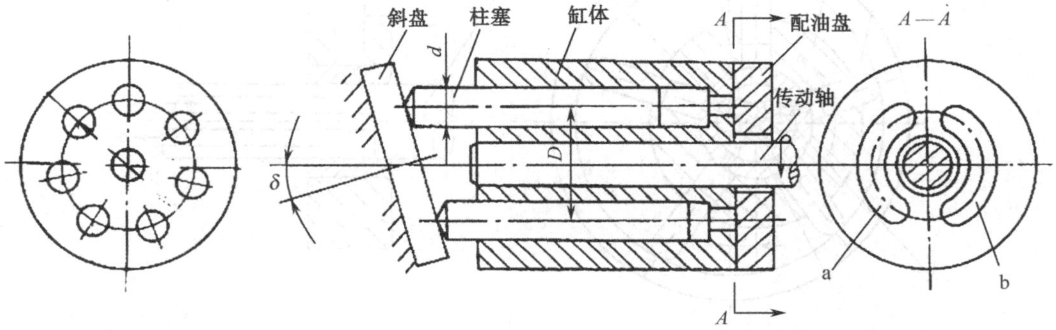

图 2-20 直轴式轴向柱塞泵的结构示意图

改变斜盘倾角就能改变柱塞形成的长度，即改变液压泵的排量；改变斜盘倾角的方向就能改变吸油和压油的方向，即成为双向变量泵。

斜轴式轴向柱塞泵（如图 2-21 所示）的传动轴线与缸体的轴线相交成一个夹角。柱塞通过连杆与主轴盘铰接，并由连杆的强制作用使柱塞产生往复运动，从而使柱塞孔的密封容积变化而输出液压油。

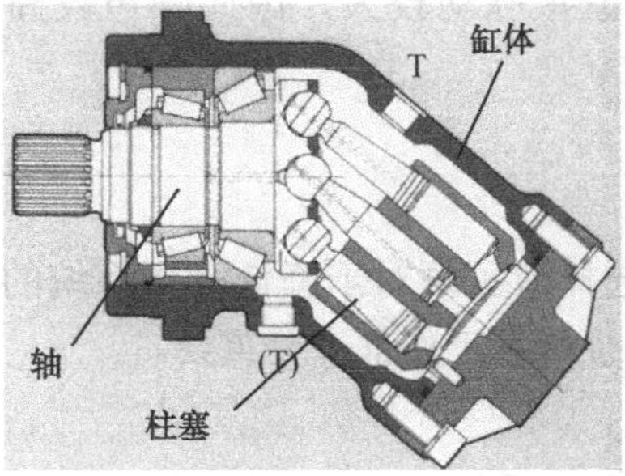

图 2-21 斜轴式轴向柱塞泵的结构原理及实物图

2. 径向柱塞泵

径向柱塞泵有两种结构：一种用轴配油的，即配油轴式径向柱塞泵，其柱塞安置在转子的径向孔中；另一种是阀式配油的径向柱塞泵，其柱塞安置在定子里。

配油轴式径向柱塞泵如图 2-22 所示，是柱塞在缸体内成径向分布的一种泵，主要由柱塞、缸体、衬套、定子、配油轴等组成。转子旋转时，柱塞在离心力和油压的作用下伸出柱塞孔，并压紧在定子内壁上。配油轴把衬套的内孔分隔成上、下两个封油区，即b和c油室。这两个油室分别通过配油轴上的轴向孔与泵的吸、压油口相通。当转子顺时针旋转时，在其上半周柱塞逐渐向外伸出，柱塞孔内密封容积增大，形成局部真空，从而通过吸油口 a 和吸油室 b 将油吸进柱塞孔，这就是吸油过程。当柱塞运动到下半周时，定子迫使柱塞返回柱塞孔内，柱塞孔内密封容积变小，从而使孔内的油液通过压油室c和压油口d排到系统中，此为压油过程。由此可见，转子每转一圈，每个柱塞各吸、压油一次，转子不断地旋转，泵便不停地吸油和压油。

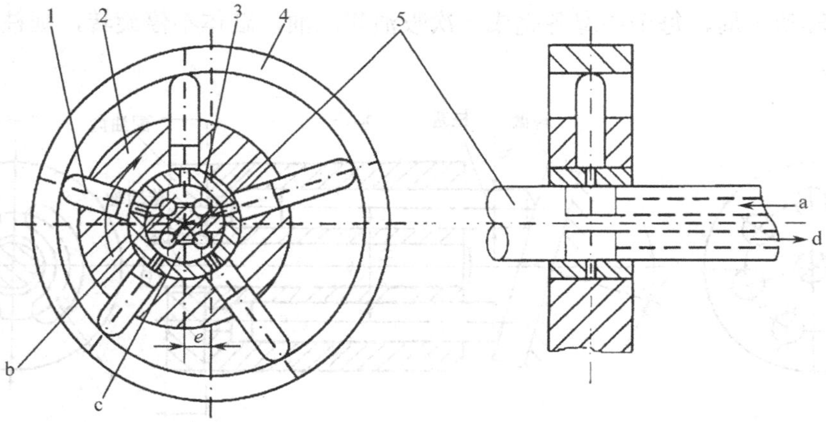

1—柱塞；2—转子；3—衬套；4—定子；5—配油轴；a—吸油口；b—吸油室；c—压油室；d—压油口

图 2-22　径向柱塞泵结构原理图

3. 柱塞泵的特点

柱塞泵的优点主要有泄漏少，容积效率高，工作压力高，一般为 20～40 MPa，最高可达 100MPa；流量范围大，可通过增减柱塞的直径或数目调节泵的流量；受力情况好，具有较长的使用寿命；有良好的双向变量能力。

其缺点主要有对介质洁净度要求较苛刻；流量脉动较大，因此噪声较高；结构较复杂，造价高，维修困难。

2.5.4　液压泵的选用

液压泵是液压系统中的核心元件。合理地选择液压泵对于降低液压系统的能耗、提高系统的效率、降低噪声、改善工作性能和保证系统可靠工作都十分重要。

表 2-2 列出了常用液压泵的技术性能。

表 2-2　典型液压泵技术性能比较

性　能	外啮合齿轮泵	内啮合齿轮泵	单作用叶片泵	双作用叶片泵	轴向柱塞泵	径向柱塞泵	螺杆泵
输出压力（MPa）	2.5～25	10	6.3～10	6.3～28	7～40	100	2.5～10
排量范围（mL/r）	2.5～210	1.8～64	10～125	2.5～237	2.5～1 616	0.3～188	0.2～1 463

续表

性 能	外啮合齿轮泵	内啮合齿轮泵	单作用叶片泵	双作用叶片泵	轴向柱塞泵	径向柱塞泵	螺杆泵
流量调节	不能	不能	能	不能	能	能	不能
容积效率（%）	70～95	90	60～90	85～95	90～97	95	70～95
总 效 率（%）	65～95	85	55～85	65～85	80～90	80～90	70～85
输出流量脉动	很大	很小	一般	很小	一般	一般	最小
自吸特性	好	好	较差	较差	差	差	好
对污染敏感性	小	小	中	中	大	大	小
噪声	大	小	较大	小	大	大	最小
价格	最低	低	中	中低	高	高	高

选择液压泵的原则是：根据主机工况、功率大小和液压系统对工作性能的要求，首先应决定选用变量泵还是定量泵，变量泵的价格高，但能达到提高工作效率、节能及压力恒定等要求；其次，再根据各类泵的性能、特点及成本等确定选用何种结构类型的液压泵；最后，按系统所要求的压力、流量大小确定其规格型号。

2.6 拓展任务——测绘液压泵的输出功率-压力曲线

1. 任务说明

在液压教学软件上进行仿真实训，从软件元件库中选择所需的液压元件，连接液压回路并仿真运行，完成液压泵输出功率-压力曲线图。

2. 操作步骤

（1）运行仿真软件 FluidSIM-H。

（2）从软件元件库中选择元件，按照液压回路图（如图 2-23 所示）连接实验管路。

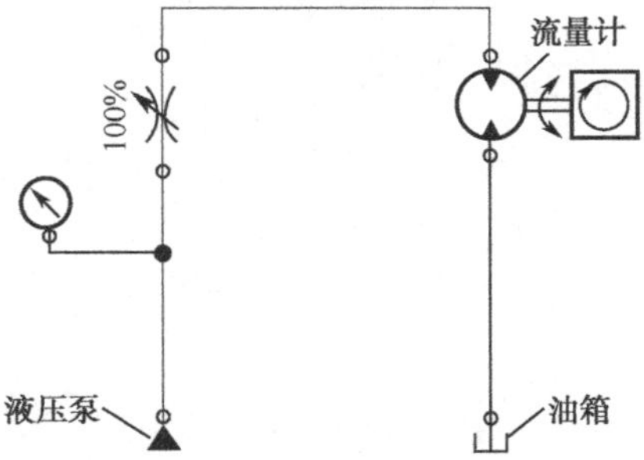

图 2-23　液压回路图

（3）检查所连接的回路并启动液压回路。

（4）调节节流阀开度，观察压力表读数，分别记录均匀分布于最小读数到最大读数之间的压力表的 10 个读数值及相对应的流量计读数。

（5）根据所记录的压力和流量的读数，计算泵的输出功率。

（6）绘制液压泵输出功率-压力曲线图。

思考与练习题

1．液压传动中常用的液压泵按结构分为哪些类型？

2．什么叫液压泵的工作压力、最高压力和额定压力？三者有何关系？

3．什么叫液压泵的排量、流量、理论流量、实际流量和额定流量？它们之间有什么关系？

4．一液压泵的机械效率为 0.92，泵的转速为 950 r/min，理论流量为 160 L/min，工作压力为 2.95 MPa，实际流量为 152 L/min。试求：液压泵的总效率；电动机输入功率；驱动液压泵所需的转矩。

5．简述节流阀的原理及应用。

6．什么是困油现象？消除措施是什么？

7．齿轮泵的径向不平衡力是如何产生的？应如何消除？

项目3 液压缸的手动控制

在液压设备中，液压缸的手动控制模式非常常见，如压装机、剪切机、打包机等，液压缸的动作既可以通过拨动控制阀上的手柄进行控制，也可以由按下控制按钮发出信号来实现。

3.1 项目目标

（1）掌握液压缸的工作原理，了解各种液压缸的结构类型和特点；
（2）理解换向阀的换向原理，能正确识别各种换向阀；
（3）认识按钮和中间继电器的符号和特点；
（4）熟悉几种常见基础电气回路的工作原理和应用；
（5）明白任务回路中各元件的作用，能正确选取所需的元件，熟练安装运行任务回路；
（6）通过拓展任务的练习学习差动回路的原理和应用。

3.2 实训设备和元器件

项目所需实训设备和元器件见表 3-1。

表 3-1 实训设备和元器件明细表

名 称	数 量	名 称	数 量	名 称	数 量
液压实验台（含液压泵）	1	双作用液压缸	1	油管	若干
计算机（安装教学软件）	1	电器模块（分流器）	1	导线	若干
压力表	2	电器模块（按钮开关）	1		
二位四通单电控电磁阀	1	电器模块（继电器）	1		

3.3 基础知识

3.3.1 液压缸的分类与特点

液压缸是液压传动系统的执行元件之一，它是将油液的压力能转换为机械能，实现往复直线运动或摆动的能量转换装置，如图 3-1 所示。

图 3-1 液压缸实物图

常见液压缸的种类及特点见表 3-2。液压缸的种类很多，按结构形式不同，可分为活塞式、柱塞式、伸缩式、摆动式等类型，其中以活塞式液压缸应用最多；按作用方式可分为单作用液压缸和双作用液压缸两大类，单作用液压缸只有一个油口，是利用液压力推动活塞向一个方向运动的，反向运动则需借助外力返回，而双作用液压缸有两个油口，其正、反两个方向的运动都依靠液压力来实现。

表 3-2 常见液压缸的种类及特点

分 类	名 称	符 号	特 点
单作用液压缸	柱塞式液压缸	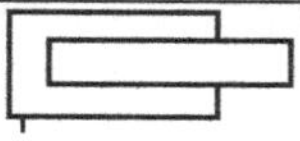	活塞仅单向运动，由外力使活塞反向运动，特别适用于行程较长的场合
	单活塞杆液压缸	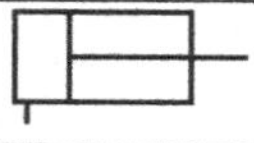	活塞仅单向运动，由外力使活塞反向运动

续表

分类	名称	符号	特点
单作用液压缸	弹簧复位液压缸	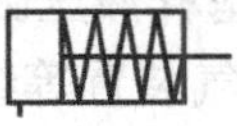	活塞单向运动，由弹簧使活塞复位
	伸缩液压缸	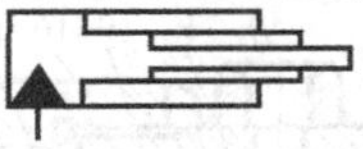	有多个互相联动的活塞的油缸，以短缸获得长行程，伸出时由大到小逐级推出，由外力使活塞返回
双作用液压缸	单活塞杆液压缸	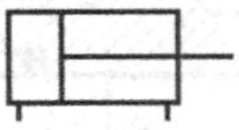	单边有杆，双向液压驱动，双向推力和速度不等
	双活塞杆液压缸	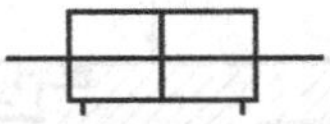	双向有杆，双向液压驱动，活塞往复运动速度与行程皆相等
	伸缩液压缸	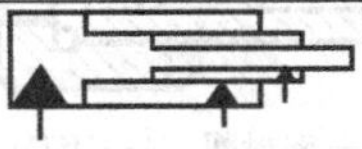	双向液压驱动，伸出时由大到小逐级推出，由小到大逐级回缩
组合液压缸	串联液压缸	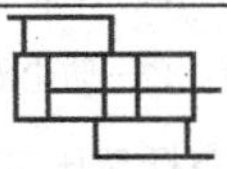	用于缸的直径受限制而长度不受限制的场合，可获得大的推力
	增压缸	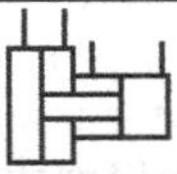	利用活塞和柱塞有效面积的不同使液压系统中的局部区域获得高压，也称增压器
	齿条传动液压缸	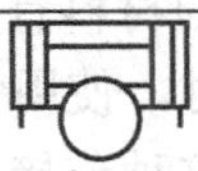	活塞经齿条传动，小齿轮便产生回转运动
摆动液压缸			输出轴直接输出扭矩，往复摆动角度小于 360°，也称摆动马达

3.3.2 双作用单活塞杆液压缸

1. 工作原理

单活塞杆液压缸是液压系统中做往复运动的执行机构，活塞一侧有活塞杆，另一侧无活塞杆，具有结构简单，工作可靠，装拆方便，易于维修，且连接方式多样等特点。

如图 3-2 所示，因两侧有效作用面积或油液压力不等，活塞在液压力的作用下，做直线往复运动，当左腔进油而右腔回油时，液压缸伸出，当右腔进油而左腔回油时，液压缸回缩。液压缸伸出时，活塞杆的推力 $F_1=p_1A_1-p_2A_2$，不考虑泄漏的情况下，伸出速度 $v_1=q/A_1$；液压缸回缩时，活塞杆的推力 $F_2=p_1A_2-p_2A_1$，不考虑泄漏的情况下，回缩速度 $v_2=q/A_2$，由于 $A_1>A_2$，所以 $F_1>F_2$，$v_1<v_2$ 。

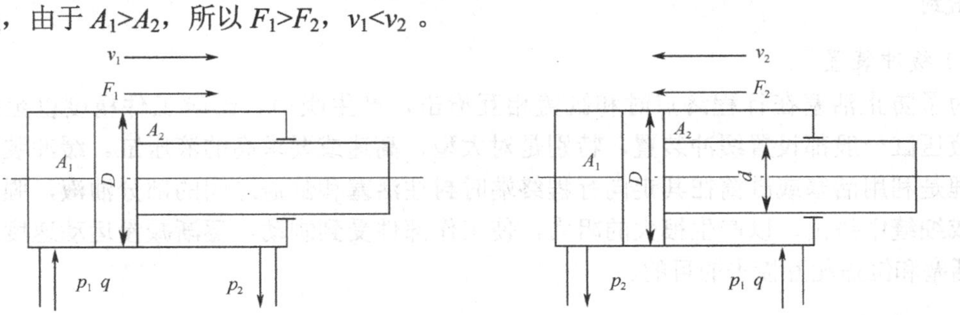

(a) (b)

图 3-2 单活塞杆液压缸

2. 结构

如图 3-3 所示为一个较常用的双作用单活塞杆液压缸。单活塞杆液压缸主要由缸筒、端盖、活塞、活塞杆、密封装置、缓冲装置和排气装置等组成。

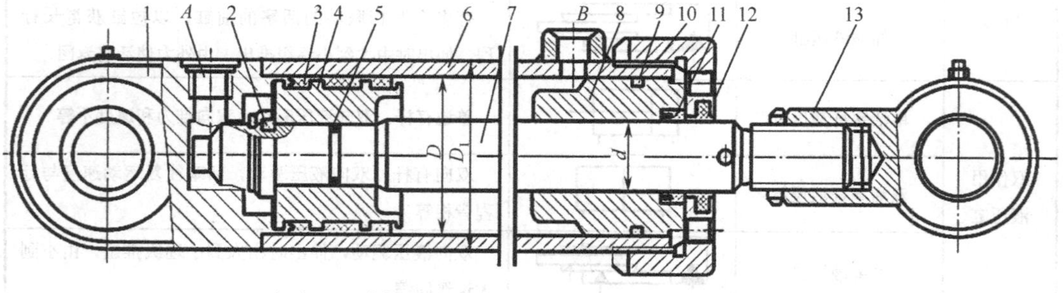

1—缸底；2—卡键；3、5、9、11—密封圈；4—活塞；6—缸筒；
7—活塞杆；8—导向套；10—缸盖；12—防尘圈；13—耳轴

图 3-3　双作用单活塞杆液压缸

1）缸筒与缸盖的连接

一般来说，缸筒和缸盖的结构形式和其使用的材料有关。工作压力 p<10 MPa 时，使用铸铁；p<20 MPa 时，使用无缝钢管；p>20 MPa 时，使用铸钢或锻钢。

图 3-3 中缸筒 6 与缸盖 10 采用螺纹连接，这种连接方式外形尺寸和质量都较小，端部结构复杂，装拆要使用专用工具，常用于无缝钢管或锻钢制的缸筒上。除了螺纹连接式以外，缸筒与缸盖的连接还有法兰连接式、拉杆连接式和焊接连接式。

2）活塞与活塞杆的连接

活塞与活塞杆的连接最常用的有螺纹连接和半环连接（如图 3-3 所示活塞 4 与活塞杆 7 采用卡键 2 连接），除此之外还有整体式、锥销式、焊接式等结构。

3）密封装置

图 3-3 中在液压缸的相应部位设置了密封圈 3、5、9、11，用于防止油液的外泄漏（活塞杆与端盖间的泄漏）和内泄漏（活塞和缸筒）。外泄漏既损失油液又污染环境，而且容易引起火灾；内泄漏将使油液发热、液压缸的容积效率降低，从而使液压缸的工作性能变坏，因此应最大限度地减少泄漏。常见的密封方法有间隙密封、活塞环密封和橡胶圈密封。

4）缓冲装置

为了防止活塞在行程终点时和缸盖相互撞击，产生噪声，影响工件精度以至损坏机件，液压缸一般都设置缓冲装置，特别是对大型、高速或要求高的液压缸。缓冲装置的工作原理是利用活塞或缸筒在其走向行程终端时封住活塞和缸盖之间的部分油液，强迫它从小孔或细缝中挤出，以产生很大的阻力，使工作部件受到制动，逐渐减慢运动速度，达到避免活塞和缸盖相互撞击的目的。

5）排气装置

液压缸在安装过程中或长时间停放重新工作时，液压缸里和管道系统中会渗入空气，空气的存在会使液压缸运动不平稳，产生振动或爬行，因此需将缸中和系统中的空气排出。排气装置通常有两种形式：一种是在液压缸的最高部位处开排气孔，用长管道通向远处的排气阀排气，机床上使用的大多是这种形式；另一种在液压缸的最高处设置排气阀，也可在最高处设置放气孔或专门的放气阀。

3.3.3　换向阀的分类与结构原理

液压系统中应用最多的控制元件是方向控制元件，即方向阀。方向阀按用途可分为单向阀和换向阀两大类。

换向阀（如图 3-4 所示）利用阀芯相对于阀体的相对运动，使与阀体相连的几个油路之间接通、关断或变换油流的方向，从而使液压执行元件启动、停止或变换运动方向。

图 3-4　换向阀实物图

1. 换向阀的分类

换向阀的应用十分广泛，种类也很多，大体可按照换向阀阀芯的运动方式、结构特点和控制方式等特征进行分类，见表 3-3。

表 3-3　换向阀的分类

分 类 方 式	名　　称
按阀芯运动方式分	滑阀、转阀和锥阀
按阀芯位置数和通路数分	二位三通、二位四通、三位四通、三位五通等
按阀的操纵方式分	手动、机动、电磁动、液动、电液动
按阀的安装方式分	管式、板式、法兰式、叠加式、插装式

2. 换向阀的结构原理

换向阀按阀芯运动方式有滑阀式、转阀式和锥阀式三种，滑阀式换向阀在液压系统中远比后两者应用广泛。

如图 3-5 所示为二位四通换向阀的工作原理图和图形符号。换向阀有 2 个工作位置（滑阀处于左、右两端）和 4 个通路口（进油口 P、回油口 T 和与执行元件连接的油口 A 和 B）。图 3-5（a）中，受到滑阀右侧弹簧弹力的作用，滑阀初始位置处于左位，压力油从 P 口流向 B 口，回油则从 A、T 口流回油箱；当按下按钮后，如图 3-5（b）所示，滑阀处于右位，压力油从 P 口流向 A 口，回油则经 B、T 口流回油箱。控制时阀芯在阀体内做轴向运动，依靠阀芯在阀孔中处于不同位置，实现油液流动方向的改变。常见的滑阀控制方式如图 3-6 所示。

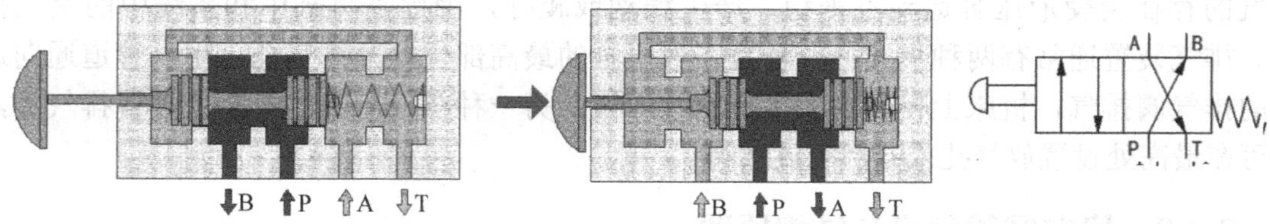

（a）初始位置　　（b）按下按钮　　（c）图形符号

图 3-5　二位四通换向阀的工作原理图和图形符号

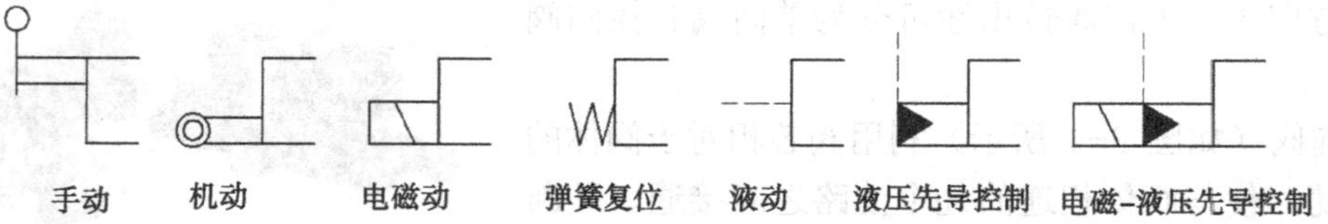

图 3-6　滑阀控制方式

换向阀的结构形式和图形符号见表 3-4。

表 3-4　换向阀的结构形式和图形符号

名　称	结构原理图	图 形 符 号	使 用 场 合	
二位二通	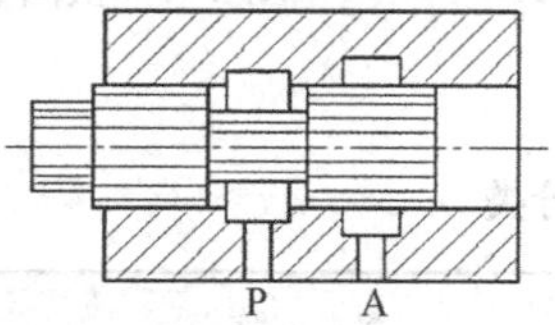	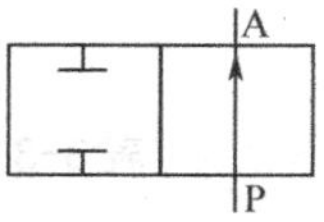	控制油路的接通与切断	
二位三通	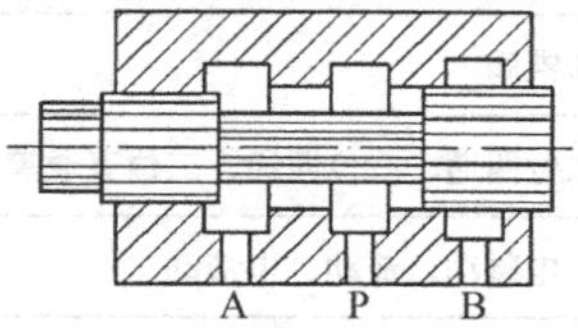	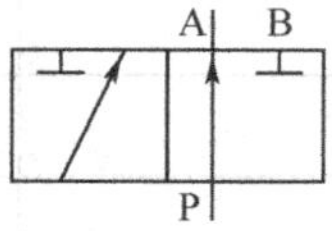	控制油液流动方向	
二位四通	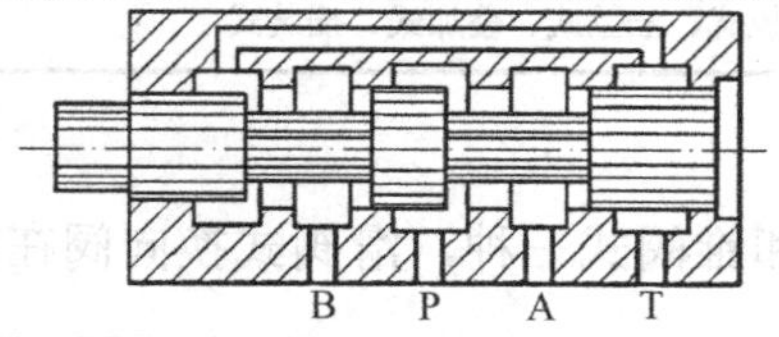	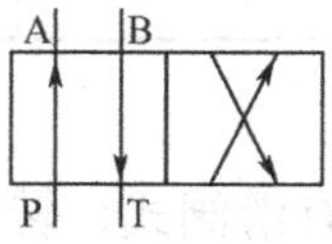	控制执行元件换向，且执行元件正/反向运动时回油方式相同	不能使执行元件在任意位置停止
三位四通	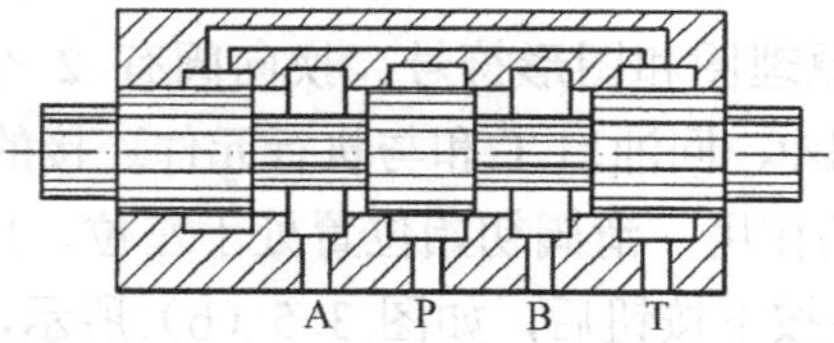	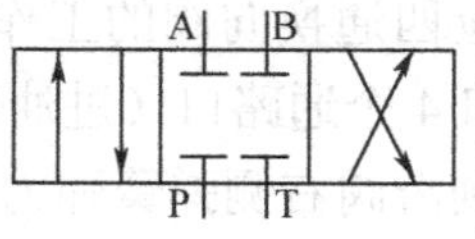		能使执行元件在任意位置停止

3. 换向阀的图形符号

图形符号的含义如下。

（1）用方框数表示阀的工作位置，有几个方框就表示有几“位”。

（2）方框内的箭头“↗”表示油路处于接通状态，箭头方向不一定表示液流的实际方向。

（3）方框内符号“┴”或“┬”表示该通路不通。

（4）同一个方框内的接通或封闭符号与方框的交点数表示阀的“通”路数。

（5）一般阀与系统供油路连接的进油口用字母 P 表示，阀与系统回油路连接的回油口用 T 表示，而阀与执行元件连接的油口用 A、B 等表示，有时在图形符号上用 L 表示泄油口。

3.3.4 手动换向阀

如图 3-7（b）所示为弹簧自动复位式手动换向阀，放开手柄 1，阀芯 2 在弹簧 4 的作用下自动回复中位，该阀适用于动作频繁、工作持续时间短的场合，操作比较完全，常用于工程机械的液压传动系统中。

如果将该阀阀芯左端弹簧 4 的部位改为可自动定位的结构形式，即成为可在三个位置定位的手动换向阀。如图 3-7（a）所示为该换向阀的图形符号。

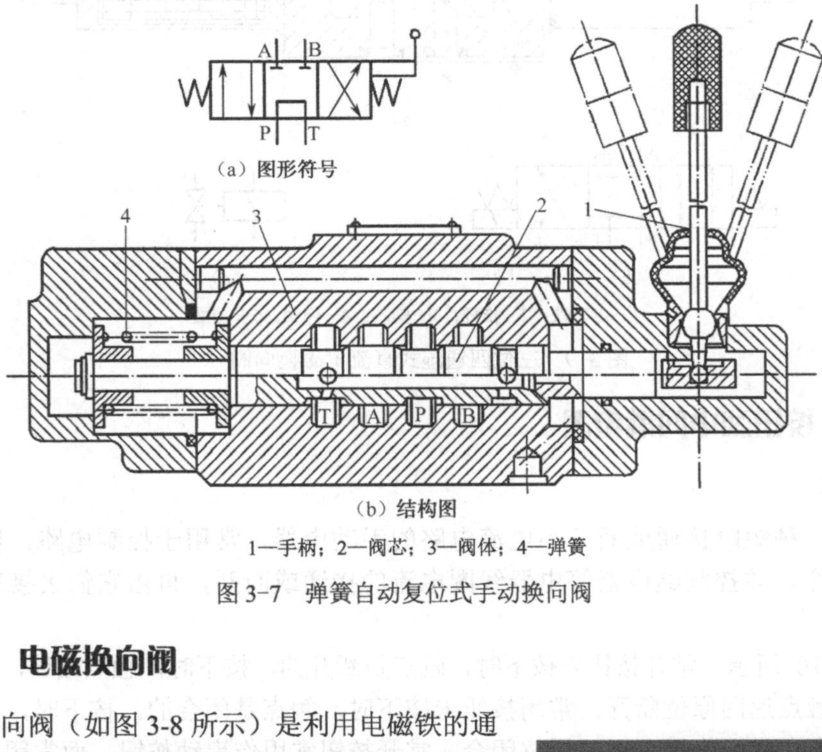

（a）图形符号

（b）结构图

1—手柄；2—阀芯；3—阀体；4—弹簧

图 3-7 弹簧自动复位式手动换向阀

3.3.5 电磁换向阀

电磁换向阀（如图 3-8 所示）是利用电磁铁的通电吸合与断电释放而直接推动阀芯来控制液流方向的换向阀。它是电气系统与液压系统之间的信号转换元件，它的电气信号由液压设备中的按钮开关、限位开关、行程开关等电气元件发出，从而可以使液压系统方便地实现各种操作及自动顺序动作。

图 3-8 电磁换向阀实物图

电磁换向阀由电磁铁和换向滑阀组成。电磁铁按使用电源可分为交流和直流两种，按衔铁工作腔是否有油液又可分为干式和湿式。如图 3-9（a）所示为三位四通湿式直流电磁换向阀的结构原理图。当两边电磁铁都不通电时，阀芯 3 在两边对中弹簧 4 的作用下处于中位，P、T、A、B 口互不相通；当右侧电磁铁通电时，右侧的推杆将阀芯 3 推向左端，P 与 A 通，B 与 T 通；当左侧电磁铁通电时，推杆将阀芯推向右端，P 与 B 通，A 与 T 通。湿式电磁铁的衔铁和推杆均浸在油液中，运动阻力小，且油还能起到冷却和吸振作用，从而提高了换向的可靠性和使用寿命。如图 3-9（b）和图 3-9（c）所示为三位四通电磁换向阀和电磁铁（电磁线圈）的图形符号。

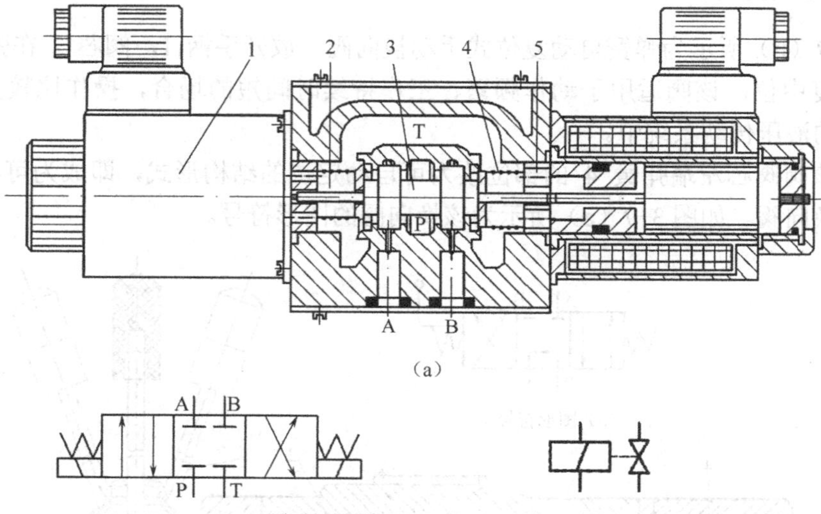

（a）

（b）　　（c）

1—电磁铁；2—推杆；3—阀芯；4—弹簧；5—挡圈

图 3-9　三位四通湿式直流电磁换向阀

3.3.6　按钮和中间继电器

1. 按钮

按钮是一种短时接通或断开小电流电路的手动电器，常用于控制电路，以发出启动或停止等指令，并控制继电器等电器线圈电流的接通或断开，再由它们去接通或断开主电路。

如图 3-10 所示，常开按钮未按下时，触点是断开的，按下时，触点接通，松开后，在弹簧作用下触点返回原位断开；常闭按钮未按下时，触点是闭合的，按下时，触点断开，松开后，触点在弹簧作用下返回原位闭合。常开按钮常用作启动按钮，而常闭按钮常用作停止按钮。

（a）常开按钮　　（b）常闭按钮

图 3-10　按钮工作原理及图形符号

2. 中间继电器

中间继电器是用于转换控制信号的中间电器，通过线圈的通电和断电来控制各触点的闭合与断开，实现对电气控制线路的控制。

如图 3-11 所示，当中间继电器线圈通电时，常开触点闭合，常闭触点断开；线圈断电时，触点返回原位。

图 3-11 中间继电器

3.3.7 基础电气回路

1. 直接控制

如图 3-12 所示，初始状态时，继电器 K1 和指示灯未得电。当按钮 SA1 被按下并保持后，继电器 K1 线圈和指示灯得电。当释放 SA1 后，继电器 K1 和指示灯又恢复初始状态。这种输入元件和输出元件直接相连的方式称为直接控制。

2. 间接控制

如图 3-13 所示，初始状态时，继电器 K2、电磁铁 Y1 和指示灯均未得电。当按钮 SA2 被按下并保持后，继电器 K2 线圈得电，其常开触点闭合，从而使电磁铁 Y1 和指示灯得电。当释放 SA2 后，K2 线圈失电，其常开触点断开，电磁铁 Y1 和指示灯又恢复初始状态。这种采用继电器使输入元件和输出元件不直接相连的方式称为间接控制。

3. 自锁回路

如图 3-14 所示，初始状态时，继电器 K3 未得电。当按钮 SA3 被按下后，继电器 K3 线圈得电，其常开触点闭合，K3 线圈被保持在得电状态，指示灯常亮。当 TA1 被按下后，继电器 K3 失电，K3 又恢复初始状态，其常开触点断开，指示灯恢复初始状态。在该电路中，按钮 SA3 被按下后可以很快释放，继电器 K3 线圈继续得电，除非按下按钮 TA1。

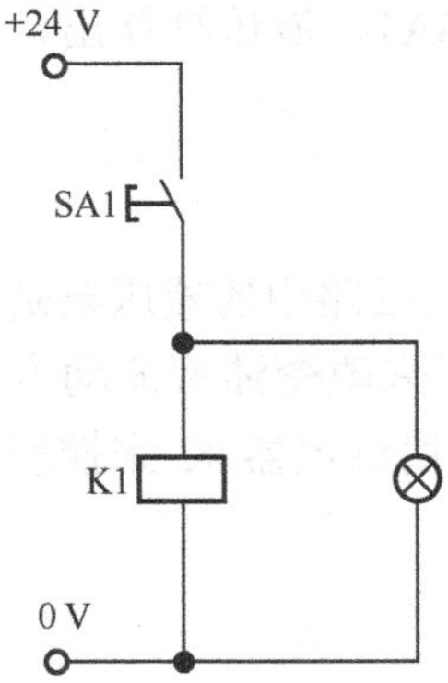

图 3-12 直接控制电路

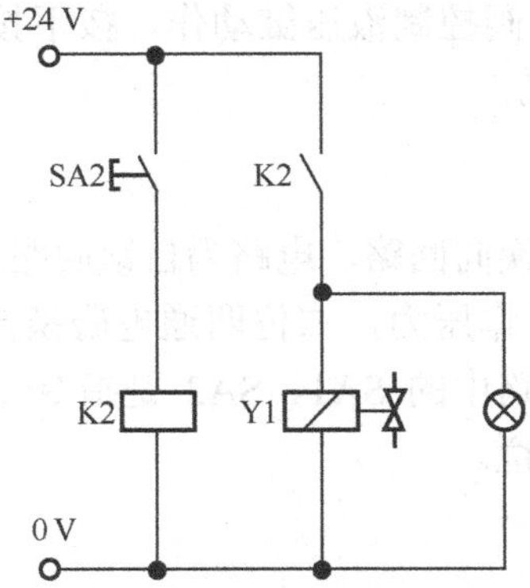

图 3-13 间接控制电路

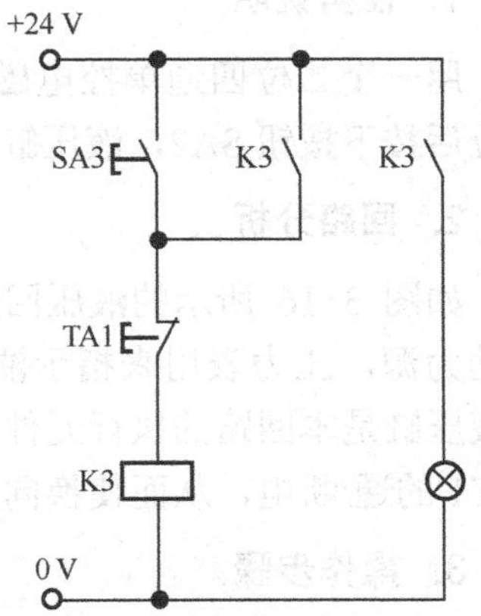

图 3-14 自锁回路

3.4 实训操作

任务 3-1 液压缸的手动阀点动控制

1. 任务说明

用一个三位四通手动换向阀点动控制液压缸的伸出回缩，液压缸可以在任意位置停留。

2. 回路分析

如图 3-15 所示，液压回路中的液压泵是系统的动力源，三位四通手动换向阀用来改变油液流动方向，而液压缸是回路执行元件。当拨动换向阀手柄使阀芯换到左位时，液压油从液压泵经过换向阀 P 口、A 口到达液压缸的无杆腔，而液压缸有杆腔内的液压油从换向阀 B 口、T 口流回油箱，液压缸伸出；松开手柄，换向阀在两侧弹簧的作用下处于中位，此时液压缸停止动作；当拨动手柄使换向阀阀芯换到右位时，液压油从液压泵经过 P 口、B 口到达液压缸的有杆腔，而无杆腔内的液压油从换向阀 A 口、T 口流回油箱，液压缸回缩。

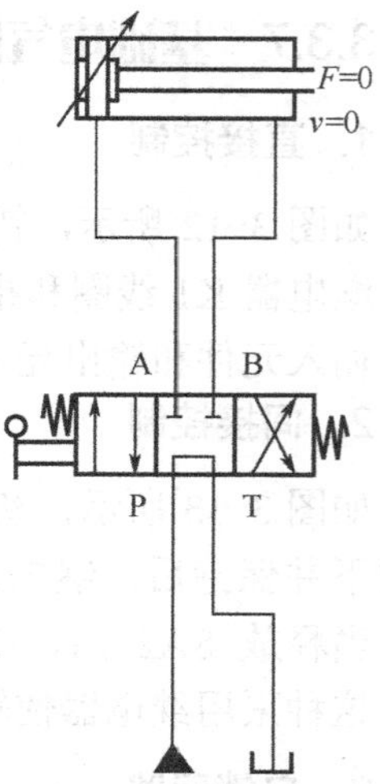

图 3-15 任务 3-1 液压回路图

3. 操作步骤

（1）打开计算机，运行液压教学软件；

（2）在绘图区域按图 3-15 搭建回路；

（3）仿真运行回路并分析系统的工作过程；

（4）对液压回路进行修改，将三位四通换向阀改为二位四通手动换向阀；

（5）仿真运行回路，分析两种控制方式的区别。

任务 3-2 液压缸的伸出自保持控制

1. 任务说明

用一个二位四通单控电磁换向阀控制液压缸动作，按下按钮 SA1，液压缸伸出，伸出到位后按下按钮 SA2，液压缸回缩。

2. 回路分析

如图 3-16 所示的液压回路为换向回路，电路为自锁回路。液压回路中的液压泵是系统的动力源，压力表用来指示油液工作压力，二位四通电磁换向阀用来改变油液流动方向，而液压缸是本回路的执行元件。电路中的 SA1、SA2 是指令开关，用继电器 K 来控制电磁铁 Y1 的通/断电，从而使换向阀换位。

3. 操作步骤

（1）打开计算机，运行液压教学软件；

（2）在绘图区域按图 3-16 搭建回路；

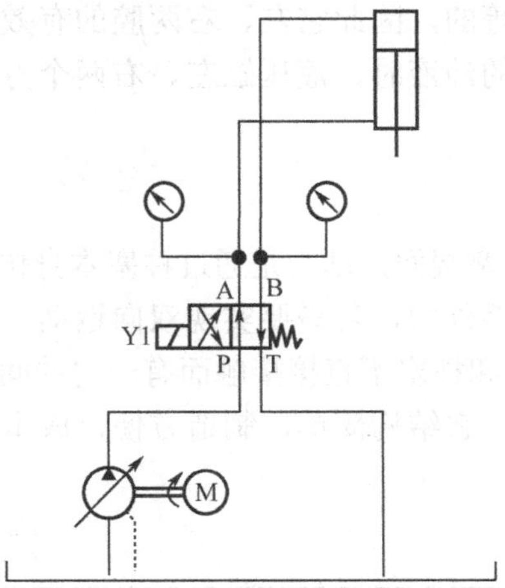

（a）液压回路图

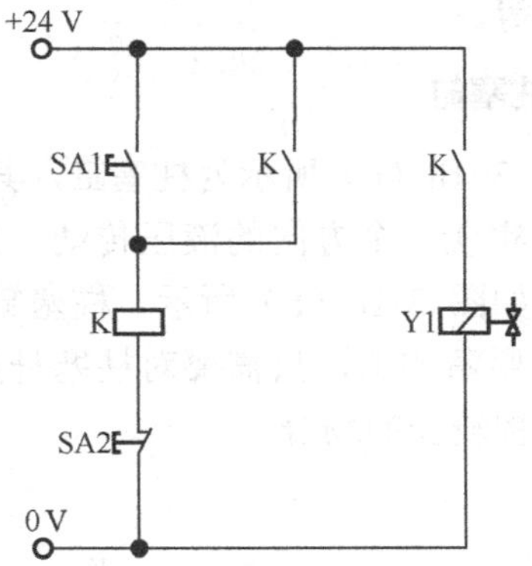

（b）电气回路图

图3-16 任务3-2系统回路图

（3）仿真运行回路并分析系统的工作过程；
（4）在实训设备上连接实验管路；
（5）检查所连接的回路并确保连接油管正确连接；
（6）开启液压动力站，观察运行情况，对使用中遇到的问题进行分析和解决；
（7）关闭液压动力站，关闭计算机，拆卸元件和油管，并整理归位；
（8）完成实训报告（见附录）。

3.5 拓展知识

3.5.1 液压缸的结构特点及应用

各类液压缸的结构特点如下（单活塞杆液压缸的内容见基础知识部分）。

1. 双活塞杆式液压缸

双活塞杆式液压缸根据安装方式的不同可分为缸体固定式和活塞杆固定式两种。

如图3-17（a）所示为缸体固定式的双杆活塞缸。它的进/出口布置在缸筒两端，活塞通过活塞杆带动工作台移动，占地面积较大，一般适用于小型机床；当工作台行程要求较长时，可采用如图3-17（b）所示的活塞杆固定的形式，这时，缸体与工作台相连，活塞杆通过支架固定在机床上，动力由缸体传出。这种安装形式占地面积小，进/出油口可以设置在固定不动的空心活塞杆两端，但必须使用软管连接。

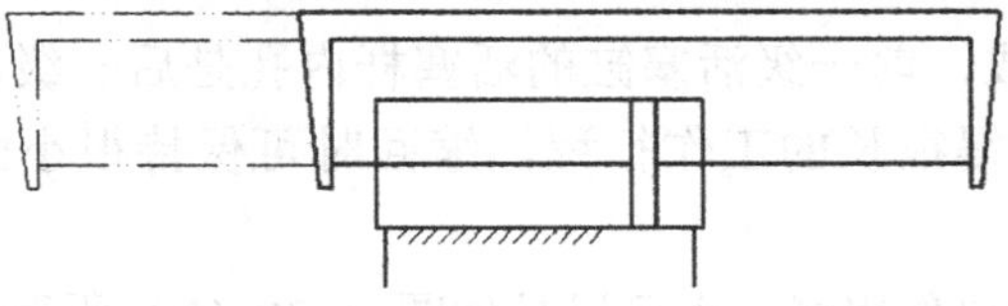
（a）缸体固定

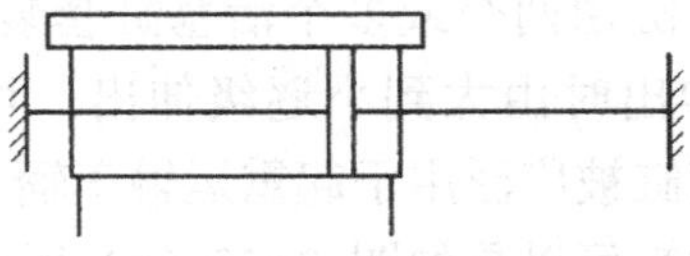
（b）活塞杆固定

图3-17 双杆活塞缸

由于双杆活塞缸两端的活塞杆直径通常是相等的，因此它左、右两腔的有效面积也相等，当分别向左、右腔输入相同压力和相同流量的油液时，液压缸左、右两个方向的推力和速度相等。

2. 柱塞缸

如图 3-18（a）所示为柱塞缸，其工作面是柱塞端面，动力是通过柱塞本身传递的。柱塞缸只能实现一个方向的液压传动，反向运动要靠外力，若需要实现双向运动，则必须成对使用，如图 3-18（b）所示，柱塞缸的缸筒内壁和柱塞不直接接触而有一定的间隙，因此内壁不需要精加工，只需要对柱塞杆进行精加工。它结构简单，制造方便，成本低，特别适用于行程较长的场合。

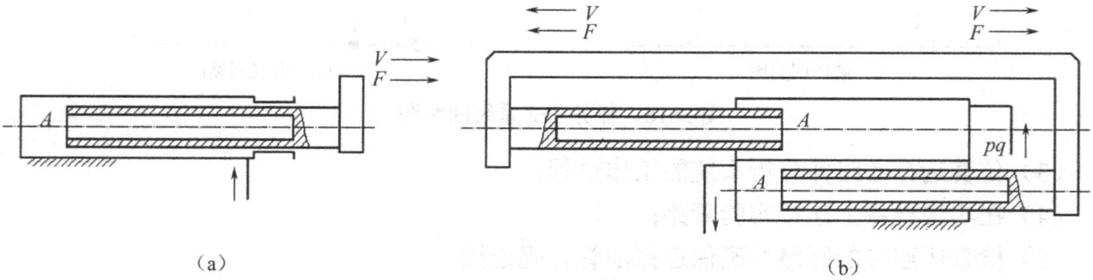

图 3-18　柱塞缸

3. 增压缸

增压缸又称增压器，它利用活塞和柱塞有效面积的不同使液压系统中的局部区域获得高压。它有单作用和双作用两种形式，单作用式增压缸如图 3-19（a）所示，当低压油 p_1 输入活塞缸的无杆腔时，油液推动增压器的大活塞，大活塞又推动与其连在一起的小活塞而获得高压 p_2 的液体，单作用增压缸只能单向输出高压油液；而采用双作用式增压缸时，如图 3-19（b）所示，可由两个高压端连续向系统供油。

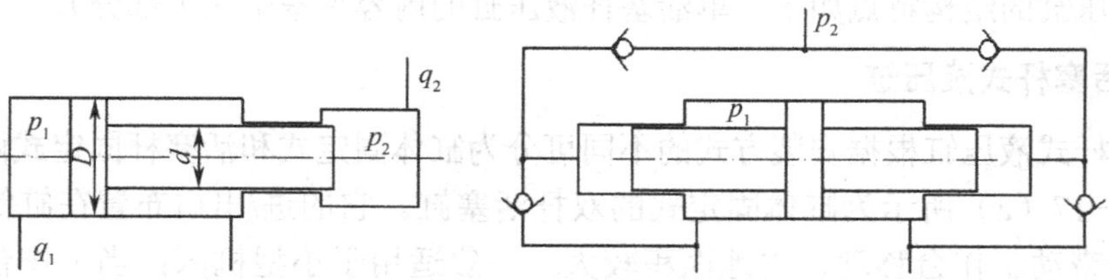

（a）单作用式增压缸　　（b）双作用式增压缸

图 3-19　增压缸

4. 伸缩缸

伸缩缸由两个或多个活塞缸套装而成，前一级活塞缸的活塞杆内孔是后一级活塞缸的缸筒，伸出时由大到小逐级伸出，可获得很长的工作行程，缩回时可保持很小的结构尺寸，伸缩缸被广泛用于起重运输车辆上。

伸缩缸可以是如图 3-20（a）所示的单作用式，也可以是如图 3-20（b）所示的双作用式，前者靠外力回程，后者靠液压回程。

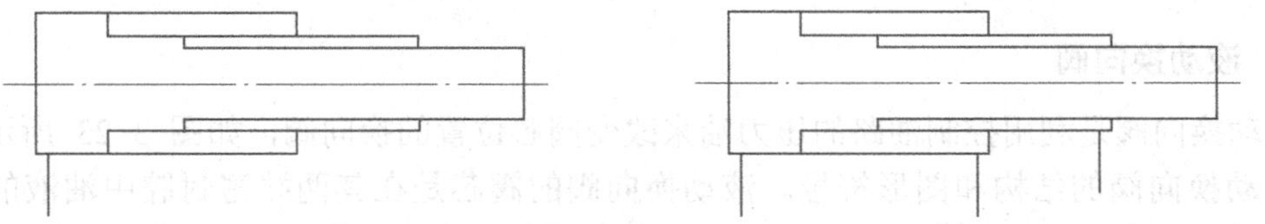

(a) 单作用式伸缩缸　　(b) 双作用式伸缩缸

图 3-20　伸缩缸

5. 齿条活塞缸

齿条活塞缸由带有齿条杆的双活塞缸和齿轮齿条机构组成，如图 3-21 所示。它将活塞的直线往复运动经过齿条、齿轮机构转换成回转运动。此液压缸又叫无杆液压缸，常用于机械手、磨床的进给机构，回转工作台的转位机构和回转夹具。

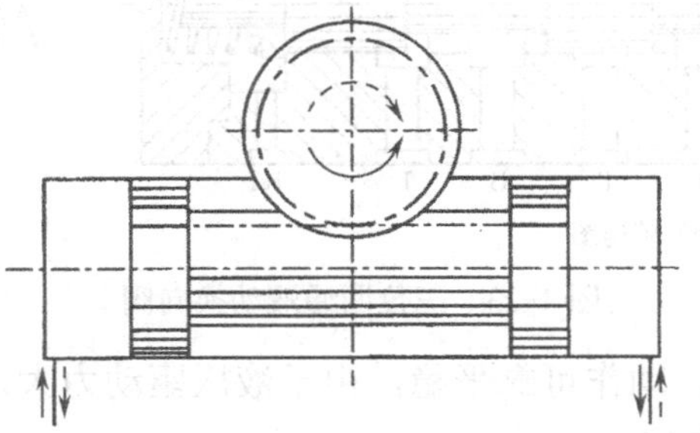

图 3-21　齿条活塞缸

3.5.2 换向阀补充知识

1. 机动换向阀

机动换向阀又称行程阀，它主要用来控制机械运动部件的行程，它借助于安装在工作台上的挡铁或凸轮来迫使阀芯移动，从而控制油液的流动方向。机动换向阀通常是二位的，有二通、三通、四通和五通几种。如图 3-22（a）所示为二位二通机动换向阀的结构图，在图示位置，阀芯 3 被弹簧 4 压向左端，油口 P 与 A 不通。当挡块 1 压住滚轮 2，使阀芯移动到右端时就使 P 和 A 接通。当挡块脱开滚轮时，阀芯在弹簧的作用下又恢复初始位置。如图 3-22（b）所示为其图形符号。

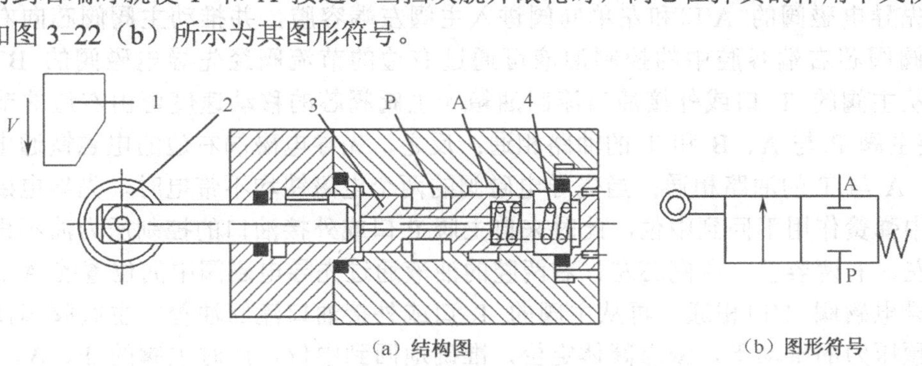

(a) 结构图　　(b) 图形符号

1—挡块；2—滚轮；3—阀芯；4—弹簧

图 3-22　机动换向阀

2. 液动换向阀

液动换向阀是利用控制油路的压力油来改变阀芯位置的换向阀，如图 3-23 所示为三位四通液动换向阀的结构和图形符号。液动换向阀的阀芯是在其两端密封腔中油液的压差作用下移动的，当两端控制油口 K1、K2 均不通入压力油时，阀芯在两端弹簧和定位套的作用下回到中间位置；当控制油路的压力油从阀右边的控制油口 K1 进入滑阀右腔时，K2 接通回油，阀芯向左移动，使压力油口 P 与 B 相通，A 与 T 相通；当 K2 接通压力油，K1 接通回油时，阀芯向右移动，使得 P 与 A 相通，B 与 T 相通。

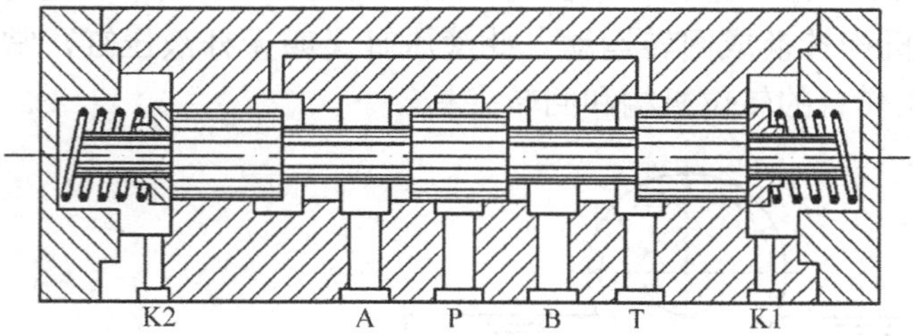

（a）结构图

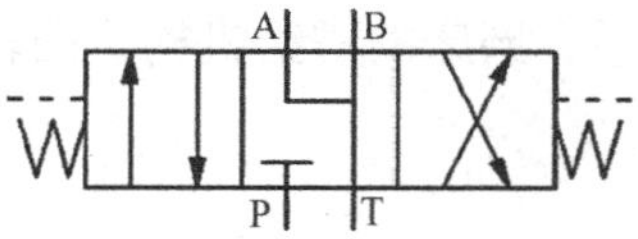

（b）图形符号

图 3-23　三位四通液动换向阀

液动换向阀结构简单，动作可靠平稳，由于液压驱动力大，故可用于流量大的液压系统，但它不如电磁阀控制方便。

3. 电液换向阀

电液换向阀是由电磁滑阀和液动滑阀组合而成的复合阀。电磁滑阀起先导作用，它可以改变控制液流的方向，从而改变液动滑阀阀芯的位置。液动换向阀为主阀，它可以改变主油路的方向。由于操纵液动滑阀的液压推力可以很大，所以主阀芯的尺寸可以做得很大，允许有较大流量的油液通过。这样用较小的电磁铁就能控制较大的液流。因此电液换向阀综合了电磁阀和液动阀的优点，具有控制方便、流量大的特点。

如图 3-24 所示为弹簧对中型三位四通电液换向阀的结构和图形符号。当先导电磁阀左边的电磁铁通电后使其阀芯向右边位置移动，来自主阀 P 口或外接油口的控制压力油可经先导电磁阀的 A′口和左单向阀进入主阀左端容腔，并推动主阀阀芯向右移动，这时主阀阀芯右端容腔中的控制油液可通过右边的节流阀经先导电磁阀的 B′口和 T′口，再从主阀的 T 口或外接油口流回油箱（主阀阀芯的移动速度可由右边的节流阀调节），使主阀 P 与 A、B 和 T 的油路相通；反之，先导电磁阀右边的电磁铁通电，可使 P 与 B、A 与 T 的油路相通；当先导电磁阀的两个电磁铁均不带电时，先导电磁阀阀芯在其对中弹簧作用下回到中位，此时来自主阀 P 口或外接油口的控制压力油不再进入主阀芯的左、右两容腔，主阀芯左、右两腔的油液通过先导电磁阀中间位置的 A′、B′两油口与先导电磁阀 T′口相通，再从主阀的 T 口或外接油口流回油箱。主阀阀芯在两端对中弹簧预压力的推动下，依靠阀体定位，准确地回到中位，此时主阀的 P、A、B 和 T 油口均不通。

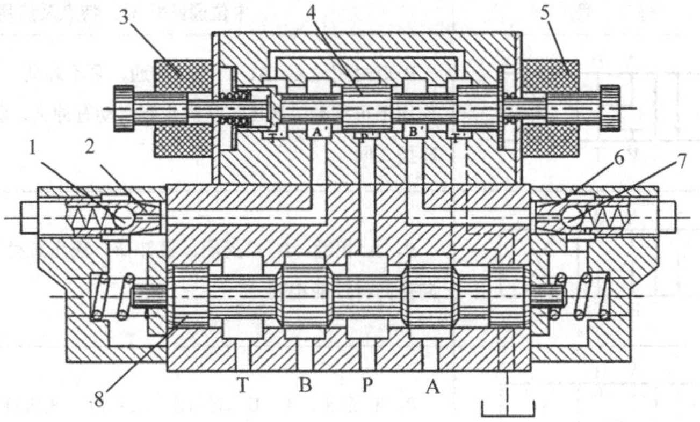

（a）结构图

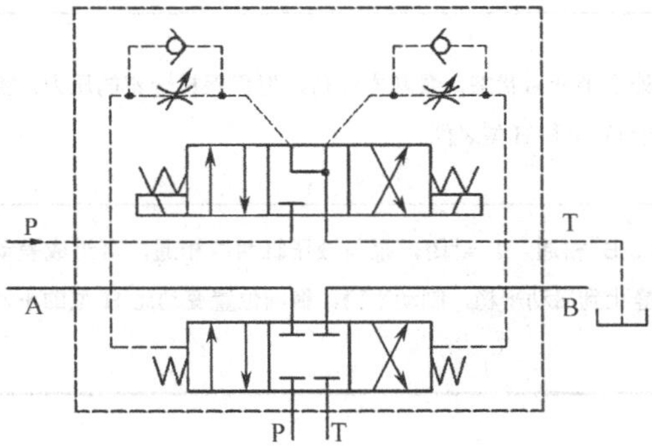

（b）图形符号

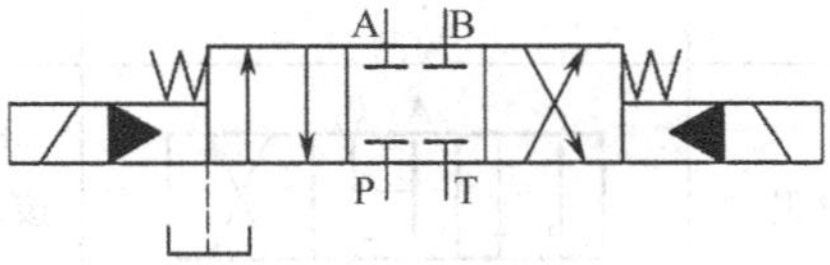

（c）简化图形符号

1、6—节流阀；2、7—单向阀；3、5—电磁铁；4—电磁阀阀芯；8—主阀阀芯

图 3-24 三位四通电液换向阀

4. 换向阀的中位机能

三位换向阀的阀芯在中间位置时，各油口间有不同的连通方式，可满足不同的使用要求。这种连通方式称为换向阀的中位机能。三位四通换向阀常见的中位机能、型号、符号及其特点见表 3-5。不同的中位机能是通过改变阀芯的形状和尺寸得到的。

表 3-5 三位四通换向阀常见中位机能分析

型　号	符　号	中位通路状况、特点及应用
O 型	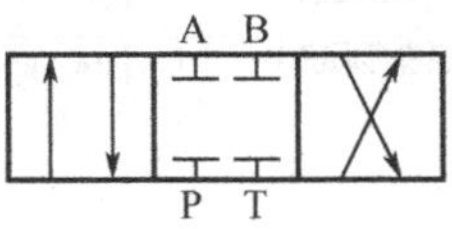	四口全封闭，液压泵不卸荷，液压缸闭锁，可用于多个换向阀的并联工作。液压缸充满油，从静止到启动平稳，制动时运动惯性引起的液压冲击较大，换向位置精度高
H 型		四口全接通，泵卸荷，液压缸处于浮动状态，在外力作用下可移动，液压缸从静止到启动有冲击，制动比 O 型平稳，换向位置变动大

续表

型　号	符　号	中位通路状况、特点及应用
Y型	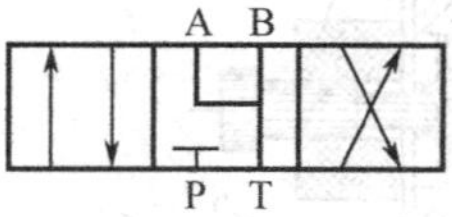	P 口封闭，A、B、T 三口相通，泵不卸荷，液压缸浮动，在外力作用下可移动，液压缸从静止到启动有冲击，制动性能介于 O 型和 H 型之间
K型	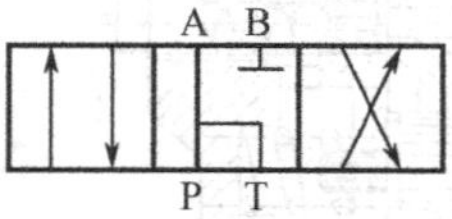	P、A 相通，B 口封闭，泵卸荷，液压缸处于闭锁状态，两个方向换向时性能不同
M型	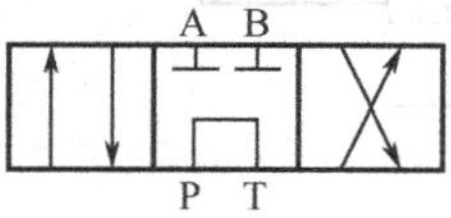	P、T 相通，A、B 口封闭，泵卸荷，液压缸闭锁，从静止到启动较平稳，制动性与 O 型相同，可用于泵卸荷液压缸锁紧的系统中
X型	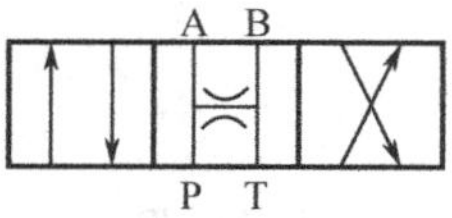	四口处于半开启状态，泵基本卸荷，但仍保持一定的压力，换向性能介于 O 型和 H 型之间
P型	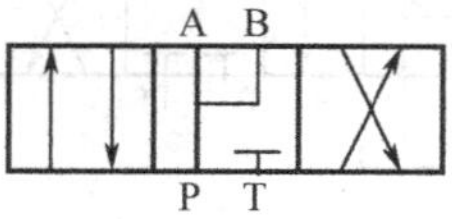	P、A、B 相通，T 封闭，泵与液压缸两腔相通，可组成差动连接。从静止到启动平稳，制动平稳，换向位置变动比 H 型的小，应用广泛

3.6 拓展任务——液压缸的差动连接

1. 操作步骤

（1）搭建回路

如图 3-25 所示为运行液压教学软件在软件的绘图区域中搭建的液压回路。

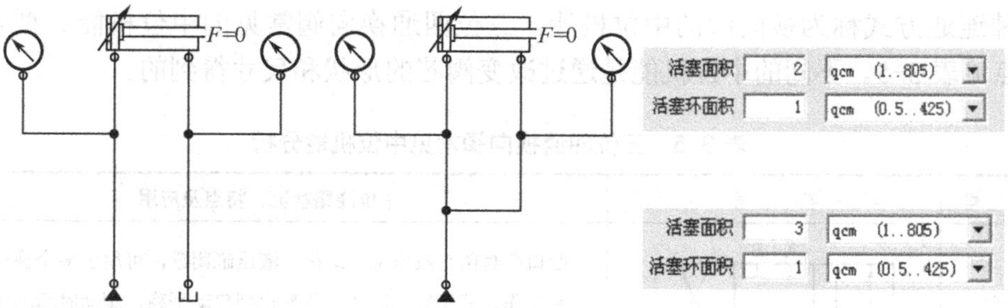

（a）普通连接　　（b）差动连接

图 3-25　液压回路及参数设置示意图

（2）设置参数

点选液压缸，在鼠标右键菜单上单击属性，在液压缸的属性窗口中设置活塞面积为 2 qcm，活塞环面积为 1 qcm。

（3）仿真运行

对回路进行仿真运行，观察并记录液压缸在伸出时的伸出速度（见表 3-6）。

表 3-6　液压缸伸出速度记录

液压缸参数设置	活塞面积为 2 qcm 活塞环面积为 1 qcm		活塞面积为 3 qcm 活塞环面积为 1 qcm	
连接方式	普通连接	差动连接	普通连接	差动连接
伸出速度				

（4）修改参数并仿真运行回路

在液压缸的属性窗口中设置活塞面积为 3 qcm，活塞环面积为 1 qcm，仿真运行回路后记录液压缸伸出时的伸出速度（见表 3-6）。

2. 分析讨论

如图 3-25（b）所示为液压缸的差动连接，这种连接方式一般是将液压缸的进油和回油连接在一起，比较分析液压缸普通连接和差动连接两个回路中液压缸的伸出速度。

3. 总结

液压缸的差动连接可以在不加大油源流量的情况下得到较快的运动速度，这种连接方式被广泛应用于组合机床的液压动力系统和其他机械设备的快速运动中。

思考与练习题

1．简述液压缸的分类。

2．液压缸由哪几部分组成？

3．液压缸的缓冲和排气的目的是什么？如何实现？

4．何谓换向阀的“位”与“通”？画出二位二通机动换向阀、二位四通按钮阀及三位四通电磁换向阀的图形符号。

5．何谓中位机能？画出 O 型、M 型和 H 型中位机能，并说明各适用于何种场合。

6．差动连接的特点是什么？应用在什么场合？

项目4 液压马达的正/反转控制

与液压缸一样，液压马达也是一种常见的液压执行元件，用来实现连续旋转运动。而在采用液压马达的各种场合中，大多有着正/反转控制的要求，如混凝土搅拌机的搅拌作业、挖掘机的履带行走、液压绞车的物料升降等。

4.1 项目目标

（1）掌握液压马达的工作原理、图形符号和分类；
（2）学会液压马达的主要性能参数计算；
（3）熟悉互锁回路的工作原理和应用；
（4）明白任务回路中各元件的作用，能正确选取所需元件，熟练安装运行任务回路；
（5）了解各类液压马达的特点及应用。

4.2　实训设备和元器件

项目所需实训设备和元器件见表 4-1。

表 4-1　实训设备和元器件明细表

名　称	数　量	名　称	数　量	名　称	数　量
液压实验台（含液压泵）	1	液压马达	1	油管	若干
计算机（安装教学软件）	1	电器模块（分流器）	1	导线	若干
三位四通双电控电磁阀	1	电器模块（按钮开关）	1		
节流阀	1	电器模块（继电器）	1		

4.3　基础知识

4.3.1　液压马达

液压马达（如图 4-1 所示）是使负载做连续旋转的液压执行元件，其内部构造与液压泵类似，差别仅在于液压泵的旋转由电动机带动，输出的是液压油；液压马达则是输入液压油，输出的是转矩和转速。因此，液压马达和液压泵在细部结构上存在一定的差别。

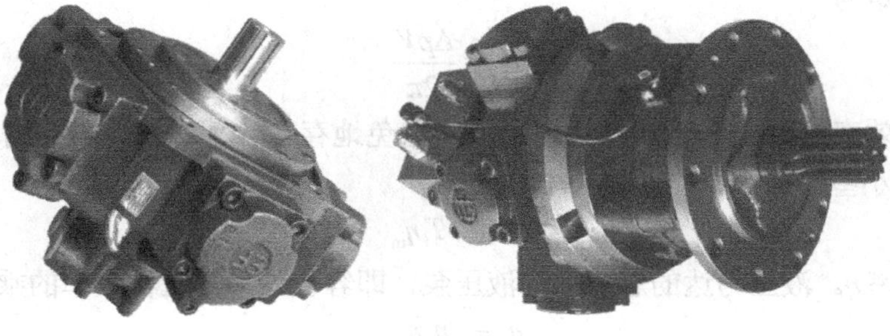

图 4-1　液压马达实物图

1. 液压马达的分类

液压马达按结构类型可分为齿轮式、叶片式、柱塞式等形式；按液压马达的额定转速分为高速和低速两大类：额定转速高于 500 r/min 的属于高速液压马达，额定转速低于 500 r/min 的属于低速液压马达；按排量还可以将液压马达分为定量马达和变量马达两种。

2. 液压马达的图形符号

常用液压马达的图形符号如图 4-2 所示。

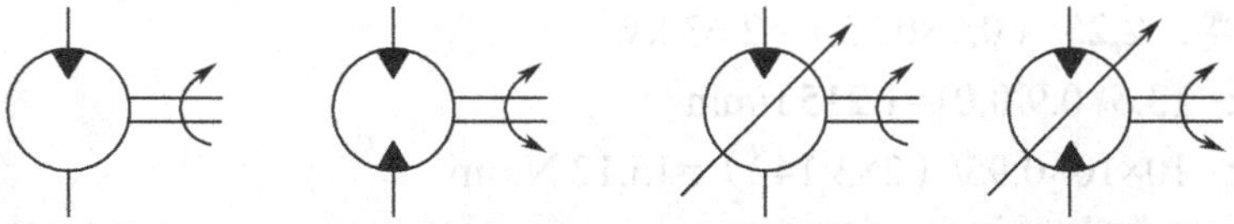

（a）单向定量马达　（b）双向定量马达　（c）单向变量马达　（d）双向变量马达

图 4-2　常用液压马达的图形符号

3. 液压马达的主要性能参数

1）压力（单位为 MPa）

（1）工作压力 p。马达入口油液的实际压力称为马达的工作压力，马达入口压力和出口压力的差值称为马达的工作压差。

（2）额定压力 p_n。马达在正常工作条件下，按试验标准连续运转的最高压力称为马达的额定压力，超过此值时就会过载。

2）排量（单位为 mL/r）、流量（单位为 L/min）和容积效率

（1）排量 V。马达轴每转一周所吞入的液体体积称为马达的排量，排量的大小是液压马达工作能力的重要标志。

（2）流量 q。马达入口处的流量称为马达的实际流量，对应某一指定转速，单位时间内马达密封容积的变化称为马达的理论流量，实际流量与理论流量之差即为马达的泄漏量。

（3）转速 n。马达的输出转速等于理论流量与排量的比值，即

$$n=q_i/V \tag{4.1}$$

（4）容积效率 η_v。为了满足转速要求，马达实际输入流量大于理论输入流量，理论流量除以实际流量即为容积效率。

3）转矩（单位为 N · m）、机械效率和总效率

（1）转矩 T。如果液压马达的进、出油口之间的压力差为 Δp，排量为 V，则液压马达的理论输出转矩为

$$T_t=\frac{\Delta pV}{2\pi} \tag{4.2}$$

（2）机械效率 η_m。由于液压马达内部不可避免地存在各种摩擦，实际输出的转矩 T 总比理论转矩 T_t 小些，即

$$T = T_t\eta_m \tag{4.3}$$

（3）总效率 η。液压马达的总效率同液压泵，即容积效率与机械效率的乘积。

$$\eta = \eta_v\eta_m \tag{4.4}$$

实例　液压泵输出油压为 10 MPa，泵的机械效率为 0.95，容积效率为 0.9，排量 $V_{泵}$=10 mL/r，转速 $n_{泵}$=1 500 r/min；液压马达的排量 $V_{马}$=10 mL/r，机械效率为 0.95，容积效率为 0.9，求液压泵的输出功率、拖动液压泵的电动机功率、液压马达输出转速、液压马达输出转矩和功率各为多少？

解　理论流量：10×1 500/1 000=15 L/min

实际流量：15×0.9=13.5 L/min

输出功率：10×13.5/60=2.25 kW

电动机功率：2.25/（0.9×0.95）=2.63 kW

输出转速：13.5×0.9/0.01=1 215 r/min

输出转矩：10×10×0.95/（2×3.142）=15.12 N · m

输出功率：2.25×0.9×0.95=1.92 kW

4.3.2 互锁回路

如图 4-3 所示，初始状态时，继电器 K1 和 K2 未得电。当按钮 SA1 被按下后，继电器 K1 线圈得电，其常开触点闭合，K1 线圈被保持在得电状态；当按钮 SA2 被按下后，继电器 K2 线圈得电，其常闭触点断开，K1 线圈失电，K2 常开触点闭合，K2 线圈被保持在得电状态；按下按钮 SA3 后，继电器 K1、K2 失电，回到初始状态。

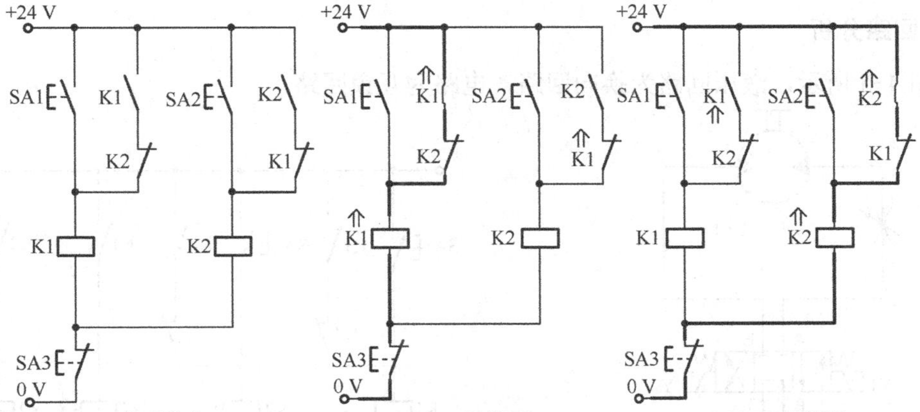

（a）初始状态　　（b）SA1被按下　　（c）SA2被按下

图 4-3　互锁控制回路

4.4 实训操作

任务 4-1　液压马达的手动控制

1. 任务说明

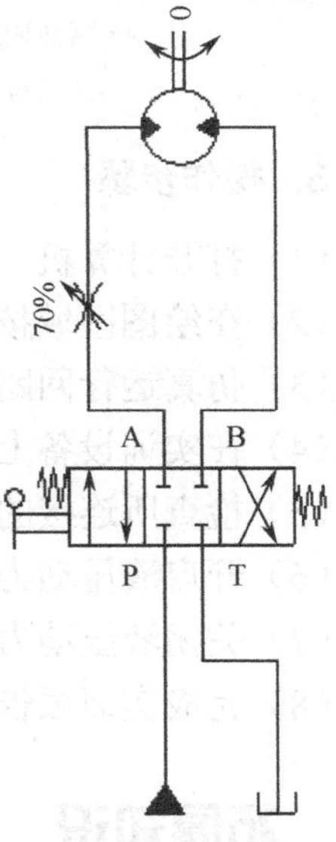

图 4-4　任务 4-1 液压回路图

用一个三位四通手动换向阀控制液压马达的转动，转动速度可以任意调节。

2. 回路分析

如图 4-4 所示，液压回路中的液压泵是系统的动力源，三位四通手动换向阀用来改变油液流动方向，节流阀调节油液流量，从而控制液压马达的转速，而液压马达是回路执行元件。

3. 操作步骤

（1）打开计算机，运行液压教学软件；

（2）在绘图区域按图 4-4 搭建回路；

（3）仿真运行回路并分析系统的工作过程；

（4）修改回路，将三位四通阀改为二位四通手动换向阀；

（5）仿真运行回路，分析两种换向阀控制方式的区别。

任务 4-2　液压马达的正/反转自保持控制

1. 任务说明

用一个三位四通双控电磁换向阀控制液压马达转动，按下按钮 SA1，液压马达持续正转，按下按钮 SA2，液压马达持续反转，按下按钮 SA3 可使马达停止转动，马达的转动速度可以任意调节。

2. 回路分析

如图 4-5 所示，液压回路为换向回路，电路为互锁回路。

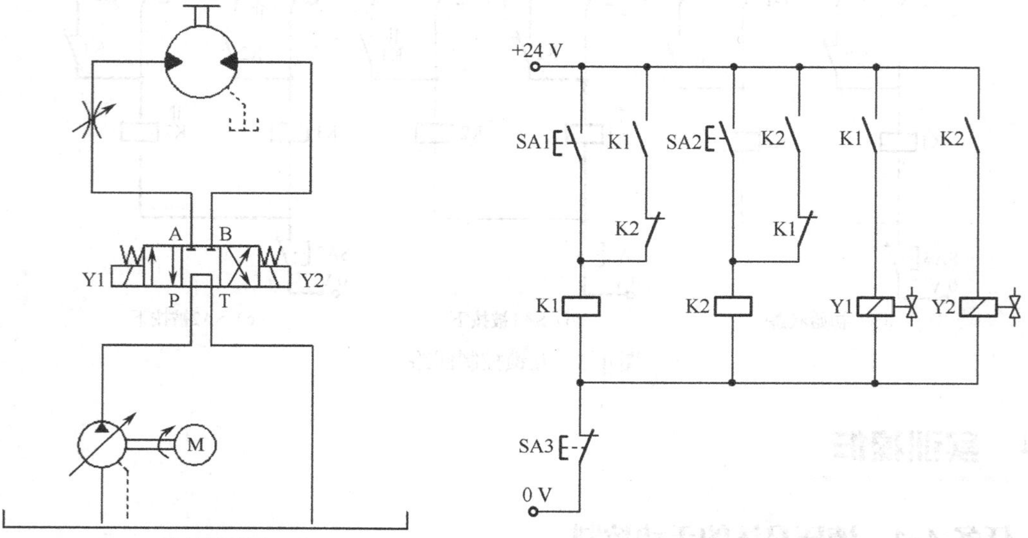

（a）液压回路图　　（b）电气回路图

图 4-5　任务 4-2 的系统回路图

3. 操作步骤

（1）打开计算机，运行液压教学软件；
（2）在绘图区域按图 4-5 搭建回路；
（3）仿真运行回路并分析系统的工作过程；
（4）在实训设备上连接实验管路；
（5）检查所连接的回路并确保油管正确连接；
（6）开启液压动力站，观察运行情况，对使用中遇到的问题进行分析和解决；
（7）关闭液压动力站，关闭计算机，拆卸元件和油管，并整理归位；
（8）完成实训报告（见附录）。

4.5　拓展知识

4.5.1　齿轮式液压马达

如图 4-6 所示，油液从进口（压力油口）P 进入（吸油区密封容腔变大，吸入压力油），另一侧通回油口（压油区密封容腔变小排回油箱），在压力油的作用下输出的合力矩推动齿轮 5 带动输出轴 1 顺时针转动。改变液压油方向时，液压马达反转。

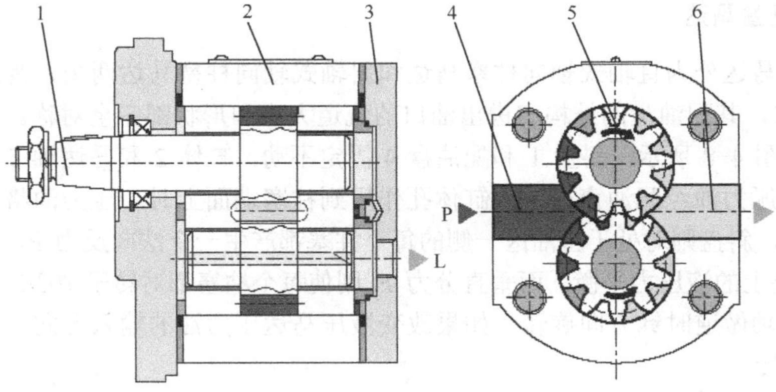

1—输出轴；2—壳体；3—端盖；4—进口；5—外啮合齿轮；6—出口；L—泄漏油口

图 4-6　齿轮式液压马达

齿轮式液压马达用于高转速、小转矩的场合，也用作笨重物体旋转的传动装置，在起重设备中应用比较多，在低速旋转及负荷改变时运转的稳定性较差。值得注意的是，齿轮式液压马达输出转矩和转速的脉动性较大，径向力不平衡，在低速旋转及负荷改变时运转的稳定性较差。

4.5.2　叶片式液压马达

如图 4-7 所示，当油液从进油口进入时，位于进油腔的叶片 2、6 因两面受相同压力的液压油作用，故不产生转矩。叶片 7、3 和 1、5 的一侧均受高压油的作用，另一面为低压油，因此每个叶片的两侧受力不平衡，由于叶片 3、7 伸出长度长，受力面积大于叶片 1、7 的受力面积，因此作用于叶片 3 上的液压力所产生的顺时针方向的转矩大于作用于叶片 1 上的液压力所产生的顺时针方向的转矩，因此转子在合成转矩的作用下沿顺时针方向旋转。

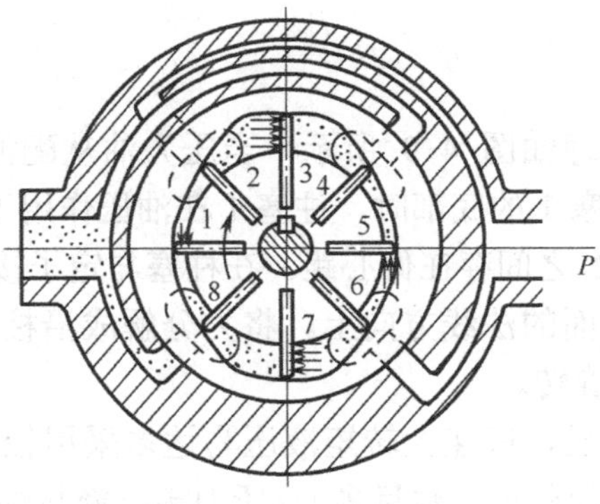

图 4-7　叶片式液压马达

叶片马达的体积小，转动惯量小，因此动作灵敏，可适应的换向频率较高，但泄漏较大，不能在很低的转速下工作，因此叶片马达一般用于转速高、转矩小和动作灵敏的场合。

4.5.3 柱塞式液压马达

1. 轴向柱塞马达

轴向柱塞马达分为直轴式轴向柱塞马达和斜轴式轴向柱塞马达两类，为适应液压马达的正/反转要求，其配油盘的结构和进出油口的流道大小和形状都完全对称。轴向柱塞马达的工作原理如图 4-8 所示，斜盘 1 和配油盘 4 固定不动，缸体 2 和马达轴 5 相连接，并可一起旋转。当压力油经配油窗口进入缸体孔作用到柱塞端面上时，压力油将柱塞顶出，对斜盘产生推力，斜盘则对处于压油区一侧的每个柱塞都产生一个法向反力 F，这个力的水平分力 F_x 与柱塞上的液压力平衡，而垂直分力 F_y 则使每个柱塞都对转子中心产生一个转矩，使缸体和马达轴做逆时针方向旋转。如果改变液压马达压力油的输入方向，马达轴就可做顺时针方向旋转。

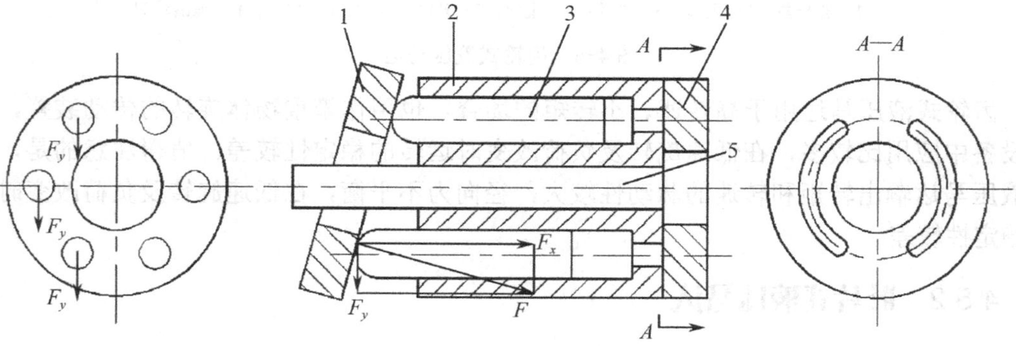

1—斜盘；2—缸体；3—柱塞；4—配油盘；5—马达轴

图 4-8　斜盘式轴向柱塞马达

轴向柱塞马达具有结构紧凑、单位功率体积小、质量轻、工作压力高、容易实现变量和效率高等优点；缺点是结构较复杂，对油液污染较敏感，过滤精度要求较高，且价格较贵。一般而言，轴向柱塞马达都是高速马达，输出扭矩小，因此，必须通过减速器来带动工作机构。

2. 径向柱塞马达

径向柱塞马达的工作原理如图 4-9 所示，当压力油从配油轴 5 的轴向孔道经配油窗口、衬套 3 进入转子 2 内柱塞 1 的底部时，柱塞 1 在油压作用下向外伸出紧紧地顶在定子 4 的内壁上。定子 4 和转子 2 之间存在偏心距。在柱塞与定子接触处，定子给柱塞一反作用力，其方向在定子内圆柱曲面的法线方向上。将力分解成沿柱塞的轴向力和径向力，径向力对转子产生转矩，使转子旋转。

与轴向柱塞液压马达相反，低速大转矩液压马达多采用径向柱塞式结构。其主要特点是排量大（柱塞的直径大、行程长、数目多）、压力高、密封性好。但其尺寸及体积大，不能用于反应灵敏、频繁换向的系统中。在矿山机械、采煤机械、工程机械、建筑机械、起重运输机械及船舶方面，低速大转矩液压马达得到了广泛应用。

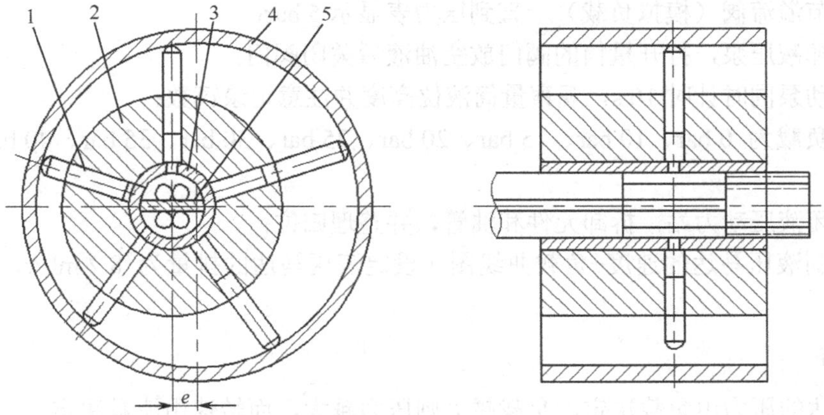

1—柱塞；2—转子；3—衬套；4—定子；5—配油轴

图 4-9 径向柱塞马达

4.6 拓展任务——液压马达速度-负载曲线绘制

1. 任务说明

按照液压回路，如图 4-10 所示，在实训设备上连接实验管路，完成测量工作，并绘制液压马达的速度-负载曲线。

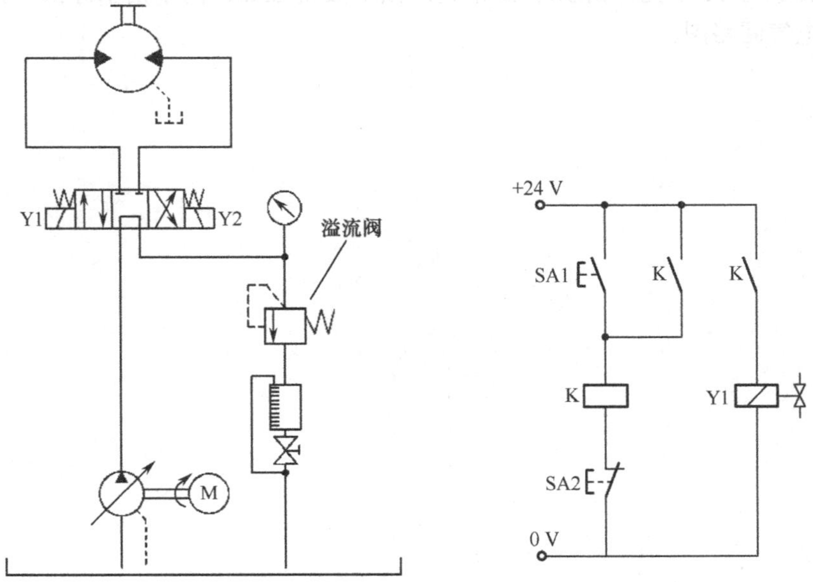

(a) 液压回路图　　(b) 电气回路图

图 4-10 拓展任务液压回路图

2. 操作步骤

（1）按照图 4-10 连接实验管路，检查所连接的管路并确保连接软管正确连接；

（2）启动液压泵，按下启动按钮 SA1 使液压马达开始转动；

（3）调节溢流阀（模拟负载）一直到压力表显示 5 bar；

（4）关掉液压泵，打开量筒的阀门放空油液后关闭阀门；

（5）启动泵同时计时 10 s，观察量筒液位高度并注意记录读数；

（6）在负载为 0 bar、10 bar、15 bar、20 bar、25 bar、30 bar、35 bar、40 bar 下，重复以上步骤；

（7）关闭液压动力站，拆卸元件和油管，并整理归位；

（8）绘制液压马达的速度-负载曲线图（设定液压马达的排量为 8.2 mL/r，容积效率为 0.9）。

3. 总结

液压马达的压力由负载决定，负载越大则压力越大，而转速由流量决定。

思考与练习题

1．简述液压马达的分类。

2．液压马达的排量 V=100 mL/r，液压马达的入口压力为 P_1=10 MPa，出口压力为 P_2=1 MPa，机械效率为 0.85，容积效率为 0.9，若输入流量为 50 L/min，求液压马达转速、转矩和输入/输出功率各为多少？

3．用三个按钮进行指示灯控制。按下按钮 SA1，指示灯 A 常亮，指示灯 B 不亮；按下按钮 SA2，指示灯 A 不亮，指示灯 B 常亮；按下按钮 SA3，两个指示灯都不亮。请根据控制要求画出电气回路图。

项目5 过载保护回路的安装运行

过载就是负荷过大，超过了设备本身的额定负载。过载会导致设备损伤、密封件提前老化、电动机烧线圈、液压油过热等问题，因此过载保护是液压设备中最常见的控制要求。

5.1 项目目标

（1）掌握溢流阀、压力继电器的原理、结构特点及应用；

（2）清楚单向阀和可调单向节流阀之间的区别及它们的作用；

（3）熟悉液压回路的常见保护方式，理解回路的工作原理；

（4）明白任务回路中各元件的作用，能正确选取所需的元件，熟练安装运行任务回路；

（5）了解液控单向阀和双向液压锁的图形符号及应用。

5.2 实训设备和元器件

项目所需实训设备和元器件见表 5-1。

表 5-1 实训设备和元器件明细表

名　称	数　量	名　称	数　量	名　称	数　量
液压实验台（含液压泵）	1	可调单向节流阀	1	电器模块（继电器）	1
计算机（安装教学软件）	1	压力继电器	1	油管	若干
压力表	2	双作用液压缸	1	导线	若干
二位四通单电控电磁阀	1	电器模块（分流器）	1		
溢流阀	1	电器模块（按钮开关）	1		

5.3 基础知识

5.3.1 溢流阀

溢流阀（如图 5-1 所示）在液压系统中主要起两方面作用：一是溢流和稳压作用，保持液压系统的压力恒定；二是限压保护作用，防止液压系统过载。溢流阀在几乎所有的液压系统中都会用到，它是液压系统中最重要的压力控制阀。常用的溢流阀有直动型和先导型两种，直动型溢流阀一般用于低压系统，先导型溢流阀用于中高压系统。

（a）直动型溢流阀

（b）先导型溢流阀

图 5-1 溢流阀实物图

1. 直动型溢流阀

直动型溢流阀是依靠系统中的压力油直接作用在阀芯上与弹簧力等相平衡，以控制阀芯的启闭动作，如图 5-2（a）所示，P 是进油口，T 是回油口，进口压力油经阀芯中间的阻尼孔作用在阀芯的底部端面上，当进油压力较小时，阀芯在弹簧的作用下处于下端位置，将 P 和 T 两油口隔开。当油压力升高时，在阀芯下端所产生的作用力超过弹簧的压紧力。此时，阀芯上升，阀口被打开将多余的油液排回油箱，阀芯上的阻尼孔用来对阀芯的动作产生阻尼，以提高阀的工作平稳性，调节手轮可以改变弹簧的压紧力，从而调整了溢流阀进口处的油液压力。

如图 5-2（b）所示为直动型溢流阀的图形符号。

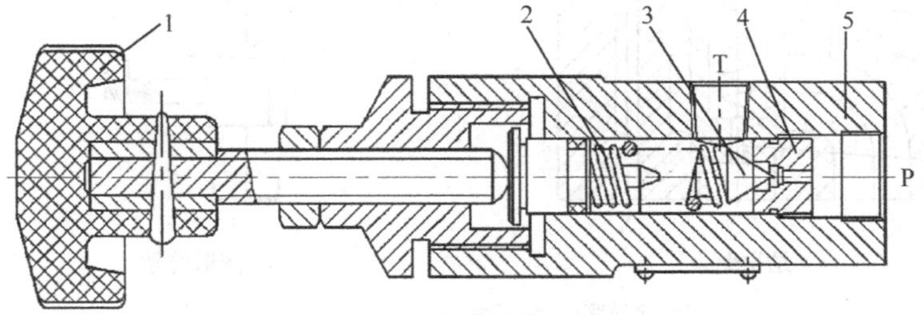

（a）结构图

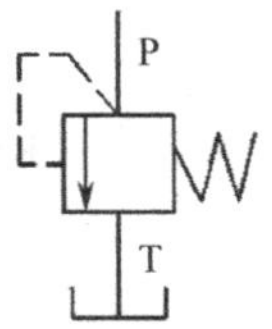

（b）图形符号

1—手轮；2—调压弹簧；3—阀芯；4—阀座；5—阀体

图 5-2 直动型溢流阀

溢流阀不工作时，溢流阀进、出油口之间是不相通的，而且作用在阀芯上的液压力是由进口油液压力产生的，经溢流阀阀芯的泄漏油液经内泄漏通道进入回油口 T。

2. 先导型溢流阀

先导型溢流阀主要用于中、高压大流量场合。如图 5-3（a）所示，先导型溢流阀主要由先导阀 1 和主阀 2 构成，先导阀为直动式锥阀，其调压弹簧的预压缩力即为阀的输入量。当压力油作用在主阀芯的下端，经过阻尼孔 R 的同时也作用在先导阀的左端和主阀芯的上腔，当先导阀右端的液压力小于弹簧力时，锥阀芯关闭，主阀芯上、下腔的压力相等，主阀芯在弹簧力的作用下处于关闭状态，溢流阀没有溢流；随着系统压力的升高，当先导阀右端的液压力大于弹簧力时，锥阀打开溢流，油液流过阻尼孔时要产生压降，主阀上腔的压力小于下腔的压力，当通过锥阀的流量达到一定大小时，主阀上、下腔压差所形成的力大于主阀弹簧力、摩擦力和阀芯的自重等，主阀芯向上运动，压力油溢流回油箱。由于油液通过阻尼孔而产生的压差值不太大，所以主阀芯只需一个小刚度的软弹簧即可。

先导型溢流阀有一个远程控制口 X，如果将 X 口用油管接到另一个远程调压阀（远程调压阀的结构和溢流阀的先导控制部分一样），调节远程调压阀的弹簧力，即可调节溢流阀主阀芯上端的液压力，从而对溢流阀的溢流压力实现远程调压。但是，远程调压阀所能调节的最高压力不得超过溢流阀本身先导阀的调整压力。当远程控制口 X 通过二位二通阀接通油箱时，主阀芯上端的压力接近于零，主阀芯上移到最高位置，阀口开大，系统的油液可在低压下通过溢流阀流回油箱，实现卸荷。

如图 5-3（b）所示为先导型溢流阀的图形符号。

3. 溢流阀的性能要求

（1）定压精度高。当流过溢流阀的流量发生变化时，系统中的压力变化要小，即静态压力超调量要小。

（2）灵敏度要高。

（3）工作要平稳，且无振动和噪声。

（4）当阀关闭时，密封要好，泄漏要小。

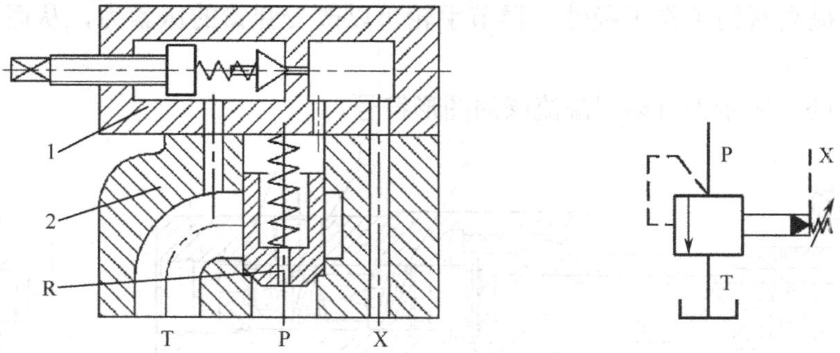

（a）结构图　　（b）图形符号

1—先导阀；2—主阀

图 5-3　先导型溢流阀

对于经常开启的溢流阀，主要要求前三项性能；而对于安全阀，则主要要求第二和第四两项性能。其实，溢流阀和安全阀都是同一结构的阀，只不过在不同要求时有不同的作用而已。

4. 溢流阀的应用

1）溢流定压作用

如图 5-4（a）所示，在定量泵节流调速系统中，液压缸所需流量由节流阀调节，泵输出的多余流量由溢流阀流回油箱。在系统正常工作时，溢流阀处于常开状态，保证了泵的工作压力基本不变。

2）防止系统过载

如图 5-4（b）所示，在变量泵调速系统中，系统正常工作时，阀口处于关闭状态；当系统超载，系统的压力超过溢流阀调定值时，溢流阀迅速打开，油液流回油箱，系统压力不再升高，确保系统安全。此时的溢流阀称为安全阀，溢流阀的开启压力通常应比液压系统的最大工作压力高10%～20%。

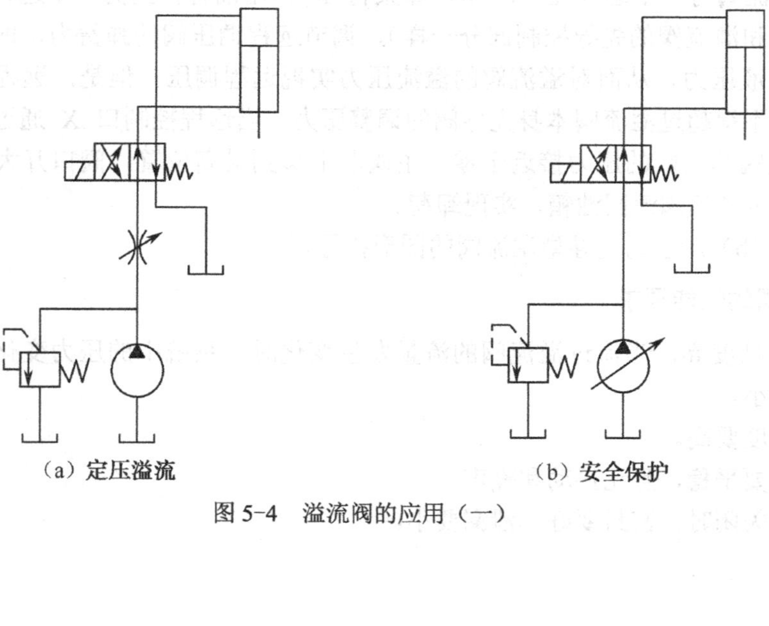

（a）定压溢流　　（b）安全保护

图 5-4　溢流阀的应用（一）

3）背压作用

将溢流阀安装在液压系统的回油路上，可使液压缸的回油腔形成压力（背压），使液压缸运动平稳，这种用途的阀称为背压阀。

4）远程调压和系统卸荷作用

如图5-5所示，利用外控口进行远程调压或系统卸荷。

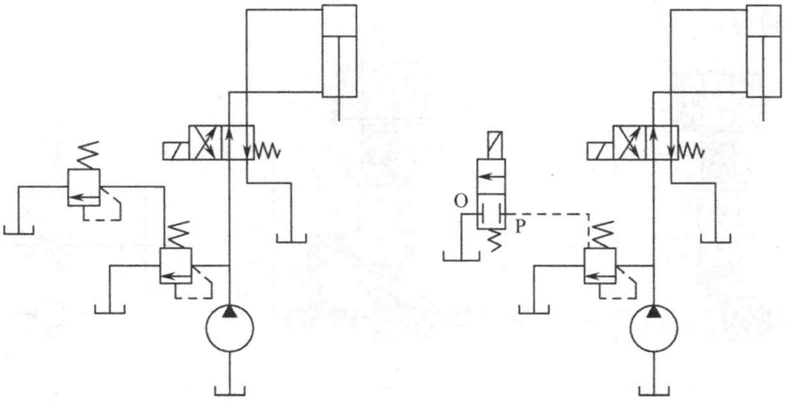

（a）远程调压　　（b）系统卸荷

图5-5　溢流阀的应用（二）

5.3.2　单向阀

液压系统中常见的单向阀有普通单向阀和液控单向阀两种。

普通单向阀的作用是使油液只能沿一个方向流动，不许它反向倒流。如图5-6（a）所示，当压力油从阀体1的进油口 P_1 流入并作用在锥阀上时，克服弹簧3的作用力，顶开阀芯2，经阀芯的径向孔a、轴向孔b从阀体右端的出油口 P_2 流出；当压力油从阀体右端的 P_2 口流入时，液压力和弹簧力一起使阀芯压紧在阀座上，使阀口关闭，油液不能通过。如图5-6（b）所示为单向阀的图形符号。

通常在液压油泵的出油口处设置单向阀以防止油液倒流，可以防止由于系统压力突然升高，油液倒流损坏油泵。将单向阀放置在回油路上还可作背压阀用，此时应将单向阀换成较硬的弹簧，使其开启压力达到0.2～0.6 MPa。

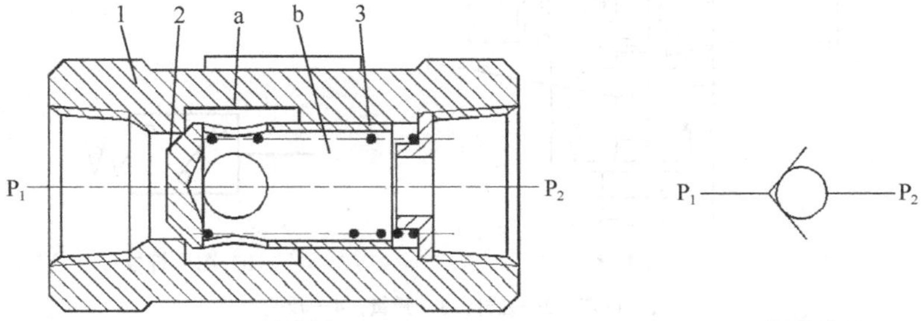

（a）结构图　　（b）图形符号

1—阀体；2—阀芯；3—弹簧

图5-6　单向阀

5.3.3 可调单向节流阀

可调单向节流阀可以看作可调节流阀和单向阀的组合，起到节流阀和单向阀的两种作用。如图 5-7 所示，当压力油从油口 A 流入时，油液经阀芯上方的轴向三角槽节流口从油口 B 流出，旋转手柄可改变节流口通流面积的大小，从而改变流量；当压力油从油口 B 流入时，油液经阀芯下方通道从油口 A 流出，起单向阀作用。如图 5-7（c）所示为可调单向节流阀的图形符号。

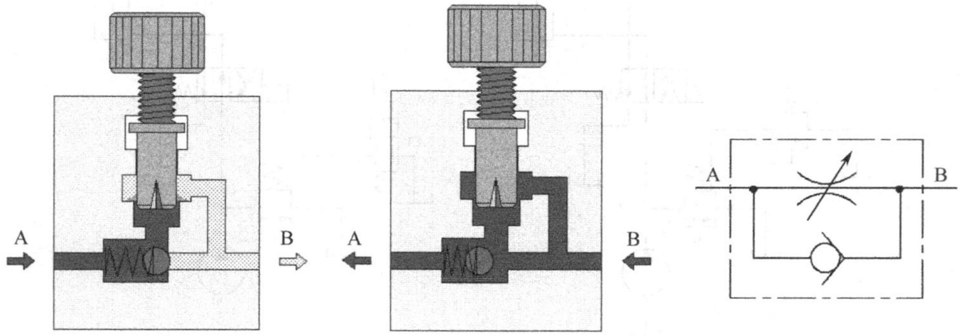

（a）　（b）　（c）

图 5-7　可调单向节流阀

5.3.4 压力继电器

压力继电器是一种将油液的压力信号转换成电信号的电液控制元件，有柱塞式、膜片式、弹簧管式和波纹管式四种结构形式。如图 5-8 所示为常用柱塞式压力继电器的结构示意图和图形符号，当从压力继电器下端进油口通入的油液压力达到调定压力值时，推动柱塞 1 上移，此位移通过杠杆 2 放大后推动开关 4 动作，改变弹簧 3 的压缩量即可以调节压力继电器的动作压力。

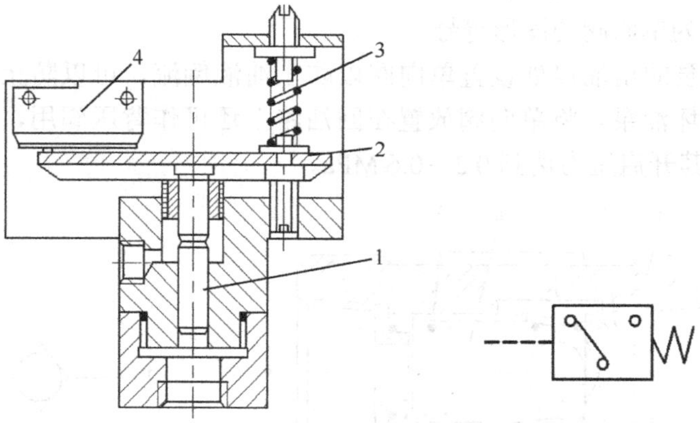

（a）结构图　（b）图形符号

1—柱塞；2—杠杆；3—弹簧；4—开关

图 5-8　压力继电器

压力继电器可以控制电磁铁、电磁离合器、继电器等元件动作，使油路卸压、换向、执行元件实现顺序动作，或关闭电动机使系统停止工作，起安全保护作用等。

5.4　实训操作

任务 5-1　淬火炉顶盖控制

1. 任务说明

如图 5-9 所示，使用手动换向阀手柄控制淬火炉顶盖的升降，按下手柄使顶盖上升，而松开手柄，顶盖下降。由于控制顶盖的液压缸受负载作用，须防止系统运行时发生油液倒流和压力过大的问题。

2. 回路分析

如图 5-10 所示，液压回路中的液压泵是系统的动力源；二位四通手动换向阀用来改变油液流动方向；溢流阀用来防止系统压力过大，起到过载保护的作用；单向阀则是防止油液倒流损坏液压泵；而液压缸是回路执行元件（设置 200 N 负载）。

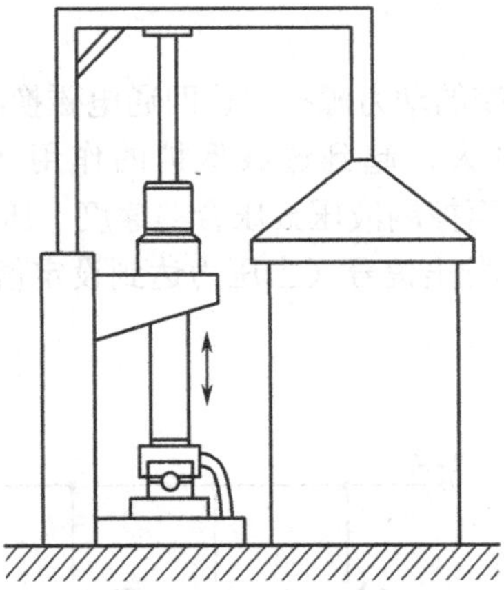

图 5-9　淬火炉示意图

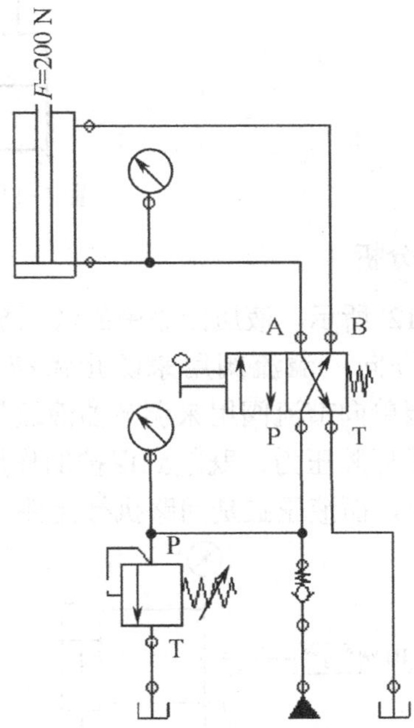

图 5-10　淬火炉液压回路图

3. 操作步骤

（1）打开计算机，运行液压教学软件；

（2）在绘图区域按图 5-10 搭建回路；

（3）设置溢流阀的调定压力为 4 MPa，仿真运行回路并分析系统的工作过程；

（4）调节负载值（200 N、500 N、1 000 N），观察分析压力表读数的变化；

（5）设置 500 N 负载，调节溢流阀的调定压力（4 MPa、3 MPa、2 MPa），观察分析压力表读数的变化，理解溢流阀在回路中的作用。

任务 5-2　装配机构设计

1. 任务说明

设计一台装配机构（如图 5-11 所示）将零部件（工件 1 和工件 2）压合在一起。假如超过所调整的压合力，为保证安全，活塞杆必须返回。在正常情况下，当压力达到预定压力 40 bar 时，活塞杆回升。

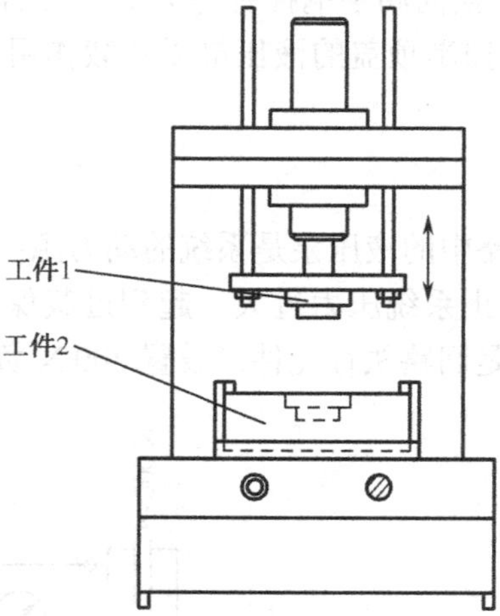

图 5-11　装配机构示意图

2. 回路分析

如图 5-12 所示，液压回路中的液压泵是系统的动力源；二位四通电磁换向阀用来改变油液的流动方向；溢流阀用来防止系统压力过大，起到过载保护的作用（设定压力为 40 bar）；可调单向节流阀用来调节油液流量，从而控制液压缸压合的速度；压力继电器 B1 检测液压缸无杆腔压力，既起到保护的作用，又发出信号（当压力达到设定值 40 bar 时）使液压缸返回，而液压缸是回路执行元件。

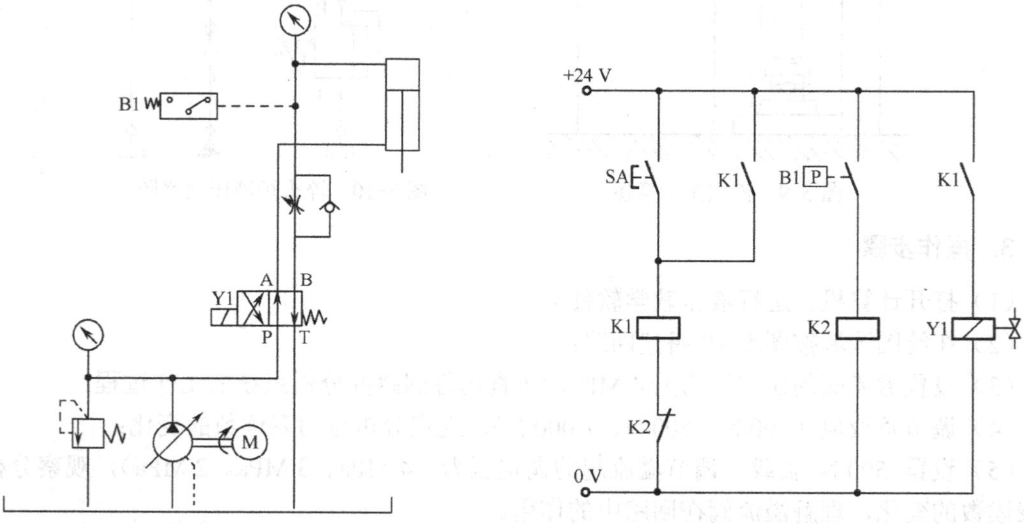

图 5-12　装配机构系统回路图

3. 操作步骤

（1）打开计算机，运行液压教学软件；
（2）在绘图区域按图 5-12 设计并搭建回路；
（3）仿真运行回路并分析系统的工作过程；
（4）在实训设备上连接实验管路；
（5）检查所连接的回路并确保油管正确连接；
（6）开启液压动力站，观察运行情况，对使用中遇到的问题进行分析并解决；
（7）关闭液压动力站，关闭计算机，拆卸元件和油管，并整理归位；
（8）完成实训报告（见附录）。

5.5　拓展知识

5.5.1　液控单向阀

如图 5-13（a）所示为液控单向阀的结构。当控制口 K 处无压力油通入时，它的工作机制和普通单向阀一样。当控制口 K 有控制压力油时，因控制活塞 1 右侧 a 腔通泄油口，活塞 1 右移，推动顶杆 2 使得阀芯 3 右移，顶开单向阀阀芯，使反向截止作用得到解除，使通口 P_1 和 P_2 接通，油液就可在两个方向自由通流。如图 5-13（b）所示为液控单向阀的图形符号。

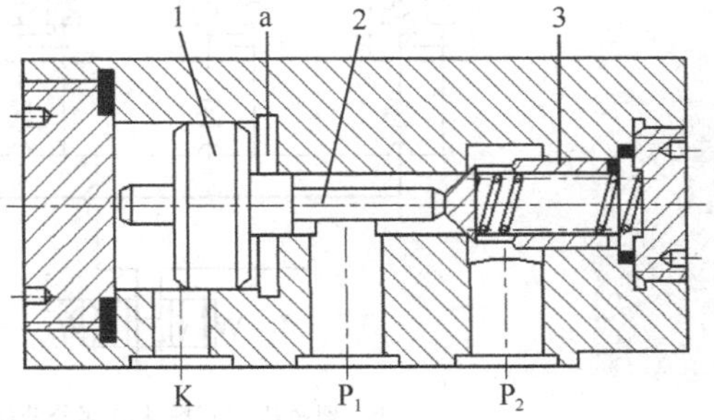

（a）结构图

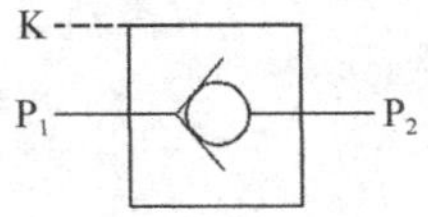

（b）图形符号

1—活塞；2—顶杆；3—阀芯

图 5-13　液控单向阀

液控单向阀具有良好的单向密封性能，在液压系统中常用在需要长时间保压、锁紧的回路，以及液压平衡回路及速度换接回路中。

5.5.2　双向液压锁

双向液压锁又称双向液控单向阀、双向闭锁阀，它是由两个液控单向阀共用一个阀体 1 和控制活塞 2 组成的。如图 5-14（a）所示，当压力油从 A1 流入时，将左边的阀芯 1 顶开，使油液从 A1→A2 流动。同时，通过控制阀芯 3 把右阀顶开，使 B1 与 B2 相通，反之亦然。当 A、B 两腔都没有压力油时，阀芯 1、2 在弹簧力的作用下其锥面与阀座严密接触而封闭 A 腔与 B 腔的油液，从而执行元件被双向锁住（如汽车起重机的液压支腿油路）。

如图 5-14（b）所示为双向液压锁的图形符号。

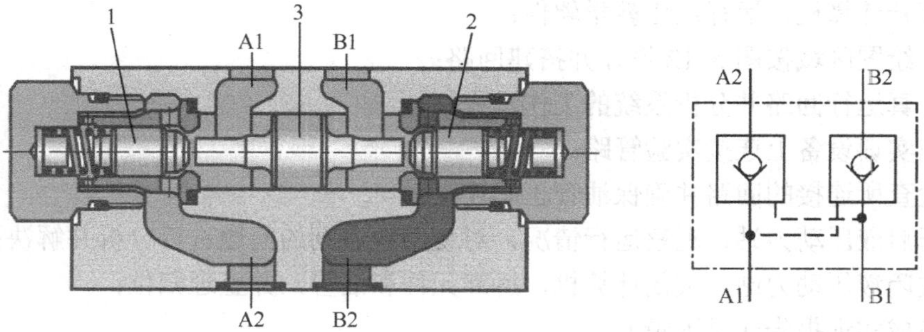

（a）结构图　（b）图形符号

图 5-14　双向液压锁

如图 5-15（a）和图 5-15（b）所示为架桥机实物图和架桥机主支撑油缸部分液压回路图，该系统由 8 个主支撑油缸分两组控制，同时工作，完成架桥机主体的顶升和放落。在设计时考虑各油缸在工作时的闭锁能力，加装了固定在油缸上的双向液压锁，同时考虑为了在工作时消除不同步，在各油缸的无杆腔油路均加装了截止阀，以便人工调节油缸使之同步。

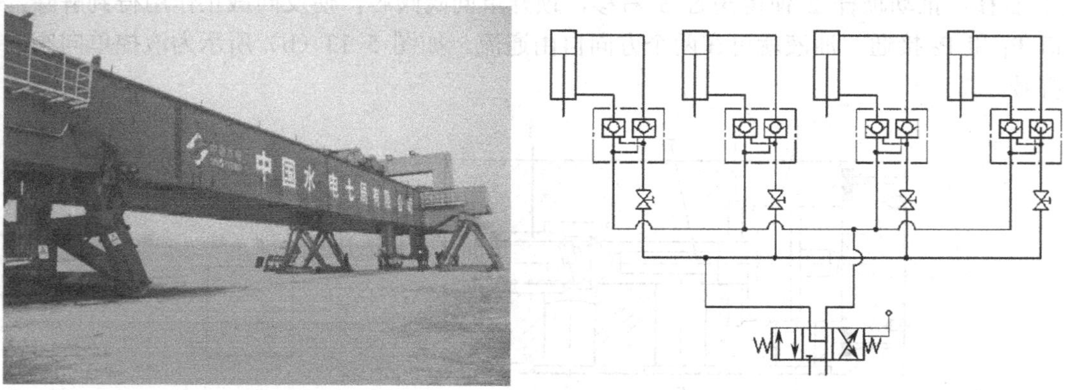

（a）架桥机实物图　（b）架桥机主支撑油缸部分液压回路图

图 5-15　双向液压锁的应用（架桥机）

5.6　拓展任务——溢流阀压力-流量曲线绘制

1. 任务说明

运行液压教学软件，从软件元件库中选择所需的液压元件，按照图 5-16 所示连接液压回路并仿真运行，完成溢流阀 P-Q 曲线图。

2. 操作步骤

（1）运行仿真软件 FluidSIM-H；

（2）从软件元件库中选择元件，按照液压回路图 5-16 连接实验管路；

（3）检查所连接的管路并启动液压回路；

（4）将待测溢流阀调定压力设置为 4 MPa，调节节流阀开度，观察溢流阀在多大压力下打开，并记录均匀分布于最小读数到最大读数之间的压力表的 10 个读数值及相对应的流量计读数；

（5）绘制溢流阀 P-Q 曲线图。

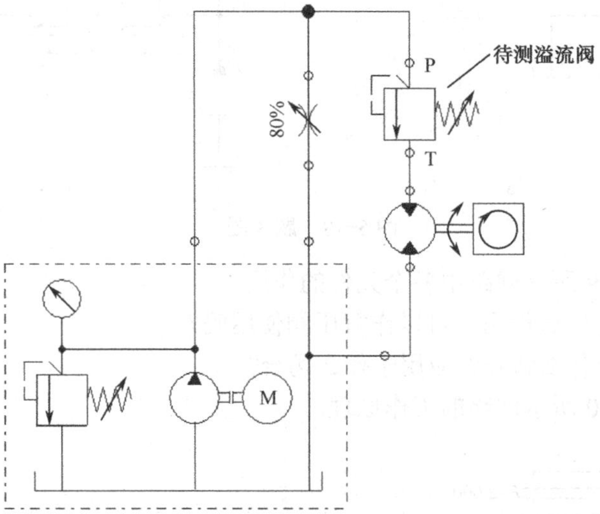

图 5-16　拓展任务的液压回路图

3. 总结

溢流阀刚开启时溢流量为额定流量的 1%时，阀的进口压力称为开启压力，其值不得小于溢流阀调定压力的 90%。

思考与练习题

1．简述溢流阀的原理和应用。

2．如图 5-17 所示，如果先导型溢流阀的阻尼孔堵塞，会出现什么样的情况？若用直径较大的孔代替原阻尼孔又会出现什么样的情况？

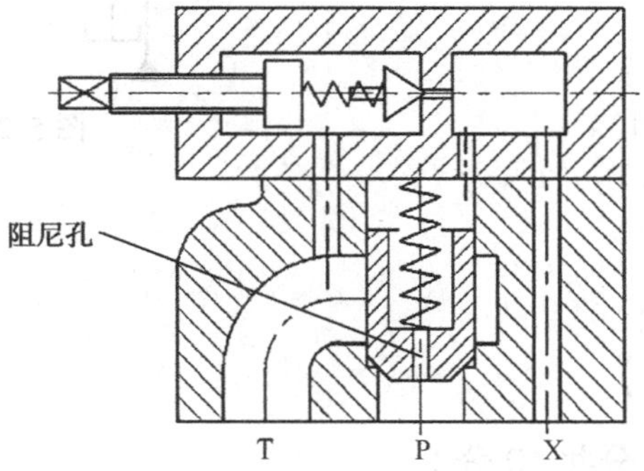

图 5-17　题 2 图

3．如图 5-18 所示，两个回路中各溢流阀的调定压力分别为 P_{Y1}=3 MPa，P_{Y2}=2 MPa，P_{Y3}=4 MPa。试问外负载无限大时，泵的出口压力 P_B 各为多少？

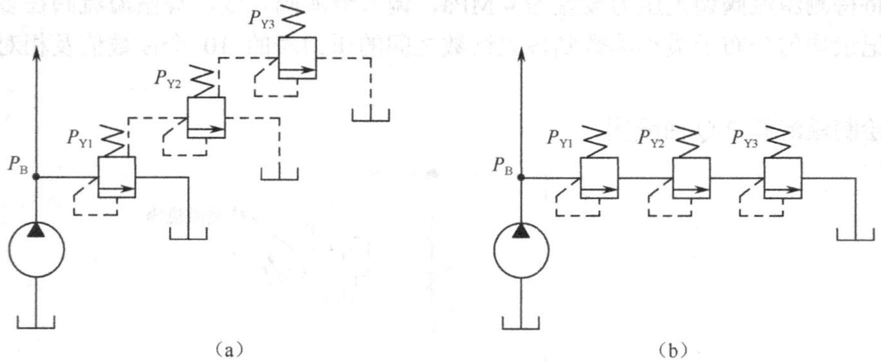

图 5-18　题 3 图

4．分析如图 5-19 所示回路中各个元件的作用。

5．普通单向阀有什么作用，可以作背压阀使用吗？

6．液控单向阀有什么特点？应用于什么场合？

7．分析如图 5-20 所示回路的工作原理。

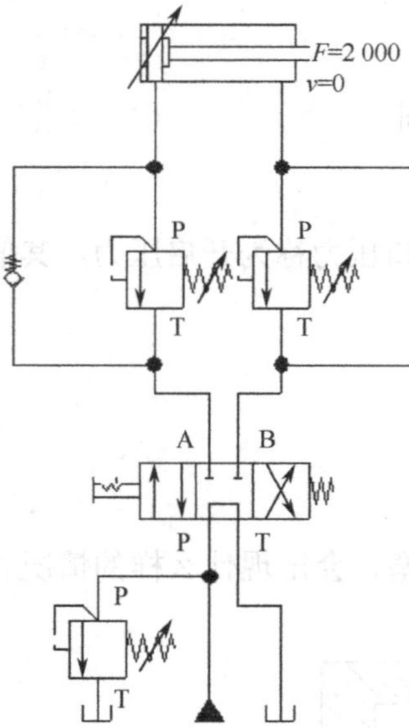

图 5-19　题 4 图

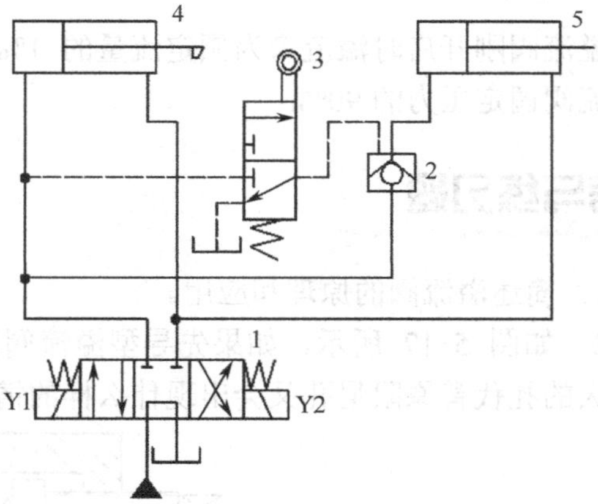

图 5-20　题 7 图

阶段测试 1

理论部分（共 70 分）

一、判断题（每小题 1 分共 10 分）

1．因为液压传动的控制调节简单、操作方便，所以可用作远距离传递。(　　)

2．理想流体伯努利方程的物理意义是：在管内做稳定流动的理想流体，在任一截面上的压力能、势能和动能可以互相转换，其总和略有改变。(　　)

3．静止液体不呈黏性，液压只有在流动时才显示黏性。（　　）

4．液压油可分为两种类型：石化型、乳化型。（　　）

5．定量泵是指输出流量不随泵的输出压力改变的泵。（　　）

6．通过节流阀的油液流量受到节流口通流面积影响，流量稳定性较好。（　　）

7．作用在液压缸活塞上的压力越大，活塞的运动速度越快。（　　）

8．换向阀借助于阀芯和阀体之间的相对移动来控制油路的通断，或改变油液的方向，从而控制执行元件的运动方向。（　　）

9．溢流阀的阀芯随着压力的变化而移动，在不工作时是常开的。（　　）

10．压力继电器是一种将油液的压力信号转换成电信号的电液控制元件。（　　）

二、填空题（每空 2 分，共 30 分）

1．液压系统中的压力取决于________，执行元件的运动速度取决于________。

2．液压油的用途有________、________、________、________。

3．在压力测试中，有两种基准，一是以________为基准，二是以________为基准。

4．流体在管道中流动所发生的压力损失有________和________两种。

5．在液压系统中，由于某种原因使液体压力在某一瞬间突然升高，产生很高的压力峰值，这种现象称为________。

6．外啮合齿轮泵在结构上存在的三个主要问题有________、________、________。

7．将溢流阀安装在液压系统的回油路中使液压缸运动平稳，这种用途的阀称为________。

三、选择题（每小题 2 分，共 10 分）

1．连续性方程说明了________。

A．定常流动下，通过任一通流截面的流量不等，液体的流速与管道通流截面积成正比。

B．定常流动下，通过任一通流截面的流量相等，液体的流速与管道通流截面积成正比。

C．定常流动下，通过任一通流截面的流量相等，液体的流速与管道通流截面积成反比。

D．定常流动下，通过任一通流截面的流量不等，液体的流速与管道通流截面积成反比。

2．液压油的牌号是采用________℃时黏度的中心值。

A．40　　B．50　　C．30　　D．45

3．属于控制元件的是________。

A．液压泵　　B．油箱　　C．双作用液压缸　　D．节流阀

4．________可以用于高压系统。

A．外啮合齿轮泵　　B．双作用叶片泵　　C．轴向柱塞泵　　D．恒压变量泵

5．液控单向阀不可用于________。

A．保压回路　　B．锁紧回路　　C．平衡回路　　D．背压回路

四、计算题（共 10 分）

某液压泵的排量为 120 mL/r，转速为 1 400 r/min，在额定压力下工作，其额定压力为 21.5 MPa，测得实际流量为 155 L/min，额定工作条件下的总效率为 0.81。求该液压泵的理论流量、容积效率、机械效率、输出到泵轴上的实际转矩。

五、简答题（每小题 5 分，共 10 分）

1．什么叫空穴现象，有什么危害？

2．请细述液压系统的组成部分及每个部分的作用。

技能部分（共 30 分）

项目说明：

通过一个二位四通单控电磁阀控制双作用液压缸，液压缸的最大工作压力为 40 bar（安装压力表观察），按下伸出按钮，液压缸伸出，伸出速度可调，到位后指示灯点亮；按下停止按钮，指示灯灭，液压缸回缩。

考核要求：

1．画出液压回路图及电气回路图；（10 分）

2．说明液压回路中各液压元件的作用；（10 分）

3．在实验台上完成回路并实现动作要求。（10 分）

项目6 压力控制回路的安装运行

液压系统的工作压力取决于负载的大小。为使系统保持一定的工作压力，或在一定的压力范围内工作，或能在几种不同的压力下工作，就需要调整和控制系统整体或局部的压力。

6.1 项目目标

（1）掌握减压阀的原理、结构特点及应用；
（2）明白任务回路中各元件的作用，能正确选取所需元件，熟练安装运行任务回路；
（3）了解顺序阀的工作原理及应用；
（4）熟悉压力控制的方式，理解回路的工作原理。

6.2 实训设备和元器件

项目所需实训设备和元器件见表 6-1。

表 6-1 实训设备和元器件明细表

名　称	数　量	名　称	数　量	名　称	数　量
液压实验台（含液压泵）	1	液控单向阀	1	电器模块（按钮开关）	1
计算机（安装教学软件）	1	压力继电器	1	电器模块（继电器）	1
压力表	3	减压阀	1	油管	若干
三位四通双电控电磁阀	1	双作用液压缸	1	导线	若干
溢流阀	1	电器模块（分流器）	1		

6.3 基础知识

6.3.1 压力控制回路

控制液压系统压力或受压力控制而动作的阀，统称为压力控制阀。压力控制阀按其功能和用途的不同可分为溢流阀、减压阀、顺序阀和压力继电器等。

压力控制回路就是用压力控制阀对系统压力进行控制的回路，对系统整体或局部压力进行控制和调节，以满足执行元件对力、转矩及实现动作的需要。压力控制回路主要包括调压、减压、增压、平衡、卸荷、压力控制的顺序动作回路等多种回路。

6.3.2 减压阀

减压阀（如图 6-1 所示）是利用油液流过缝隙时产生压降的原理，降低液压系统中某一局部的油液压力，使得用一个液压源的系统中同时得到多个不同的工作压力，同时它还有稳定工作压力的作用。

减压阀按功能可分为定值、定差和定比减压阀三种，其中定值减压阀的作用是在不同工况（不同的进口压力或不同流量）时保持出口压力基本不变，其在液压系统中应用也是最为广泛的，通常所称的减压阀即为定值减压阀。

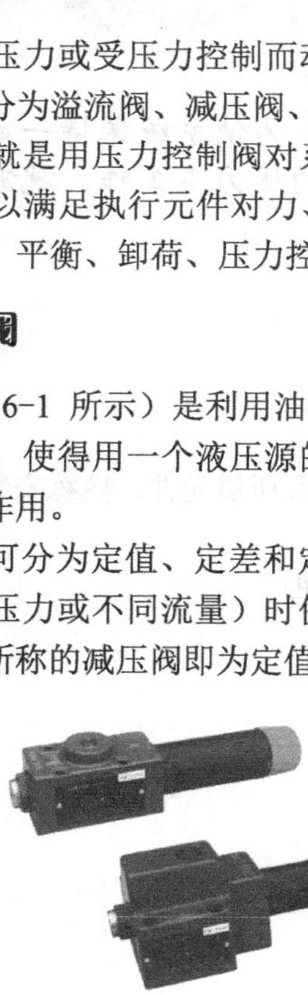

（a）直动型减压阀

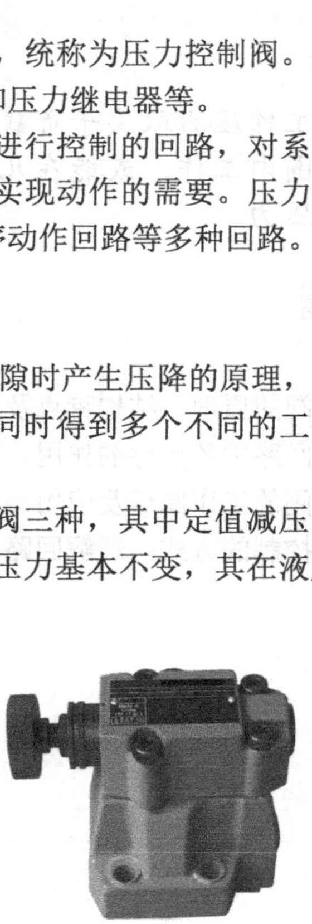

（b）先导型减压阀

图 6-1 减压阀实物图

减压阀按结构可分为直动型和先导型减压阀两种。

1. 直动型减压阀

如图 6-2（a）所示，阀芯由出口压力控制，当出口压力未达到调定压力时阀口全开，阀芯不动，阀的进、出口相通；当出口压力大于调定压力时，在阀芯上的液压力大于弹簧力，阀芯上移，阀口开度关小，阀口处阻力加大，压降增大，使出口压力下降到调定值，其作用在阀芯上的液压力和弹簧力相平衡。如图 6-2（b）所示为直动型减压阀的图形符号。

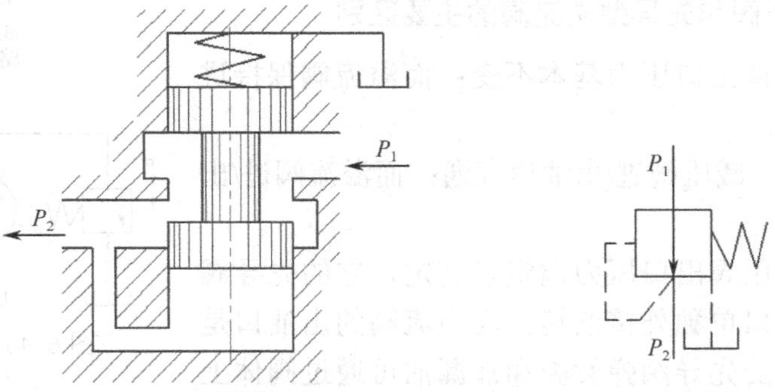

（a）结构图　　（b）图形符号

图 6-2　直动型减压阀

2. 先导型减压阀

如图 6-3（a）所示，先导型减压阀由先导阀和主阀组成。当出口压力大于调定压力时，先导阀阀口开启，部分压力油经泄油口流回油箱，主阀芯两端形成压力差，主阀芯上移，减压阀口关小，阀口处阻力加大，压降增大，使出口压力下降到调定值；反之，出口压力减小，减压阀口开大，阀口处阻力减小，压降减小，使出口压力回升到调定值。

如图 6-3（b）所示为先导型减压阀的图形符号。

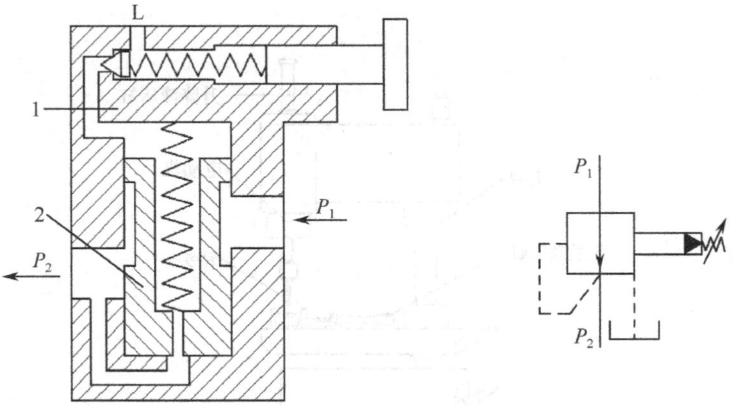

（a）结构图　　（b）图形符号

1—先导阀；2—主阀

图 6-3　先导型减压阀

3．减压阀的应用

减压阀在系统的夹紧、控制、润滑等油路中应用较多。如图 6-4 所示为用于夹紧系统的减压回路。液压泵输出的压力油由溢流阀调节压力以满足主油路系统的要求；为防止夹紧后变形，在液压缸进油口装一个减压阀，以得到适当压力；单向阀用来保证主油路工作时夹紧力不受影响。

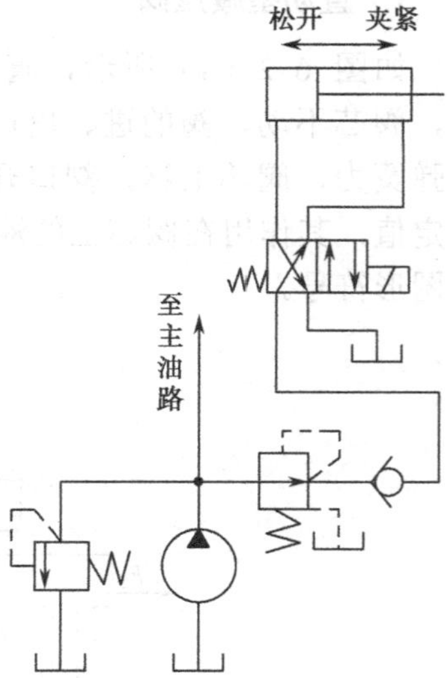

图 6-4　减压阀的应用

4．先导型减压阀和先导型溢流阀的主要区别

（1）减压阀保持出口压力基本不变；而溢流阀保持进口处压力基本不变。

（2）不工作时，减压阀进/出油口互通；而溢流阀进/出油口不通。

（3）为保证减压阀出口压力调定值恒定，它的先导阀弹簧腔需通过泄油口单独外接油箱；而溢流阀的出油口是通油箱的，所以它的先导阀弹簧腔和泄漏油可通过阀体上的通道与出油口相通，不必单独外接油箱。

6.4　实训操作

任务　钻床夹紧机构系统回路的设计

1．任务说明

如图 6-5 所示，某台钻床由夹紧液压缸、升降液压缸、支架、电动机及钻头等部分组成。工件是多种不同空心体，通过液压固定在虎钳上，然后进行钻孔加工。根据空心体的外形不同，必须能够降低夹紧力以避免损坏工件，同时为了保证加工精度，夹紧力必须保持稳定。

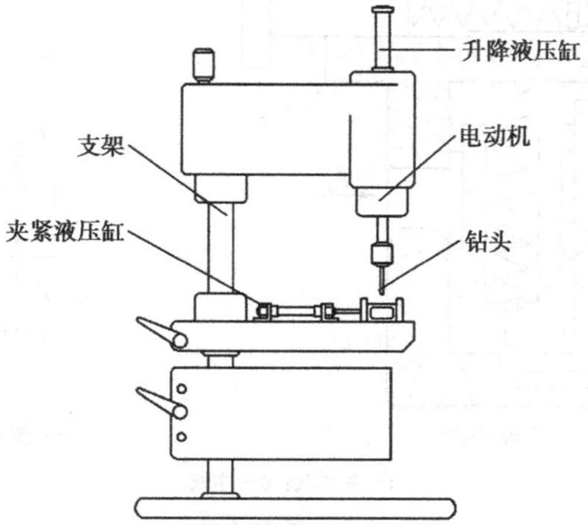

图 6-5　钻床示意图

2. 回路分析

如图 6-6 所示为钻床夹紧机构的系统回路图，回路中包含单级调压回路、减压回路、卸荷回路、保压回路。液压回路中的液压泵是系统的动力源，溢流阀使系统压力保持恒定，减压阀可获得低于系统压力的稳定工作压力并可任意调节液压缸的夹紧力。回路中的保压是由液控单向阀、压力继电器和处于中位的 M 型三位四通电磁换向阀共同完成的。当回路压力上升到一定值时，压力继电器发出控制信号使电磁铁 Y1 失电，三位四通电磁阀处于中位，液压泵卸荷，此时液压缸无杆腔的压力由液控单向阀的良好单向密封性来保证。当夹紧压力低于保压值时，压力继电器再次发出信号使 Y1 得电，从而使压力又达到保压状态值。

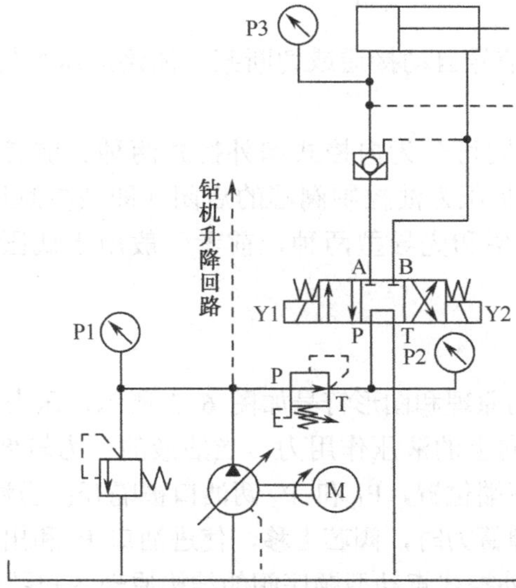

（a）液压回路图

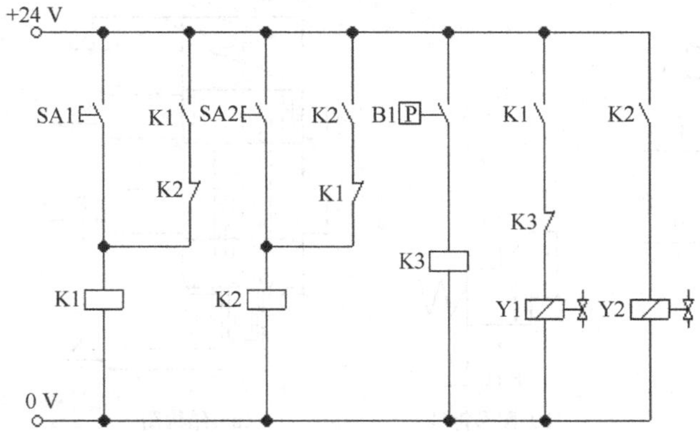

（b）电气回路图

图 6-6　钻床夹紧机构的系统回路图

3. 操作步骤

（1）打开计算机，运行液压教学软件；

（2）在绘图区域按图 6-6 搭建回路；

（3）仿真运行回路并分析系统的工作过程；

（4）在实训设备上连接实验管路；

（5）检查所连接的管路并确保油管正确连接；

（6）开启液压动力站，观察运行情况，对使用中遇到的问题进行分析和解决；

（7）关闭液压动力站，关闭计算机，拆卸元件和油管，并整理归位；

（8）完成实训报告（见附录）。

6.5 拓展知识

6.5.1 顺序阀

顺序阀是以压力作为控制信号自动接通或切断某一油路的压力控制阀，可使系统中的执行元件实现顺序动作。

顺序阀根据控制压力的不同可分为内控式和外控式两种。前者用阀的进口压力控制阀芯的启闭，后者用外来的控制压力油控制阀芯的启闭（即液控顺序阀）。根据结构原理的不同，顺序阀还可分为直动型和先导型两种，前者一般用于低压系统，后者用于中高压系统。

1. 直动型顺序阀

内控式直动型顺序阀的结构原理和图形符号如图 6-7 所示，压力油自进油口 P_1 流入阀芯底部油腔，对阀芯产生一个向上的液压作用力。当油液的压力较低时，液压作用力小于阀芯上部的弹簧力，阀芯处于下端位置，P_1 和 P_2 两油口被隔开；当油液的压力升高到作用于阀芯底部的液压作用力大于弹簧力时，阀芯上移，使进油口 P_1 和出油口 P_2 相通，压力油从 P_2 口流出。如图 6-8 所示为外控式直动型顺序阀的结构原理图和图形符号。

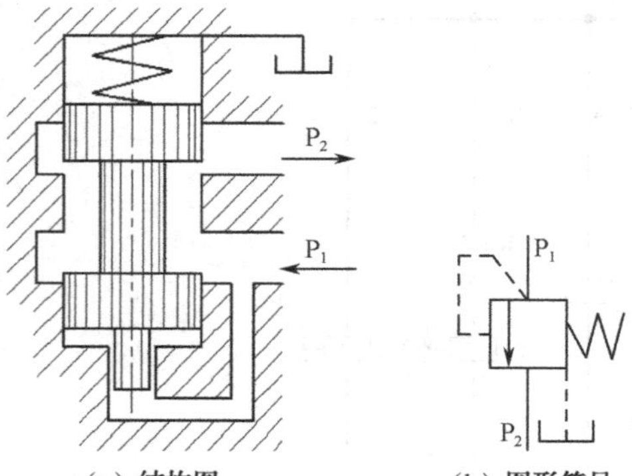

（a）结构图　（b）图形符号

图 6-7　内控式直动型顺序阀

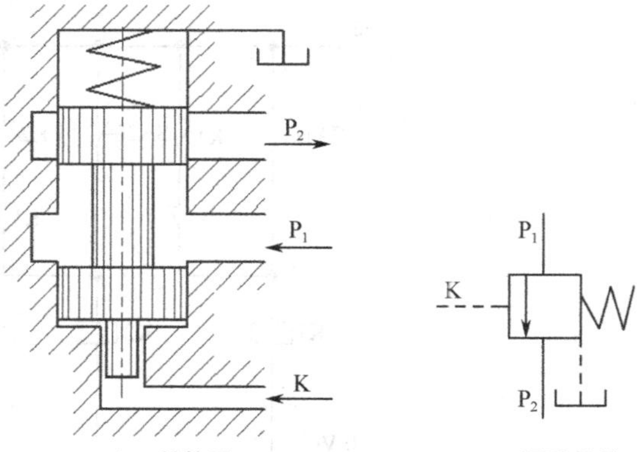

（a）结构图　（b）图形符号

图 6-8　外控式直动型顺序阀

2. 先导型顺序阀

如图 6-9 所示为先导型顺序阀的结构图和图形符号。与先导型溢流阀结构相似，当进油口压力 P_1 较低时，阀芯在弹簧作用下处于下端位置，进油口 P_1 和出油口 P_2 不相通。当作用在阀芯下端油液的液压力大于弹簧的预紧力时，阀芯向上移动，阀口打开，油液便经阀

口从出油口 P_2 流出。

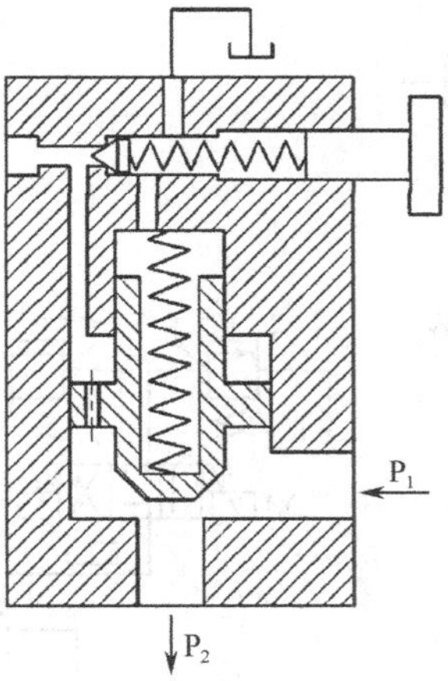

（a）结构图

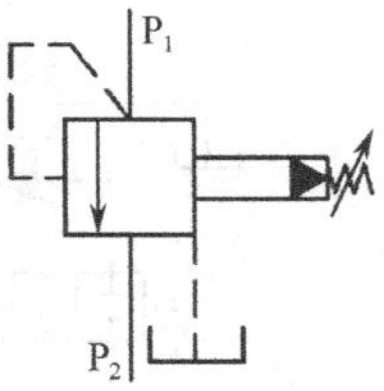

（b）图形符号

图 6-9 先导型顺序阀

6.5.2 压力控制回路

1. 调压回路

根据负载的大小利用溢流阀来调节系统工作压力的回路叫调压回路。

1）单级调压回路

如图 6-10（a）所示为单级调压回路，在液压泵出口处设置并联溢流阀即可组成单级调压回路，用来控制液压系统的工作压力。

2）二级调压回路

如图 6-10（b）所示为二级调压回路，可实现两种不同的系统压力控制。由溢流阀 1 和溢流阀 3 各调一级。当二位二通电磁换向阀 2 处于左位时，系统压力由溢流阀 1 调定；当电磁换向阀 2 得电后处于右位时，系统压力由溢流阀 3 调定。需要注意的是，溢流阀 3 的调定压力一定要小于溢流阀 1 的调定压力，否则不能实现二级调压。由于溢流阀 3 可以实现远程调压，因此这个回路又称为远程调压回路。

3）多级调压回路

如图 6-10（c）所示为多级调压回路，由溢流阀 1、2、3 分别控制系统的压力，从而组成三级调压回路。当三位四通电磁换向阀两端电磁线圈都不得电时，系统压力由溢流阀 1 调定；当 Y1 得电时，由溢流阀 2 调定系统压力；当 Y2 得电时，由溢流阀 3 调定系统压力。在这个调压回路中要注意的是，溢流阀 2 和溢流阀 3 的调定压力要小于溢流阀 1 的调定压力，溢流阀 2 和溢流阀 3 的调定压力之间没有一定的关系。

2. 减压回路

减压回路的功能是使系统中的某一部分油路具有比系统压力低的稳定压力。最常见的减压回路是通过定值减压阀与主油路相连，如图 6-11（a）所示。在减压回路中也可以采用类似二级或多级调压的方法获得二级或多级减压，如图 6-11（b）所示，利用先导型减压阀 2 的远程控制口接溢流阀 1，由阀 1、阀 2 各调定一种低压，但要注意，阀 1 的调定压力值一定要低于阀 2 的调定压力值。

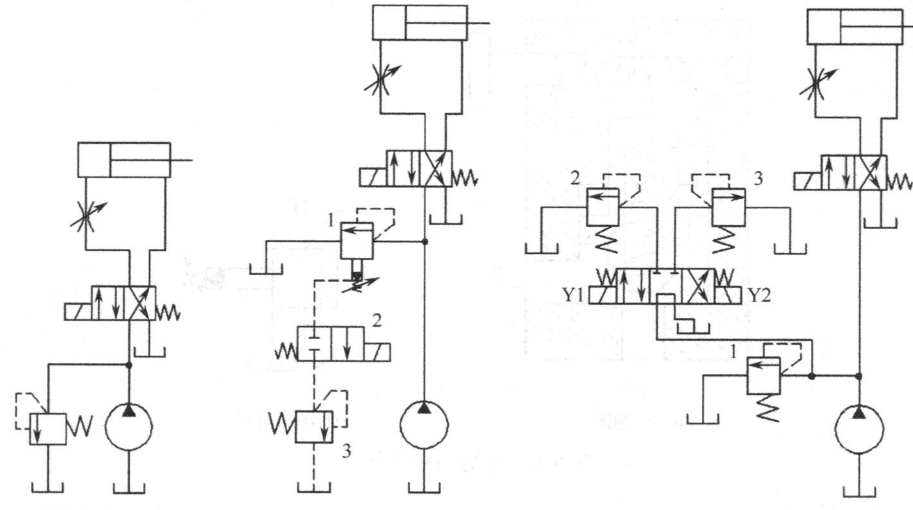

（a）单级调压回路　（b）二级调压回路　（c）多级调压回路

图 6-10　调压回路

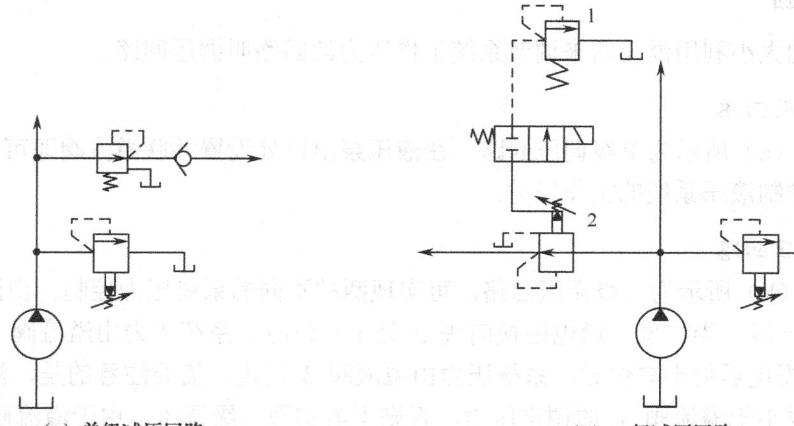

（a）单级减压回路　（b）二级减压回路

图 6-11　减压回路

3. 卸荷回路

卸荷回路的作用是当液压系统中的执行元件停止运动或需要长时间保持压力而不需要供油或只需要少量的油液时，使液压泵输出的油液在很低的压力下流回油箱。卸荷回路可降低功率损耗，降低系统发热，延长泵和电动机的寿命。

1）采用二位二通阀旁路卸荷回路

如图 6-12（a）所示为采用二位二通阀的卸荷回路。当执行元件停止运动时，使二位二通阀得电，液压泵输出的油液经该阀的右位流回油箱，使液压泵卸荷。采用此卸荷回路必须使二位二通阀的流量与泵的额定输出流量相匹配。

2）三位阀中位机能的卸荷回路

如图 6-12（b）所示为采用三位四通换向阀的中位滑阀机能实现卸荷的回路。当换向阀处于中位时，液压泵输出的油液经换向阀中间通道直接流回油箱，实现液压泵卸荷。

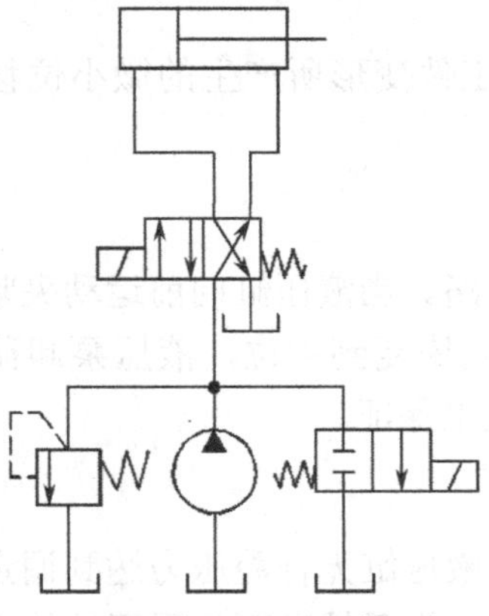

(a) 采用二位二通阀的卸荷回路　　(b) 采用换向阀中位机能的卸荷回路

图 6-12　卸荷回路

4. 增压回路

增压回路是用来提高系统中局部油压的回路。采用了增压回路，系统的整体工作压力仍然较低，这样可以节省能量消耗。

1）用增压缸的增压回路

如图 6-13（a）所示为采用增压缸的增压回路。增压缸由大、小两个液压缸组成，当压力油进入增压缸 a 腔时，推动活塞向右运动，b 腔则输出高压油。在不考虑摩擦损失和泄漏的情况下，增压倍数等于增压缸大、小腔有效面积之比。

2）用串联液压缸的增压回路

图 6-13（b）所示为用串联液压缸的增压回路。当电磁铁 Y1 得电时，右液压缸左腔进油，推动小活塞带动大活塞一起快速向右运动，此时左液压缸的左腔经单向阀从油箱中吸油；当工件夹紧后，系统压力升高，打开顺序阀，压力油进入左液压缸左腔，此时活塞杆对工件的夹紧力是作用在两个活塞上的液压力的总和。

(a) 用增压缸的增压回路　　(b) 用串联液压缸的增压回路

图 6-13　增压回路

5. 保压回路

保压回路的作用是使系统在液压缸不动或仅有工件变形所产生的微小位移的情况下，稳定地维持压力。

1）采用液控单向阀的保压回路

如图 6-14（a）所示为采用液控单向阀的保压回路。当液压缸向前运动夹紧工件时，进油路压力达到调定值，压力继电器发出信号使换向阀恢复到中位，液压泵卸荷，液控单向阀关闭，液压缸无杆腔的压力由液控单向阀的密封性来保证。

2）采用辅助泵的保压回路

如图 6-14（b）所示为采用辅助泵的保压回路。液压缸无杆腔压力达到调定值时，压力继电器发出信号，主泵 1 卸荷，辅助泵 2 供油保压。由于辅助泵只需要补偿系统泄漏，可选小流量泵。

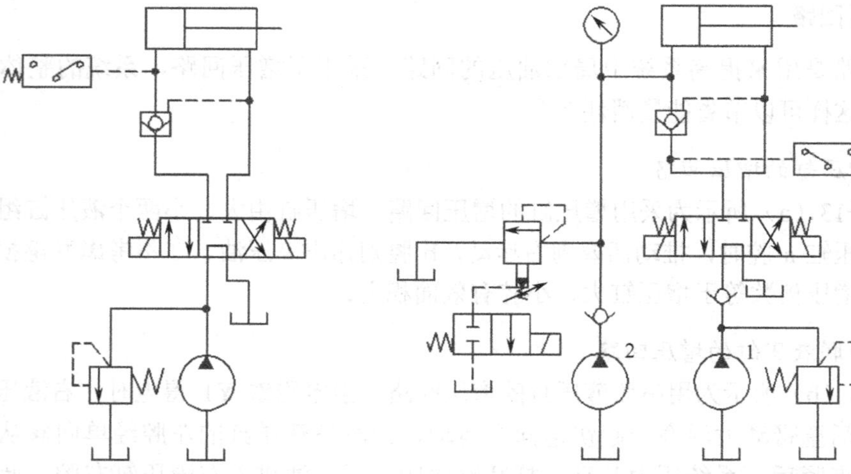

（a）采用液控单向阀的保压回路　　（b）采用辅助泵的保压回路

图 6-14　保压回路

6. 背压回路

背压回路的作用是提高执行元件的运动平稳性或减少工作部件运动时的爬行现象。在泵卸荷时，为保证控制油路具有一定的压力，常常在回油路上设置背压阀，如由溢流阀、单向阀、顺序阀、节流阀组成的背压回路，以形成一定的回路阻力，用于产生背压，一般背压为（0.3～0.8）MPa。

如图 6-15（a）所示为单向背压回路，当液压缸向前运动时，回油经溢流阀、换向阀流回油箱，在回油路上获得背压，当液压缸回程运动时，回油经换向阀流回油箱，不经溢流阀，因而没有背压；如图 6-15（b）所示为双向背压回路，液压缸往复运动的回油都要经过背压阀（溢流阀）流回油箱，因此在两个运动方向上都能获得背压。

7. 平衡回路

平衡回路的作用是防止垂直或倾斜放置的液压缸和与之相连的工作部件因自重而自行下落。

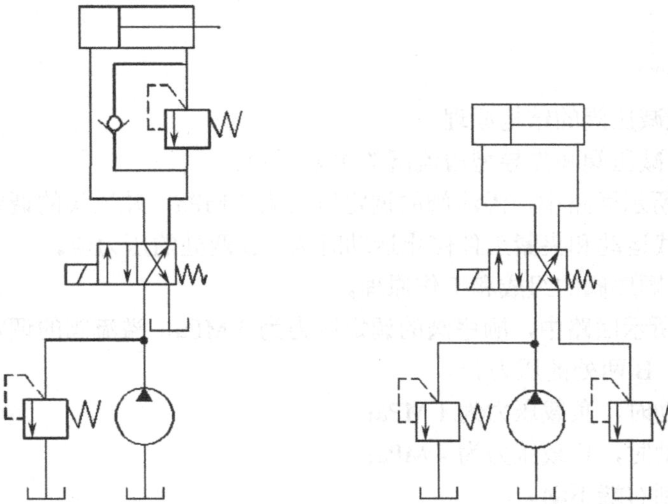

(a) 单向背压回路　　(b) 双向背压回路

图 6-15 背压回路

如图 6-16（a）所示为采用内控顺序阀的平衡回路，当活塞下行时，回油路上存在一定背压，只要将这个背压调至能支撑住活塞和与之相连的工作部件自重，活塞就可以平稳下落；当换向阀处于中位时，活塞停止运动，不再继续下移。这种回路只适用于工作部件质量不大、活塞锁住时定位要求不高的场合。

如图 6-16（b）所示为采用外控顺序阀的平衡回路，当活塞下行时，控制液压油打开顺序阀，背压消失，因而回路效率较高；当停止工作时，顺序阀关闭以防止活塞和工作部件因自重而下降。这种回路适用于运动部件质量不是很大、停留时间较短的液压系统。

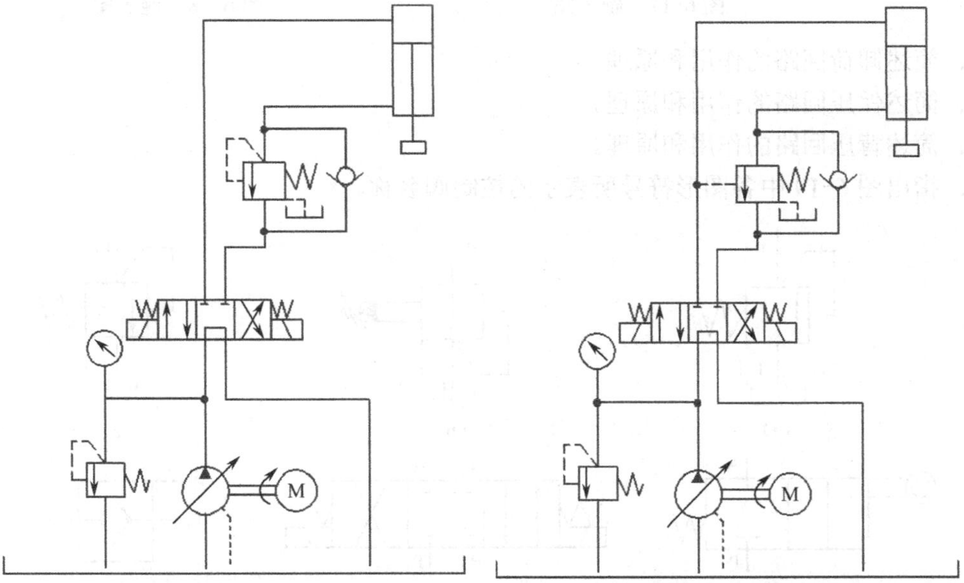

(a) 采用内控顺序阀的平衡回路　　(b) 采用外控顺序阀的平衡回路

图 6-16 平衡回路

思考与练习题

1．简述先导型减压阀的结构原理。

2．简述先导型减压阀和先导型溢流阀的主要区别。

3．如图 6-17 所示回路中，溢流阀的调定压力为 5 MPa，减压阀的调定压力为 2 MPa。试分析活塞在做空载运动和夹紧工件停止运动时 A、B 两处的压力值。

4．简述直动型顺序阀的组成和工作原理。

5．如图 6-18 所示回路中，顺序阀的调定压力为 3 MPa，溢流阀的调定压力为 5 MPa。求在下列情况下 A、B 两处的压力。

（1）液压缸运动时，负载压力为 1 MPa；

（2）液压缸运动时，负载压力为 4 MPa；

（3）活塞运动到右端不动。

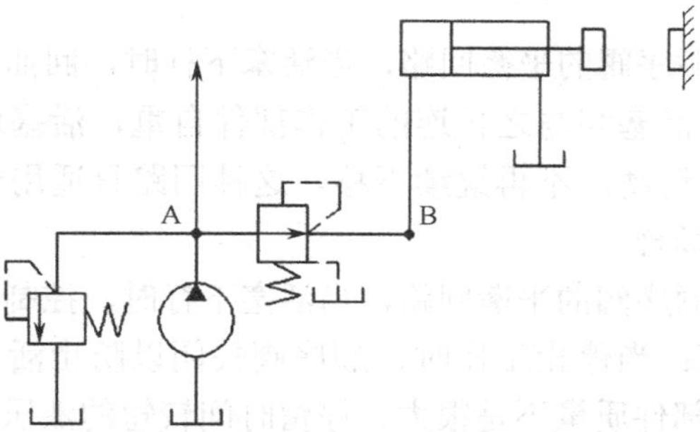

图 6-17　题 3 图

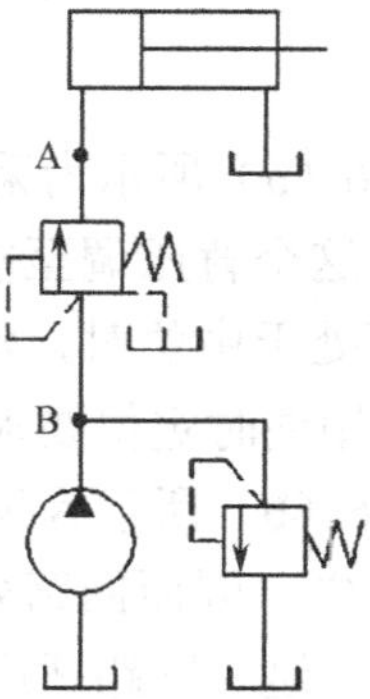

图 6-18　题 5 图

6．简述卸荷回路的作用和原理。

7．简述保压回路的作用和原理。

8．简述背压回路的作用和原理。

9．指出图 6-19 中各图形符号所表示的控制阀名称。

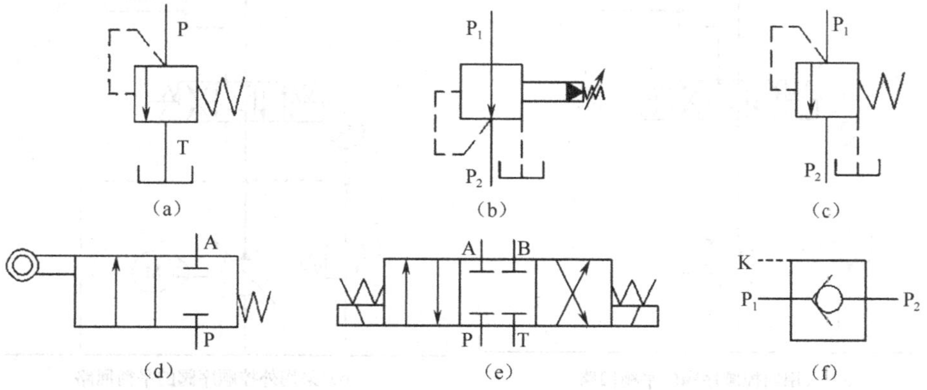

图 6-19　题 9 图

项目7 行程控制回路的安装运行

在工业生产中，许多液压设备的自动运行，如压力机冲压完工件后的自动返回、液压磨床工作台的往复运动、装配设备中的双液压缸顺序动作等，都离不开行程控制。

7.1 项目目标

（1）掌握电感式接近开关的工作原理和使用方法；
（2）熟悉行程控制的方式，理解回路的工作原理；
（3）明白任务回路中各元件的作用，能正确选取所需元件，熟练安装运行任务回路；
（4）了解光电式接近开关和电容式接近开关的原理和特点；
（5）知道行程开关的分类及应用。

7.2 实训设备和元器件

项目所需实训设备和元器件见表 7-1。

表 7-1 实训设备和元器件明细表

名　称	数　量	名　称	数　量	名　称	数　量
液压实验台（含液压泵）	1	二位四通单电控电磁阀	1	电器模块（按钮开关）	1
计算机（安装教学软件）	1	三位四通双电控电磁阀	1	电器模块（继电器）	1
压力表	1	电感式接近开关	2	油管	若干
溢流阀	1	双作用液压缸	1	导线	若干
节流阀	1	电器模块（分流器）	1		

7.3 基础知识

按照国家标准 GB7665-2005，传感器（如图 7-1 所示）被定义为“能感受规定的被测量并按照一定的规律转换成可用信号的器件或装置，通常由敏感元件和转换元件组成”。传感器是一种检测装置，能感受到被测量的信息，并能将检测感受到的信息按一定规律变换成为电信号或其他所需形式的信息输出，以满足信息的传输、处理、存储、显示、记录和控制等要求。

图 7-1　传感器实物图

传感器按输出信号的性质可分为输出为开关量（开或关）的开关量传感器、输出为连续变化的模拟量信号的模拟量传感器、输出为脉冲或代码的数字量传感器，在液压控制系统中，开关量传感器应用较多，主要用于行程控制和限位等。传感器按被测物理量可分为温度传感器、压力传感器、位移传感器、流量传感器、加速度传感器等，其中位移传感器又称为线性传感器，是将位移转换为电量的传感器，而利用位移传感器对接近物体的敏感特性达到控制开关通或断的目的，这就是接近开关。接近开关属于开关量传感器，按检测原理的不同，可分为光电式接近开关、电感式接近开关、电容式接近开关、霍尔式接近开关等。

7.3.1 电感式接近开关（电感式传感器）

如图 7-2 所示为电感式接近开关的实物图和图形符号。电感式接近开关由振荡器、开关电路及放大输出电路组成，接通电源后，振荡器产生一个交变磁场，当金属物体接近这个磁场时，物体内部产生涡流，这个涡流反作用于振荡器，使振荡器振荡能力衰减，直至停振，其检测原理如图 7-3 所示。振荡器振荡及停振的变化被后级放大电路处理并转换成开关信号，由此识别出有无金属物体接近，进而控制开关的通或断。电感式接近开关所能检测的物体必须是金属物体。

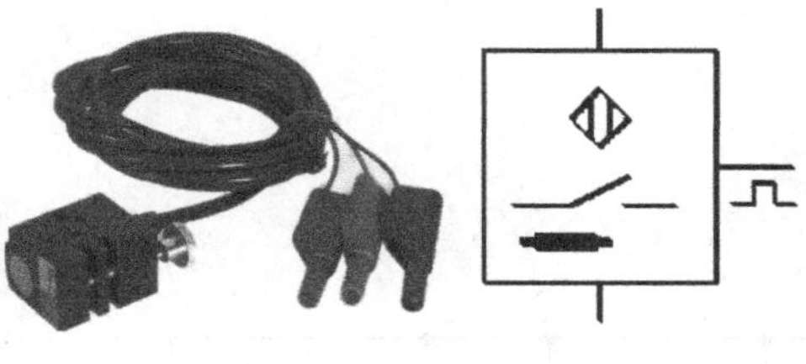

（a）实物图　　（b）图形符号

图 7-2　电感式接近开关

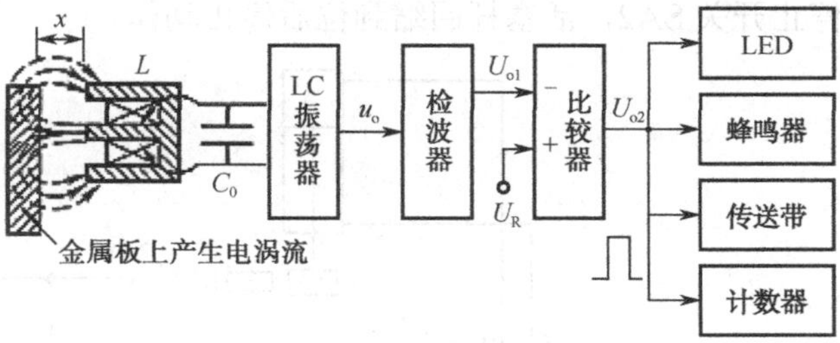

图 7-3　电感式接近开关检测原理图

7.3.2　液压缸行程控制回路

1．液压缸的单循环控制

如图 7-4 所示为采用三位四通双电控电磁阀控制的液压缸单循环控制回路。按下启动开关 SA1，电磁铁 Y1 保持得电，换向阀换到左位，压力油从泵出口经换向阀的 P、A 口进入液压缸无杆腔，活塞杆伸出，同时有杆腔油液经换向阀 B、T 口流回油箱；当活塞杆头部伸出到位后，接近开关 B1 输出 24 V 高电平，Y1 失电而 Y2 保持得电，换向阀右位接入系统，压力油从泵出口经换向阀的 P、B 口进入液压缸有杆腔，活塞杆缩回，同时无杆腔油液经换向阀 A、T 口流回油箱。

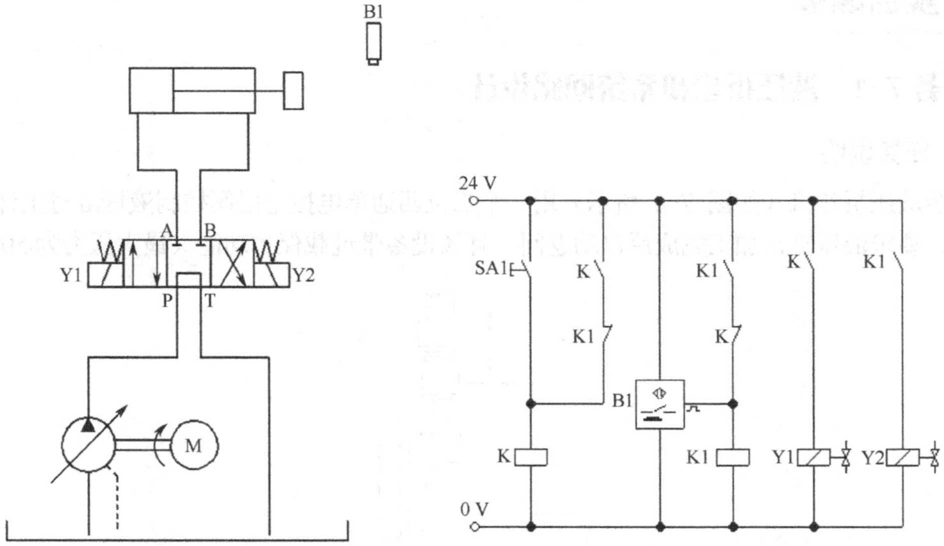

（a）液压回路图　　（b）电气回路图

图 7-4　液压缸单循环控制回路

2．液压缸的往复循环控制

如图 7-5 所示为采用二位四通单电控电磁阀控制的液压缸往复循环控制回路。按下启动开关 SA1，接近开关 B1 使电磁铁 Y1 保持得电，压力油从泵出口经换向阀左位的 P、B 口进入液压缸无杆腔，活塞杆伸出，同时有杆腔油液经换向阀 A、T 口流回油箱；当活塞杆头部伸出到位后，接近开关B2输出24 V高电平，电磁铁Y1失电，压力油从泵出口经换向阀右位的P、A口进入液压缸有杆腔，活塞杆缩回，到位后再次伸出，往复循环，直至按下停止开关SA2，活塞杆回缩到位后停止动作。

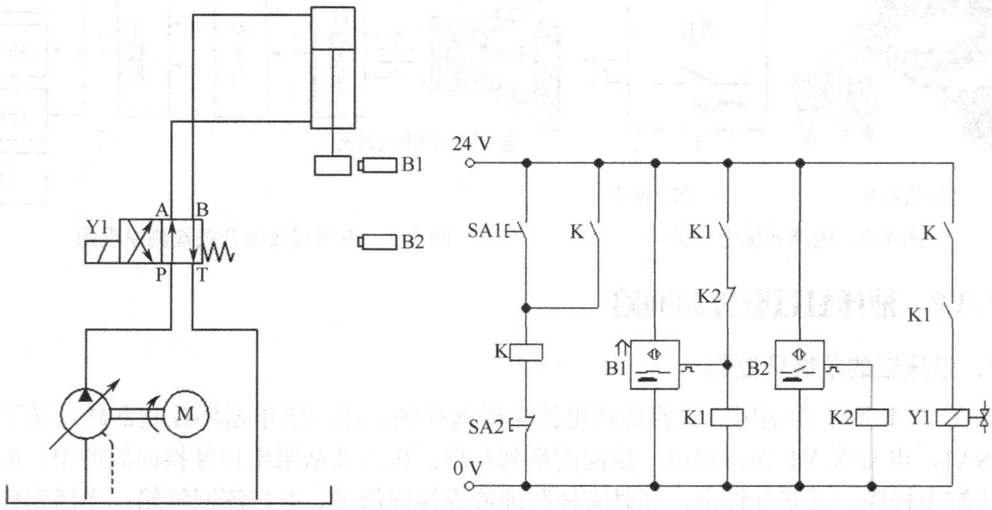

（a）液压回路图　　（b）电气回路图

图7-5　液压缸往复循环控制回路

7.4　实训操作

任务7-1　液压折弯机系统回路设计

1. 任务说明

一台液压折弯机（如图7-6所示）用一个二位四通单电控电磁阀控制液压缸对工件进行折弯加工，要求液压缸在加工完成后自动返回，且该设备带过载保护功能（最大压力为50 bar）

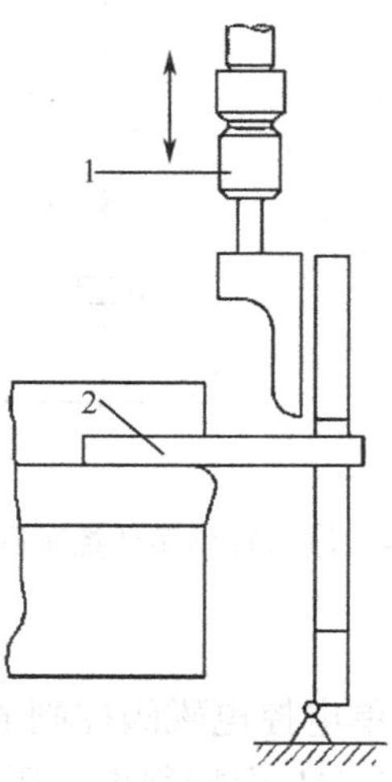

1—液压缸；2—工件

图7-6　液压折弯机示意图

2．回路分析

如图 7-7 为液压折弯机的液压回路图和电气回路图。液压缸用于工件的折弯加工，其升降运动由二位四通电磁阀控制，折弯时的工作压力由溢流阀设定，而电感式接近开关 B1 实现液压缸在加工完成后的自动返回。

3．操作步骤

（1）根据任务要求，分析所需元件，将图 7-7（b）电气控制回路中的空缺部分补充完整；
（2）打开计算机，在液压教学软件上仿真验证所完成的回路；
（3）在实训设备上连接实验管路；
（4）检查所连接的管路并确保油管正确连接；
（5）开启液压动力站，观察运行情况，对使用中遇到的问题进行分析和解决；
（6）如将电感式接近开关改为压力继电器，试设计、安装和运行液压回路和电气回路；
（7）关闭液压动力站，拆卸元件和油管，并整理归位。

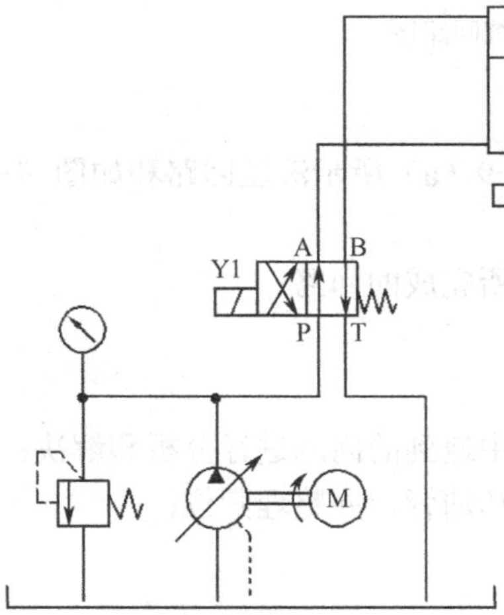

（a）液压回路图

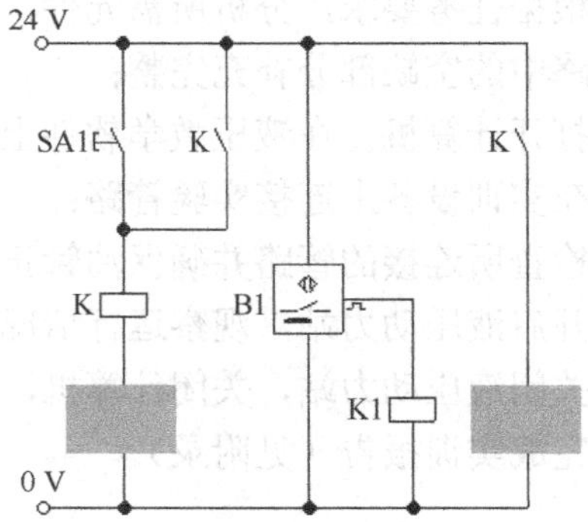

（b）电气回路图

图 7-7　液压折弯机系统回路图

任务 7-2　液压工作台控制回路设计

1．任务说明

如图 7-8 所示，某液压加工设备由工作台、刀具控制装置和机座等组成，工件固定在工作台上做直线往复运动，运动速度可调，由刀具对工件进行加工，要求设计出工作台的控制回路。

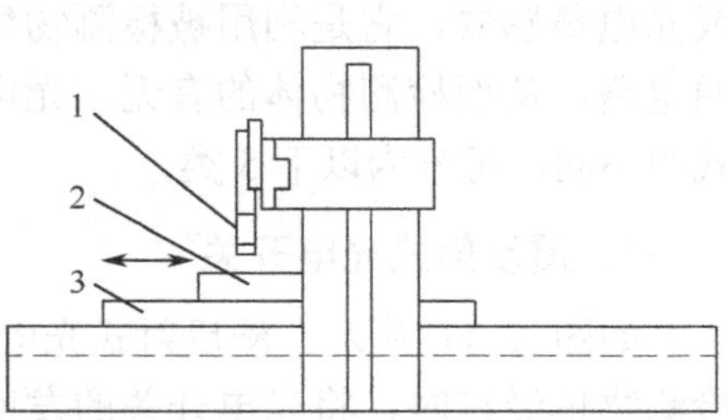

1—刀具；2—工件；3—工作台

图 7-8　液压工作台示意图

2．回路分析

如图 7-9 所示为液压工作台的液压回路图和电气回路图。工作台的运动由液压缸控制，而电感式接近开关 B1 和 B2 实现液压缸的往复运动。

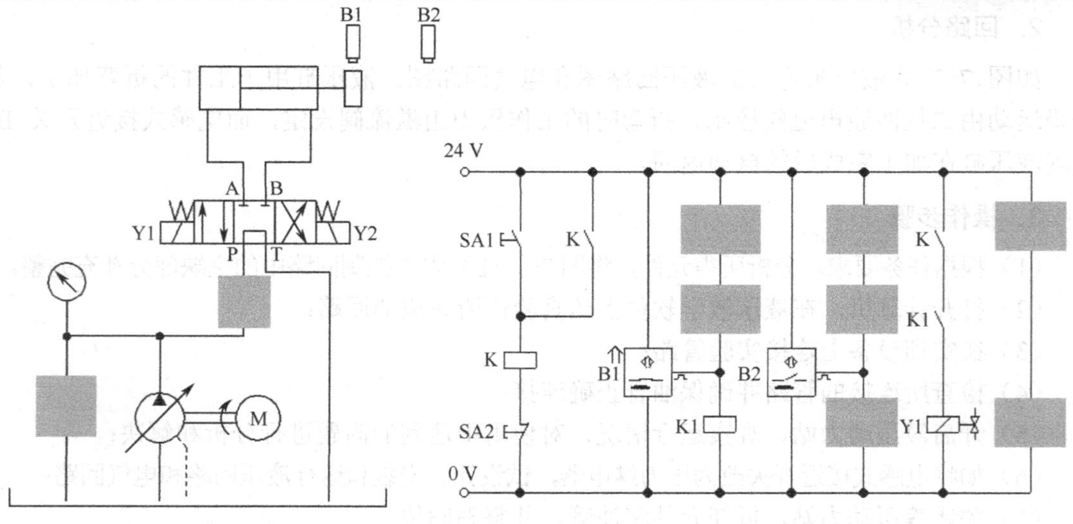

（a）液压回路图　　（b）电气回路图

图 7-9　液压工作台系统回路图

3．操作步骤

（1）根据任务要求，分析所需元件，将如图 7-9（a）所示液压回路和如图 7-9（b）所示电气回路中的空缺部分补充完整；

（2）打开计算机，在液压教学软件上仿真验证所完成的回路；

（3）在实训设备上连接实验管路；

（4）检查所连接的管路并确保油管正确连接；

（5）开启液压动力站，观察运行情况，对使用中遇到的问题进行分析和解决；

（6）关闭液压动力站，关闭计算机，拆卸元件和油管，并整理归位；

（7）完成实训报告（见附录）。

7.5　拓展知识

7.5.1　光电式接近开关（光电式传感器）

如图 7-10 所示为光电式接近开关的实物图和图形符号。光电式接近开关简称光电开关或光电传感器，它是利用被检测物体对可见光束或红外光束的遮挡或反射，由同步回路选通电路，从而检测物体的有无。光电开关对所有能反射光线的物体均可检测，根据检测方式的不同，可分为以下 5 类。

1．漫反射式光电开关

如图 7-11 所示，漫反射式光电开关是一种集发射器和接收器于一体的传感器，当有被检测物体经过时，将光电开关的发射端发射的足够量的光线反射到接收端，于是光电开关就产生了开关信号。当被检测物体的表面光亮或其反光率极高时，漫反射式的光电开关是首选的检测模式。

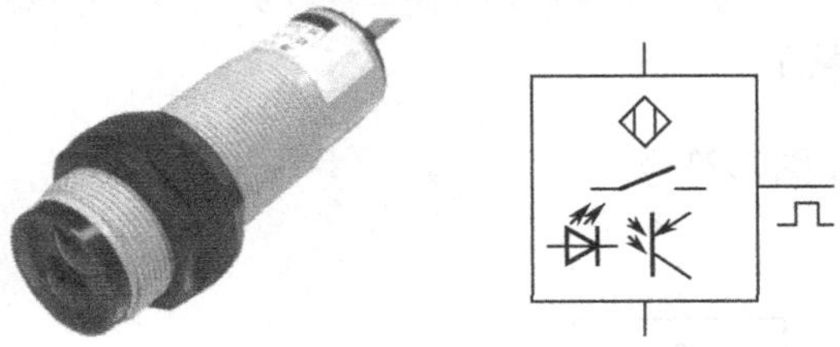

图 7-10　光电式接近开关

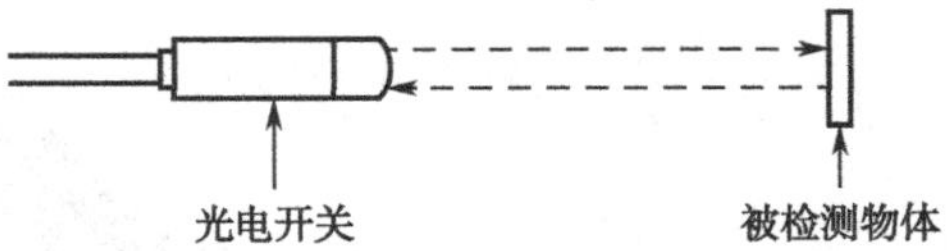

图 7-11　漫反射式光电开关

2．镜反射式光电开关

如图 7-12 所示镜反射式（又称为同轴-回归式）光电开关也是集发射器与接收器于一体的传感器，光电开关的发射端发出的光线经过反射镜反射回接收器，当被检测物体经过且完全阻断光线时，光电开关就产生了检测开关信号。

3．对射式光电开关

如图 7-13 所示对射式光电开关包含在结构上相互分离且光轴相对放置的发射端和接收端，发射端发出的光线直接进入接收端。当被检测物体经过发射端和接收端之间且阻断光线时，光电开关就产生了开关信号。当检测物体是不透明物体时，对射式光电开关是最可靠的检测模式。

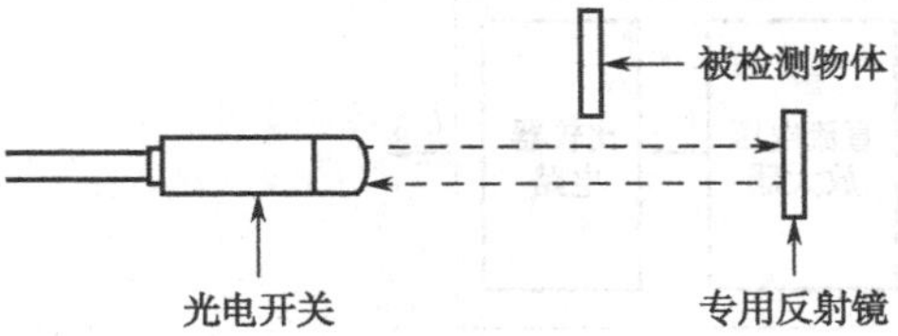

图 7-12　镜反射式光电开关

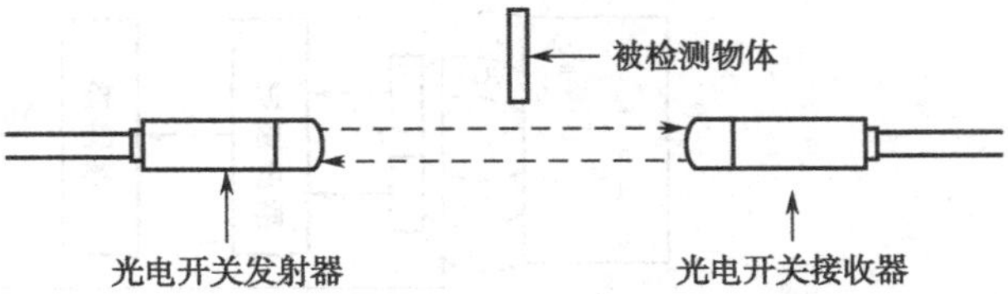

图 7-13　对射式光电开关

4．槽式光电开关

如图 7-14 所示槽式光电开关通常是标准的 U 字形结构，其发射器和接收器分别位于 U 型槽的两边，并形成一光轴，当被检测物体经过 U 形槽且阻断光轴时，光电开关就产生了检测到的开关量信号。槽式光电开关比较安全可靠，适合检测高速变化，分辨透明与半透明物体。

5．光纤式光电开关

如图 7-15 所示光纤式光电开关采用塑料或玻璃光纤传感器来引导光线，以实现被检测物体不在相近区域的检测。通常光纤式光电开关分为对射式和漫反射式。

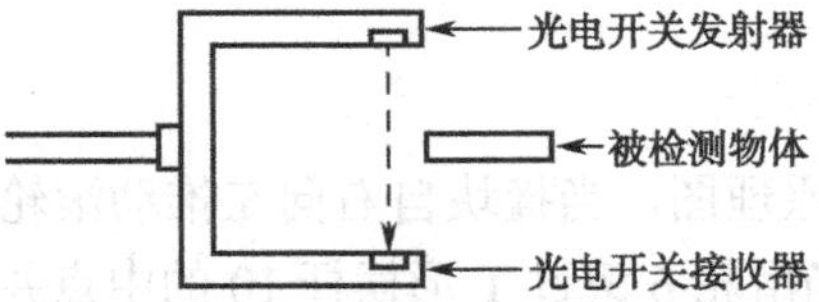

图 7-14　槽式光电开关

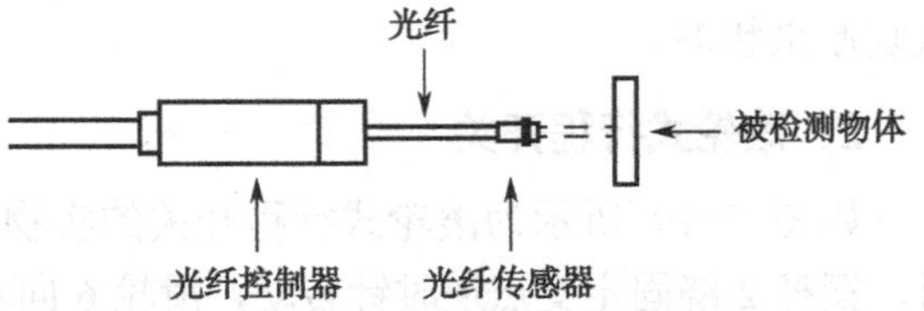

图 7-15　光纤式光电开关

7.5.2　电容式接近开关（电容式传感器）

如图 7-16 所示为电容式接近开关的实物图和图形符号。

(a) 实物图

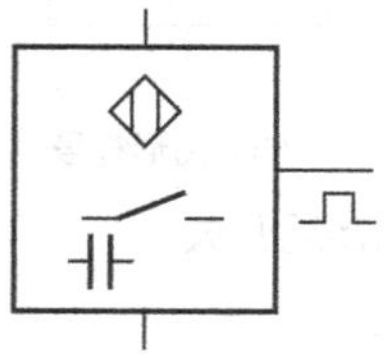

(b) 图形符号

图 7-16　电容式接近开关

电容式接近开关的检测面由两个同轴金属电极构成（电容的一个极板），该电极串接在振荡回路内，当检测物（电容的另一极板）接近检测面时，物体和接近开关的介电常数发生变化，从而电极的容量产生变化，使振荡器起振，其检测原理如图 7-17 所示，通过后级整形放大转换成开关信号，从而检测有无物体存在。电容式接近开关的检测物体并不限于金属导体，也可以是绝缘的液体或粉状物体，不同的物体介电常数也不一样，因此检测到的距离也不相同。

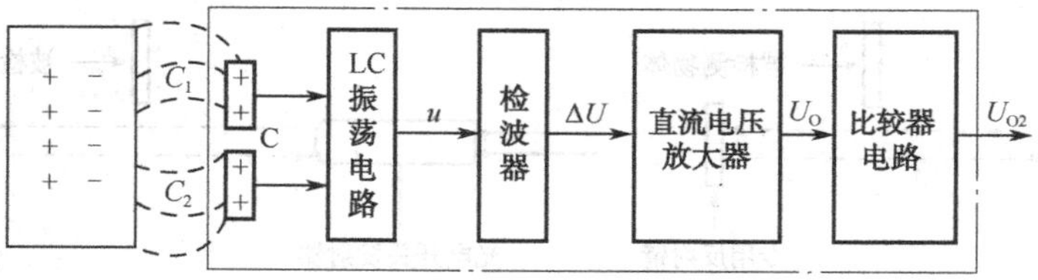

图 7-17　电容式接近开关检测原理图

7.5.3　行程开关

行程开关又称位置开关或限位开关，可将机械信号转换为电信号，用于机械设备的行程控制及限位保护。在实际生产中，将行程开关安装在预先安排的位置，当装于生产机械运动部件上的撞块撞击行程开关时，行程开关的触点动作，实现电路的切换。行程开关按其结构不同可分为直动式、滚轮式、微动式和组合式等。

1. 直动式行程开关

如图 7-18 所示为直动式行程开关的实物图和结构原理图。当机械上的撞块压下推杆 1 时，其常闭触点 3 分开，而常开触点 4 闭合；当撞块离开推杆时，触点在弹簧力的作用下恢复原来状态。

2. 滚轮式行程开关

如图 7-19 所示为滚轮式行程开关的实物图和结构原理图。当撞块自右向左推动滚轮 1 时，摆杆 2 绕固定支点逆时针转动，滑轮 6 向右滚动，当滑轮 6 滚过 T 形摆杆 10 的中点并推开压板 7 时，T 形摆杆 10 在弹簧的作用下迅速顺时针转动，从而使常闭触点 8 迅速断开，而常开触点 9 迅速闭合。当撞块离开滚轮时，在复位弹簧的作用下触点恢复原始状态。

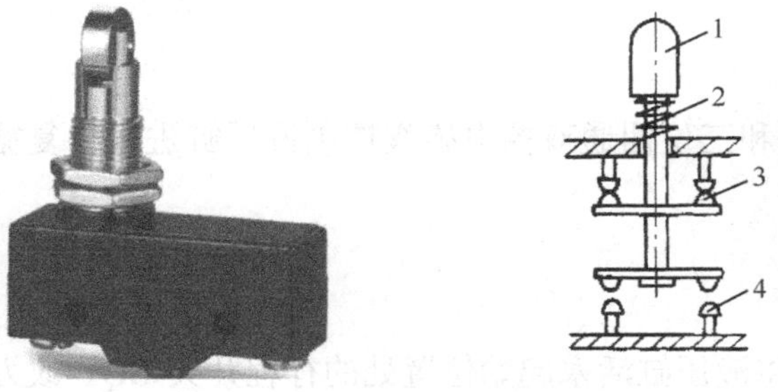

图 7-18　直动式行程开关

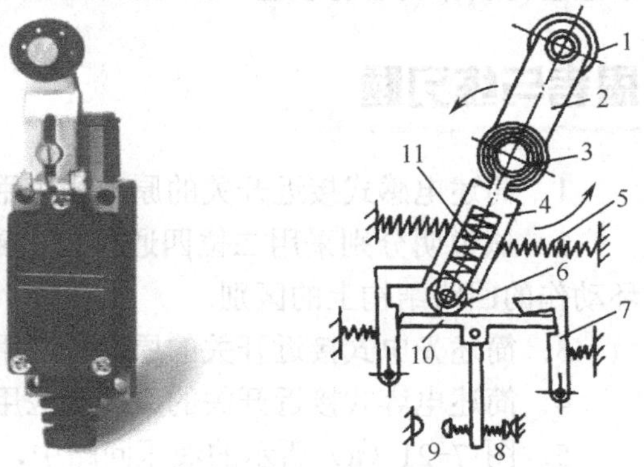

图 7-19　滚轮式行程开关

3. 微动式行程开关

如图 7-20 所示为微动式行程开关的实物图和结构原理图。当撞块压动推杆 1 时，将力作用于片状弹簧 2 上，并将能量积聚到临界点后产生瞬时动作，使动作簧片末端的动触点与定触点快速接通或断开；当撞块离开推杆后，片状弹簧恢复原状，触点复位。

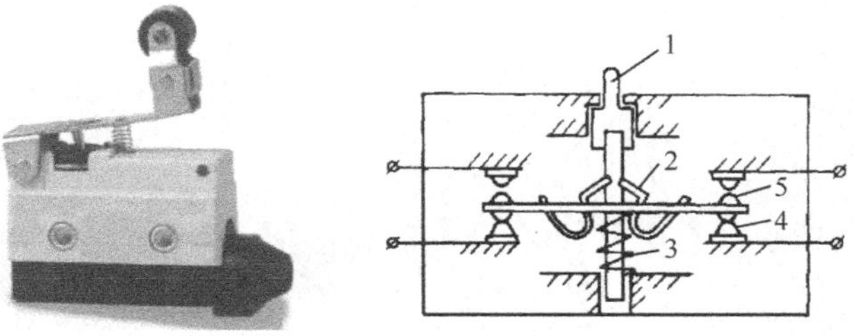

图 7-20　微动式行程开关

4. 应用

如图 7-21 所示为采用行程开关控制的液压缸往复循环控制回路图。按下启动开关 SA1，行程开关 SQ1 使电磁铁 Y1 保持得电，压力油从泵出口经换向阀左位的 P、A 口进入液压缸无杆腔，活塞杆伸出，同时有杆腔油液经换向阀 B、T 口流回油箱；当活塞杆头部伸出到位后，行程开关 SQ2 使 Y1 失电，压力油从泵出口经换向阀右位的 P、B 口进入液压缸有杆腔，活塞杆缩回，到位后再次伸出，往复循环，直至按下停止开关 SA2，活塞杆回缩到位后停止动作。

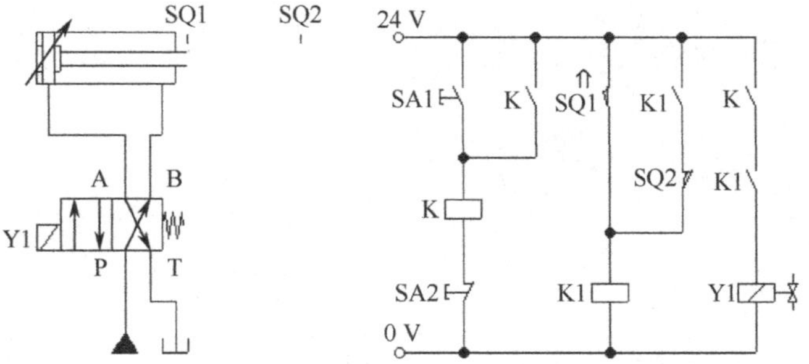

（a）液压回路图　　（b）电气回路图

图 7-21　用行程开关控制的液压缸往复循环控制回路图

思考与练习题

1．简述电感式接近开关的原理和应用。

2．试说明分别采用二位四通单控电磁阀和三位四通双控电磁阀控制液压缸进行往复循环动作的回路结构上的区别。

3．简述光电式接近开关的原理和应用。

4．简述电容式接近开关的原理和应用。

5．图 7-21（a）所示的液压回路中，若将液压缸活塞起始位置处的行程开关 SQ1 改为电感式接近开关 B1，而其他控制要求不变，试设计相应的电气控制回路。

项目8 时间控制回路的安装运行

在液压系统中，有时希望执行元件在一个动作结束后延时一段时间再开始下一个动作，以保证执行元件动作的效果能够满足实际要求；有时又希望一个执行元件在动作结束后延时一段时间另一个执行元件再开始动作，以保证实际机构中运动件之间的动作协调性。这些时间控制的要求通常由时间继电器来实现。

8.1 项目目标

（1）掌握时间继电器的特点和使用方法；

（2）熟悉时间控制的方式，理解回路的工作原理；

（3）明白任务回路中各元件的作用，能正确选取所需元件，熟练安装运行任务回路；

（4）具备一定的综合应用能力。

8.2 实训设备和元器件

项目所需实训设备和元器件见表 8-1。

表 8-1 实训设备和元器件明细表

名　称	数　量	名　称	数　量	名　称	数　量
液压实验台（含液压泵）	1	节流阀	1	电器模块（按钮开关）	1
计算机（安装教学软件）	1	溢流阀	1	电器模块（继电器）	1
压力表	2	电感式接近开关	1	电器模块（时间继电器）	1
二位四通单电控电磁阀	1	双作用液压缸	1	油管	若干
三位四通双电控电磁阀	1	电器模块（分流器）	1	导线	若干

8.3 基础知识

8.3.1 时间继电器

时间继电器是一种利用电磁原理或机械原理实现延时控制的自动开关装置，是电气控制系统中非常重要的元器件，如图 8-1 所示。时间继电器的种类很多，有空气阻尼式、电磁式、电子式等。

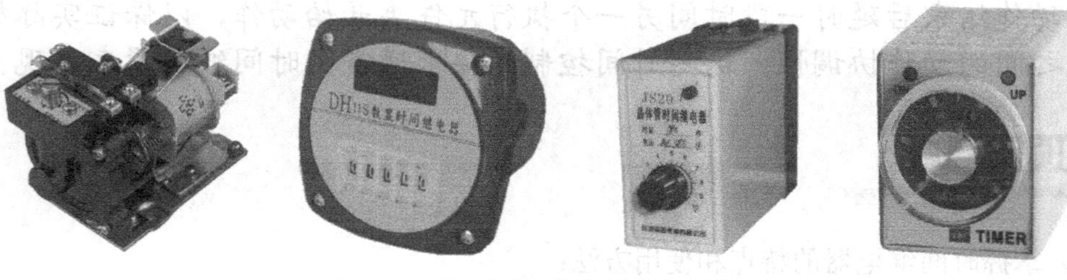

图 8-1 常用时间继电器实物图

时间继电器一般有通电延时和断电延时两种类型。通电延时时间继电器在线圈通电后，其延时常闭触点延时断开，延时常开触点延时闭合，当线圈断电后，所有触点立即复位；断电延时时间继电器在线圈通电后，所有触点立即动作，当线圈断电后，其延时触点经过一定延时再复位。如图 8-2 所示为时间继电器的线圈和触点的电气图形符号。

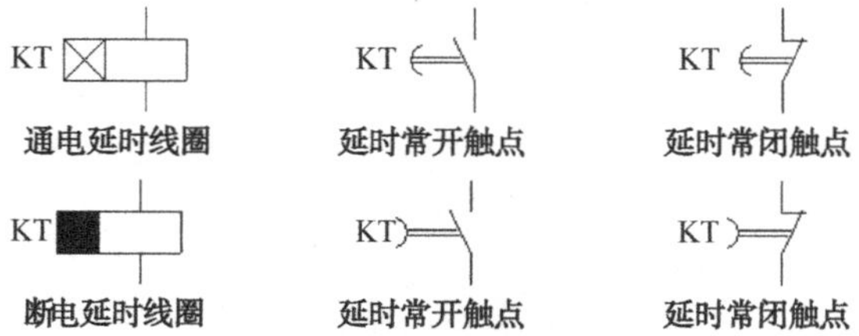

图 8-2 时间继电器相关图形符号

8.3.2　延时回路

1．通电延时回路

如图 8-3 所示为通电延时回路，初始状态时，继电器 K、时间继电器 KT、指示灯 L 和蜂鸣器 BZ 均未得电，SSW 为自锁选择开关。当 SSW 合上后，蜂鸣器 BZ 开始鸣叫，按钮 SA1 被按下后，继电器 K 线圈得电，其常开触点闭合，K 线圈被保持在得电状态，从而使时间继电器 KT 线圈得电，并开始计时。当计时到设定值后，蜂鸣器 BZ 断开，而指示灯 L 点亮。当按钮 SA2 被按下后，K 线圈失电，KT 线圈失电，系统又恢复到 SSW 合上后的状态。

2．断电延时回路

如图 8-4 所示为断电延时回路。初始状态时继电器 K、时间继电器 KT、指示灯 L 和蜂鸣器 BZ 均未得电，SSW 为自锁选择开关。当 SSW 合上后，蜂鸣器 BZ 开始鸣叫，按钮 SA1 被按下后，继电器 K 线圈得电，其常开触点闭合，K 线圈被保持在得电状态，从而使时间继电器 KT 线圈得电，同时，蜂鸣器 BZ 断开，而指示灯 L 点亮。当按钮 SA2 被按下后，K 线圈失电，KT 线圈失电，从而使时间继电器 KT 开始计时，当计时到设定值后，系统又恢复到 SSW 合上后的状态。

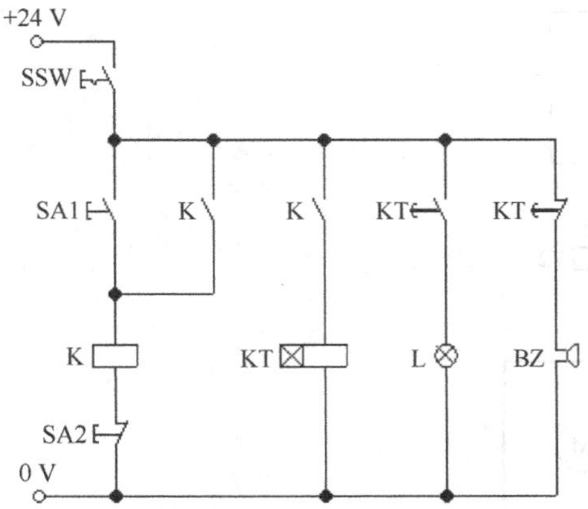

图 8-3　通电延时回路

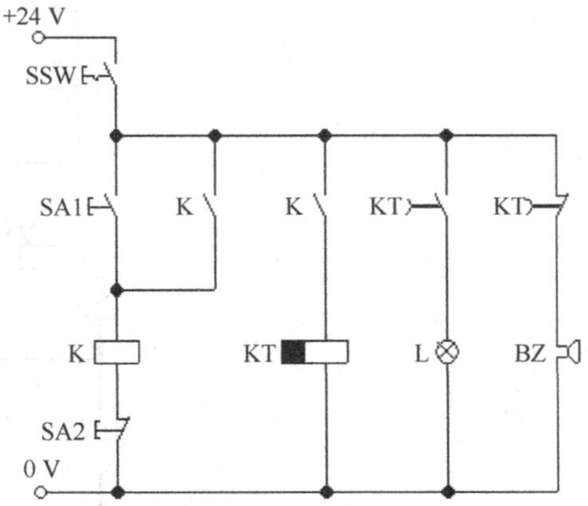

图 8-4　断电延时回路

8.4　实训操作

任务 8-1　搅拌装置系统回路设计

1．任务说明

如图 8-5 所示，通过一台搅拌装置对原料进行搅拌，使之均匀混合。搅拌顺序如下：按下控制柜上的正转按钮，开始 30 s 的顺时针搅拌，30 s 后搅拌装置自动停止；再次按下反转按钮，开始 30 s 的逆时针搅拌，30 s 后装置停止，搅拌结束。搅拌时，搅拌速度可任意调节，并有对应指示灯显示搅拌方向，如需停止搅拌，则按下停止按钮。

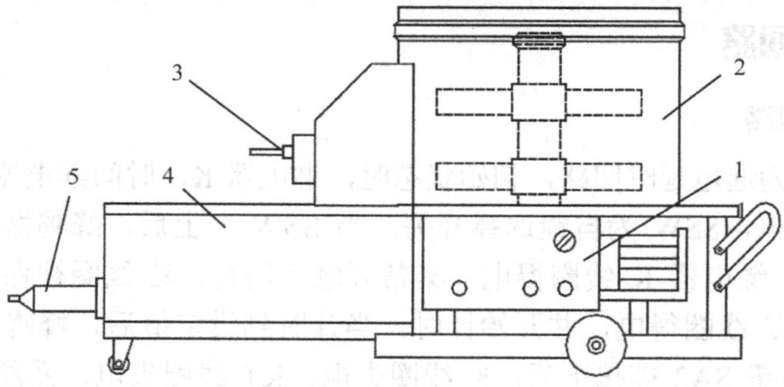

1—控制柜；2—搅拌筒；3—放料阀；4—储料槽；5—出料口

图 8-5　搅拌装置示意图

2. 回路分析

如图 8-6 所示，按下按钮 SA1，时间继电器 KT 线圈和电磁铁 Y1 都保持得电，液压马达持续正转，直至计时到设定时间；当按下按钮 SA2 时，时间继电器 KT 线圈和电磁铁 Y2 都保持得电，液压马达持续反转，直至计时到设定时间。通过节流阀，可任意调节液压马达的转速，如需停止马达转动，则按下停止按钮 SA3。

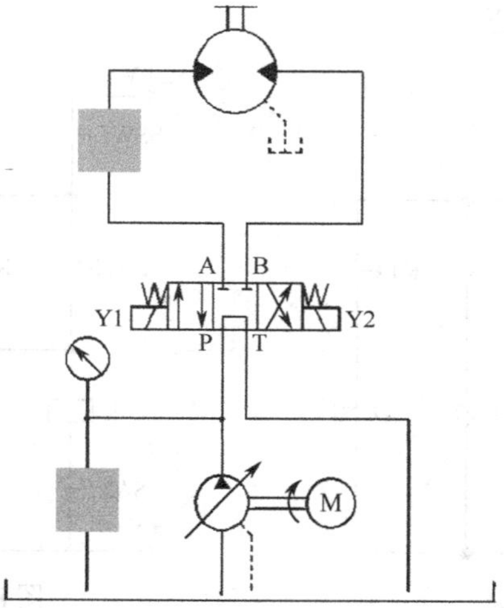

（a）液压回路图

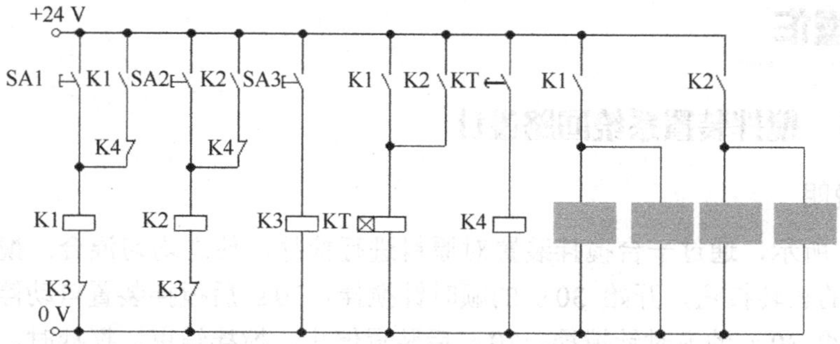

（b）电气回路图

图 8-6　搅拌装置系统回路图

3. 操作步骤

（1）根据任务要求，分析所需元件，将图 8-6 回路中的空缺部分补充完整；
（2）打开计算机，运行液压教学软件；
（3）在液压教学软件上仿真验证所完成的回路；
（4）在实训设备上连接实验管路；
（5）检查所连接的管路并确保油管正确连接；
（6）开启液压动力站，观察运行情况，对使用中遇到的问题进行分析和解决；
（7）关闭液压动力站，拆卸元件和油管，并整理归位。

任务 8-2　冲压液压机系统回路设计

1. 任务说明

冲压液压机（如图 8-7 所示）用来生产 U 型工件，当踩下脚踏开关时，冲头对工件进行冲压加工，冲头伸出速度可调，为保证冲压效果，在冲压完成后还需保压 5 s，冲头再自动返回。

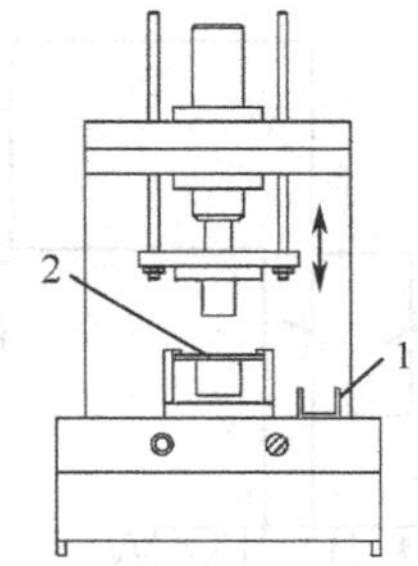

1—U 型工件；2—待加工工件

图 8-7　冲压液压机示意图

2. 回路分析

如图 8-8 所示为冲压液压机的系统回路图，按下按钮 SA1，电磁铁 Y1 得电，换向阀换到左位并保持，液压缸伸出，伸出速度通过可调单向节流阀调节；当活塞杆头部伸出到传感器 B1 位置时，时间继电器 KT 线圈得电，计时开始，当计时到设定时间时，电磁铁 Y1 失电，液压缸返回。

3. 操作步骤

（1）根据任务要求，分析所需元件，将图 8-8 回路中的空缺部分补充完整；
（2）打开计算机，运行液压教学软件；
（3）在液压教学软件上仿真验证所完成的回路；
（4）在实训设备上连接实验管路；
（5）检查所连接的管路并确保油管正确连接；
（6）开启液压动力站，观察运行情况，对使用中遇到的问题进行分析和解决；
（7）关闭液压动力站，拆卸元件油管，并整理归位；
（8）将液压回路中的二位四通单电控电磁阀改为三位四通双电控电磁阀（如图 8-9 所

示），试设计电气控制回路；

（9）在液压教学软件上仿真验证所设计的回路；

（10）完成实训报告（见附录）。

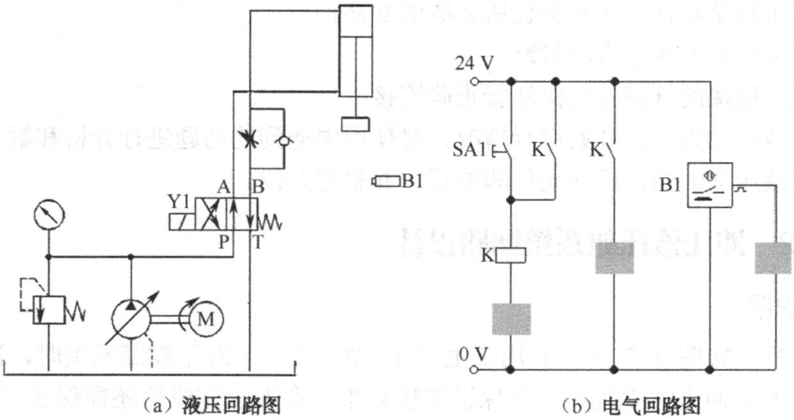

（a）液压回路图　　（b）电气回路图

图 8-8　冲压液压机系统回路图

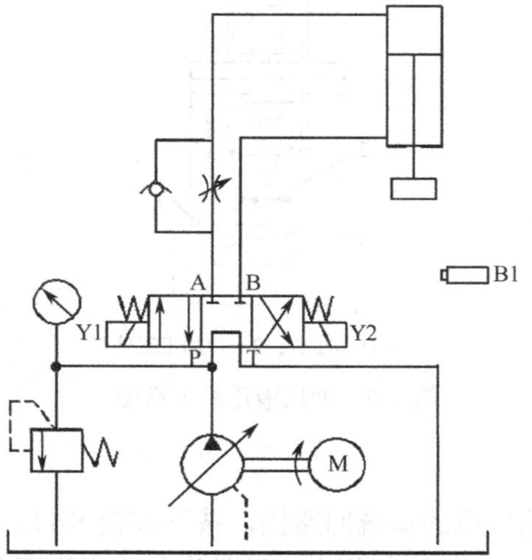

图 8-9　冲压液压机液压回路修改图

思考与练习题

1．简述时间继电器的分类和特点。

2．采用一个二位四通单电控电磁阀控制双作用液压缸做往复循环动作。控制要求如下：（1）液压缸的伸出速度可任意调节；（2）系统最大压力设定为 4 MPa；（3）在液压缸活塞的初始位置处设置一个电感式接近开关，而活塞的终点位置处未设置。试设计液压回路和电气控制回路。

项目9 速度控制回路的安装运行

大多液压设备中都有速度控制的要求，如液压升降台升降速度的改变、辊轧机轧制速度的控制、自动缝焊机焊接速度的调节、组合机床动力滑台从快进到工进到快退的速度变换等，这些要求都来源于液压缸中活塞移动速度的控制，而这主要取决于进入液压缸压力油流量的大小，改变系统的流量大小就可以调节液压缸的移动速度。

9.1 项目目标

（1）掌握调速阀的结构原理、特点和使用方法；

（2）熟悉调速回路的基本构成和原理，理解执行元件的调速方式；

（3）能识别各种液压回路速度控制的方式，知道回路中元件的作用；

（4）明白任务回路中各元件的作用，能正确选取所需元件，熟练安装运行任务回路；

（5）了解快速运动回路和速度换接回路的基本构成和原理；

（6）具备一定的综合应用能力。

9.2 实训设备和元器件

项目所需实训设备和元器件见表 9-1。

表 9-1 实训设备和元器件明细表

名 称	数 量	名 称	数 量	名 称	数 量
液压实验台（含液压泵）	1	溢流阀	1	电器模块（按钮开关）	1
计算机（安装教学软件）	1	调速阀	1	电器模块（继电器）	1
压力表	2	电感式接近开关	2	油管	若干
二位四通单电控电磁阀	1	双作用液压缸	1	导线	若干
三位四通双电控电磁阀	1	电器模块（分流器）	1		

9.3 基础知识

液压系统中，执行元件的运动速度由输入执行元件的油液流量的大小来决定。流量控制阀就是依靠改变阀口通流面积（节流口局部阻力）的大小或通流通道的长短来控制通过节流口的流量，从而调节执行元件运动速度的阀类，简称流量阀。常用的流量控制阀有节流阀、调速阀、溢流节流阀和分流节流阀等。

9.3.1 调速阀

节流口开口量一定时，节流口前、后压力差ΔP 是影响流经节流阀流量的重要因素（见式 2.8）。当负载变化引起节流阀前、后压力差变化时，节流阀调速就不能满足工作要求，这时就需要采用调速阀，它使节流口前、后压力差不随负载而变化，保持于一个定值，从而达到流量稳定。

如图 9-1（a）所示为调速阀的实物图。调速阀是由节流阀与定差减压阀串联组合而成的组合阀。节流阀用来调节通过的流量，定差减压阀则自动补偿负载变化的影响，使节流阀前、后的压差为定值，消除了负载变化对流量的影响，工作原理如图 9-1（b）所示。节流阀 2 前、后的压力分别引到减压阀 1 下、上两端，当负载压力增大时，P_3 增大，于是作用在减压阀 1 上端的液压力增大，阀芯下移，减压口加大，压降减小，P_2 增大，从而使节流阀 2 两端的压差（P_2-P_3）保持不变；反之亦然。如图 9-1（c）所示为调速阀的图形符号。

其他常用的调速阀还有与单向阀组合成的单向调速阀和可降低温度变化对流量稳定性影响的温度补偿调速阀等。

9.3.2 调速回路

调速回路通过改变液压系统中流量的大小来改变执行元件的运动速度，改变流量大小的主要方式有节流调速、容积调速和容积节流调速。用定量泵和流量阀进行调速的方式称为节流调速；用改变变量泵或变量液压马达的排量进行调速的方式称为容积调速；用变量泵和流量阀进行调速的方式称为容积节流调速。

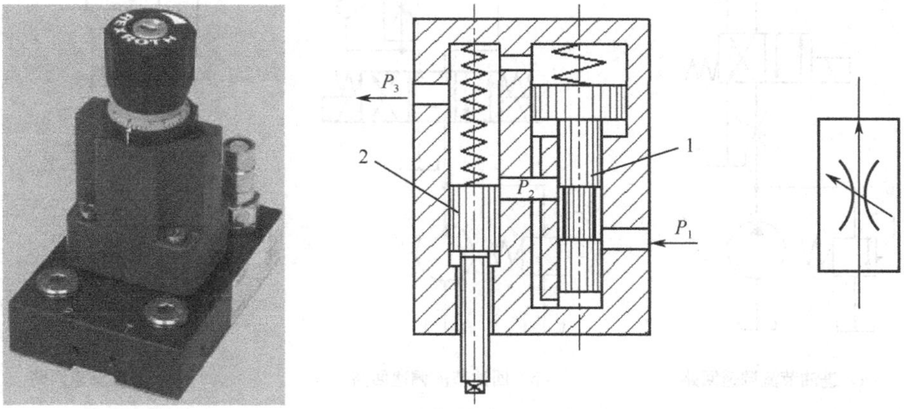

（a）实物图　　（b）结构图　　（c）图形符号

1—减压阀；2—节流阀

图 9-1　调速阀

1. 节流调速回路

节流调速回路通过改变回路中流量控制元件（节流阀和调速阀）通流截面积的大小来控制流入执行元件或自执行元件流出的流量，以调节其运动速度。根据流量阀在回路中位置的不同，分为进油节流调速、回油节流调速和旁路节流调速三种调速回路。

1）进油节流调速回路

如图 9-2（a）所示，将流量控制阀安装在执行元件的进油路上，即串联在液压泵和执行元件之间的回路称为进油节流调速回路。调节节流阀的通流面积，即可调节通过节流阀的流量，从而调节液压缸的运动速度。

2）回油节流调速回路

如图 9-2（b）所示，将流量控制阀安装在执行元件的回油路上，即串联在执行元件和油箱之间的回路称为回油节流调速回路。调节调速阀节流口的开口大小，即可改变液压缸排出的流量，同时也改变进入液压缸的流量，由此也改变液压缸的运动速度。

3）旁路节流调速回路

如图 9-2（c）所示，将流量控制阀安装在与执行元件并联的旁油路上的回路称为旁路节流调速回路。调节节流阀的通流面积，即可调节液压泵溢回油箱的流量，从而控制了进入液压缸的流量，实现液压缸的运动速度调节。

2. 容积调速回路

如图 9-3 所示，容积调速回路是用改变泵或马达的排量来实现调速的。根据调节对象的不同，容积调速回路通常有三种形式：由变量泵和定量执行元件组成的调速回路；由定量泵和变量执行元件组成的调速回路；由变量泵和变量执行元件组成的调速回路。

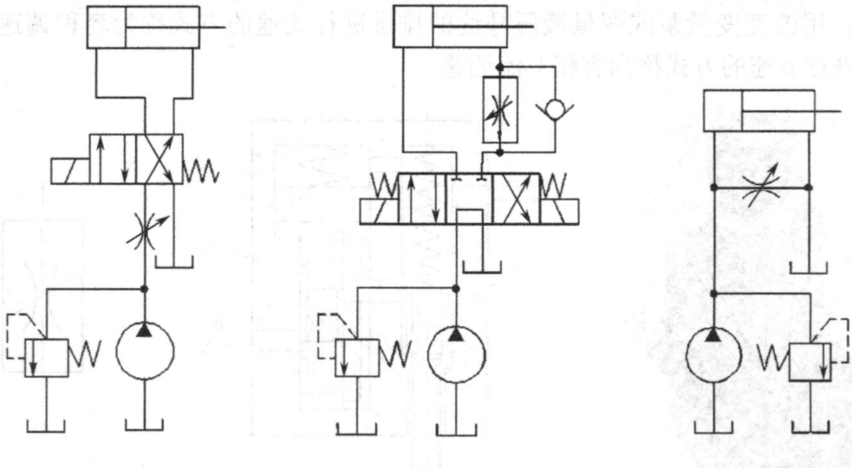

（a）进油节流调速回路　（b）回油节流调速回路　（c）旁路节流调速回路

图 9-2　节流调速回路

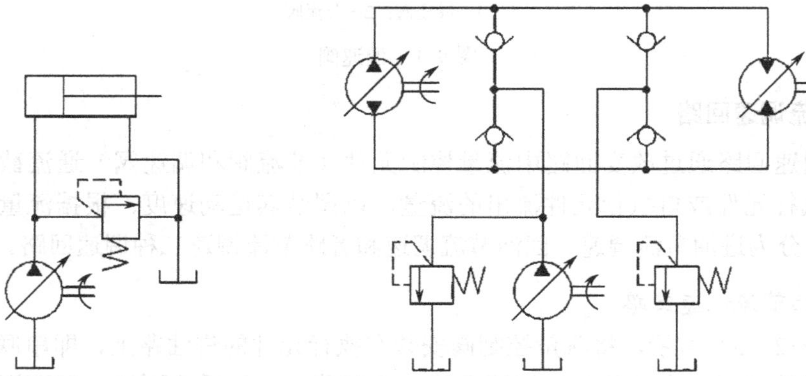

（a）变量泵定量执行元件容积调速回路　（b）变量泵变量马达容积调速回路

图 9-3　容积调速回路

与节流调速回路相比，容积调速回路没有节流损失和溢流损失，因而效率较高，油液温升小，适用于高速、大功率调速系统。

3．容积节流调速回路

容积节流调速回路采用变量液压泵和流量控制阀调定进入液压缸或由液压缸流出的流量来调节液压缸的运动速度，并使变量泵的输油量自动与液压缸所需的流量相适应。如图 9-4 所示，由限压式变量叶片泵和调速阀配合进行调速，当变量液压泵的流量大于调速阀调定的流量时，多余的油液使液压泵和调速阀之间油路的油液压力升高，液压泵的流量随着工作压力的升高而自动减小，直到等于调速阀调定的流量。

这种调速回路没有溢流损失，效率较高，发热量小，采用溢流阀作为背压，速度稳定性也比单纯的容积调速回路好，常用在速度范围大，中小功率的场合，如组合机床的进给系统等。

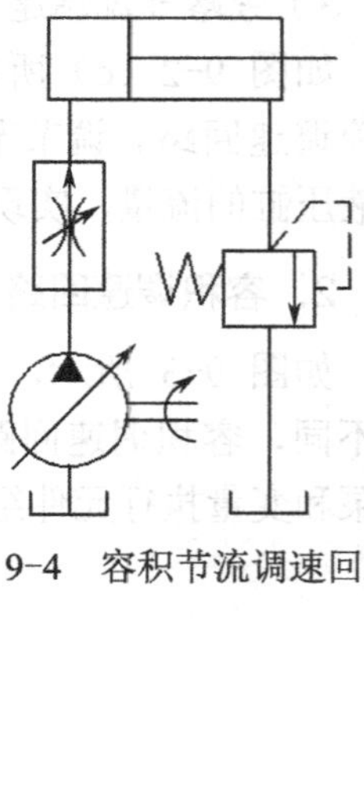

图 9-4　容积节流调速回路

9.4 实训操作

任务 9-1　切削装置系统回路设计

1. 任务说明

如图 9-5 所示的切削装置一次对 5 个工件进行棱角切削，用一个差动回路（可参考 3.6 节）提高进给速度，通过一个流量控制阀调节运动速度，回程由一个可调节的行程开关来控制。

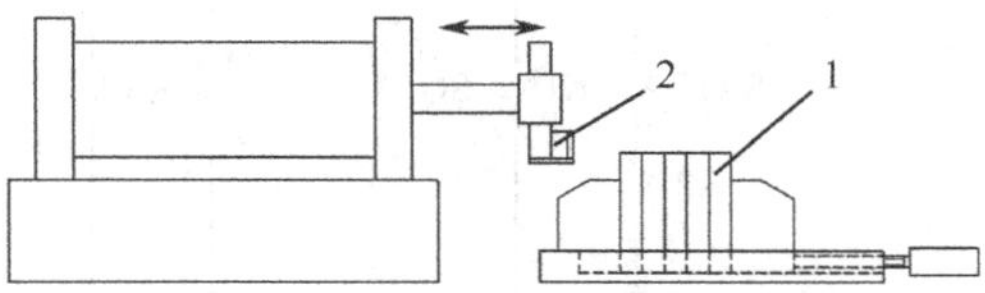

1—工件；2—切削刀具

图 9-5　切削装置示意图

2. 回路分析

如图 9-6 所示的液压回路中，当二位二通电磁阀在右位工作而二位四通电磁阀换到左位时，液压缸差动连接做快进动作；当活塞杆头部伸出到位后，行程开关 SQ2 使电磁铁 Y2 保持得电而使电磁铁 Y1 失电，活塞杆缩回。

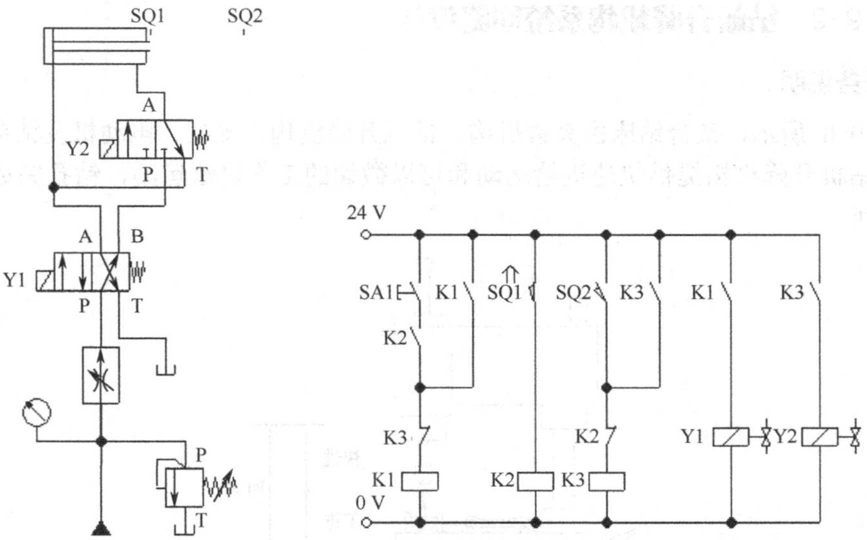

（a）液压回路图　　　　（b）电气回路图

图 9-6　切削装置系统回路图

3. 操作步骤

（1）打开计算机，运行液压教学软件；

（2）在绘图区域按图 9-6 搭建回路；

（3）仿真运行回路并分析系统的工作过程；

（4）将液压回路中的电磁阀改为三位四通双电控电磁阀和二位四通单电控电磁阀（如图 9-7（a）所示），填写图 9-7（b）电气控制回路中的空缺部分；

（5）在液压教学软件上仿真验证所设计的回路。

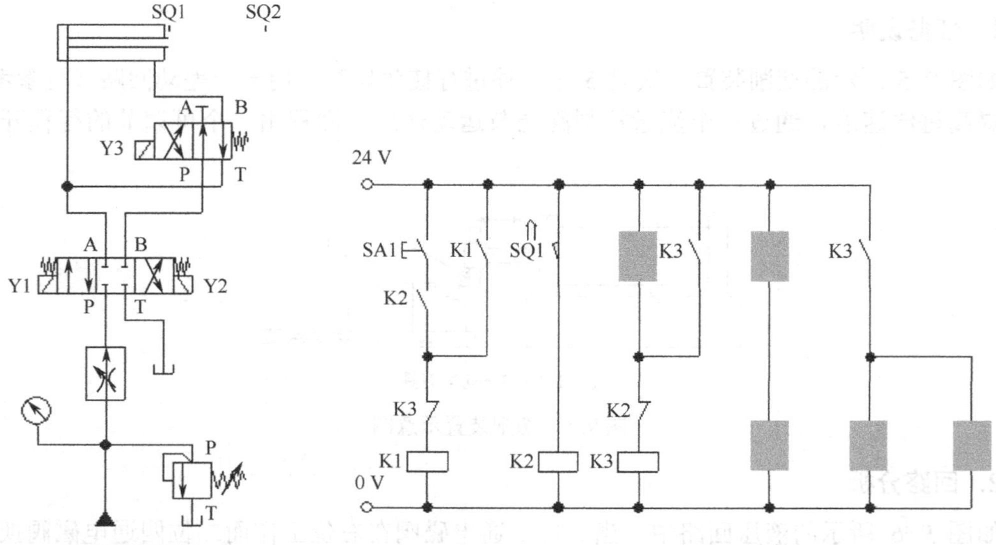

（a）液压回路图　　（b）电气回路图

图 9-7　切削装置系统回路修改图

任务 9-2　钻机升降机构系统回路设计

1. 任务说明

如图 9-8 所示，某台钻床由夹紧机构、钻机升降机构、支架、电动机及钻头等部分组成。其中钻机升降机构提供快速进给运动和可以微调的工作进给运动，钻孔完成后钻头自动快速返回。

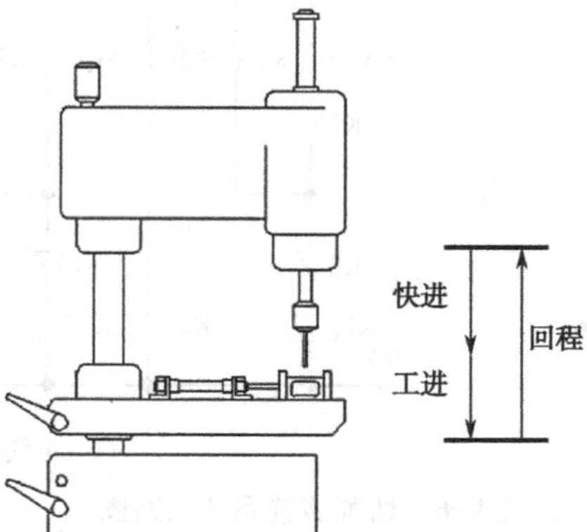

图 9-8　钻机示意图

2. 回路分析

如图 9-9 所示液压回路中的调速方式为回油调速。当按下按钮开关 SA1 时，电磁铁 Y1 得电，换向阀换到左位并保持，液压缸快进；当活塞杆头部伸出到传感器 B1 位置时，电磁铁 Y2 得电，液压缸由快进转为工进，运动速度由调速阀控制；当活塞杆头部伸出到终点位置也就是传感器 B2 位置时，电磁铁 Y1 和 Y2 失电，液压缸快速返回。

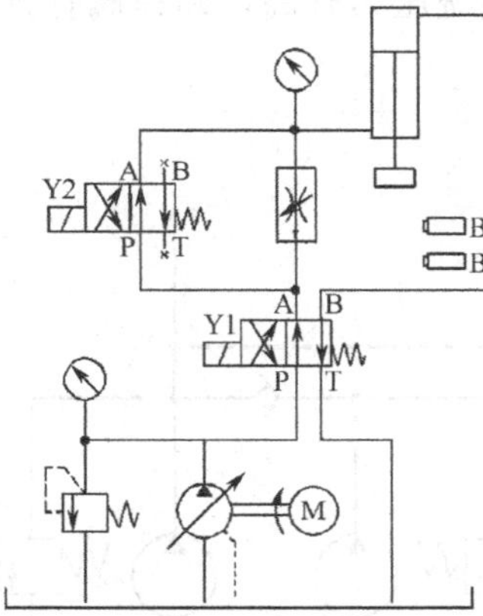

（a）液压回路图

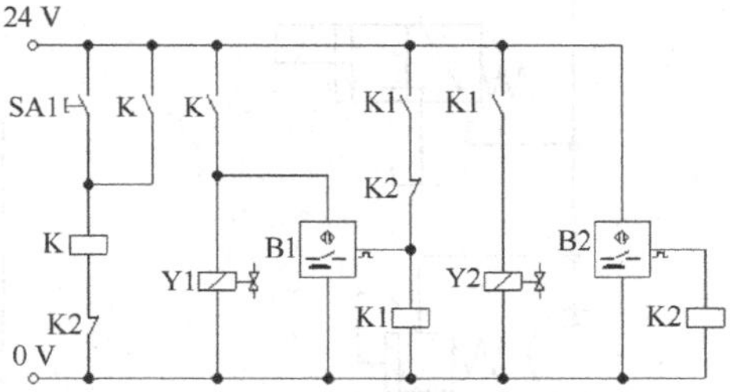

（b）电气回路图

图 9-9 钻机升降机构系统回路图

3. 操作步骤

（1）打开计算机，运行液压教学软件；

（2）在绘图区域按图 9-9 搭建回路；

（3）仿真运行回路并分析系统的工作过程；

（4）在实训设备上连接实验管路；

（5）检查所连接管路并确保油管正确连接；

（6）开启液压动力站，观察运行情况，对使用中遇到的问题进行分析和解决；

（7）关闭液压动力站，拆卸元件和油管，并整理归位；

（8）将液压回路中的调速方式改为进油调速，其中一个电磁阀改为三位四通双电控电磁阀（如图 9-10 所示），试设计电气控制回路；

（9）在液压教学软件上仿真验证所设计的回路；

（10）完成实训报告（见附录）。

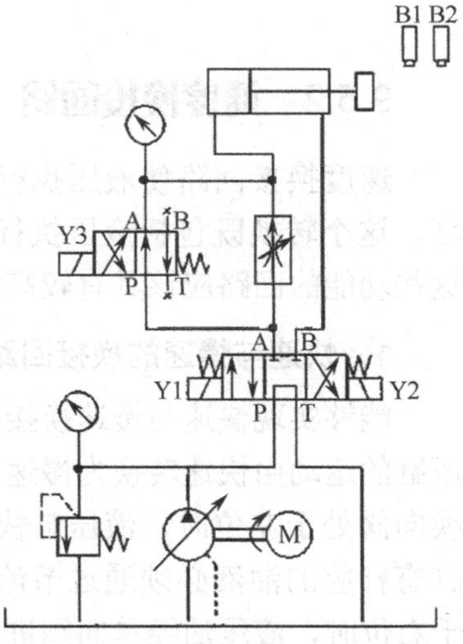

图 9-10 钻机升降机构液压回路修改图

9.5 拓展知识

9.5.1 快速运动回路

快速运动回路常用于要求液压系统流量大而压力低的场合，使液压执行元件获得所需的高速，以提高系统的工作效率或充分利用功率。常用的快速运动回路有以下几种：液压缸差动连接回路、采用蓄能器的快速运动回路、双泵供油回路等。

如图 9-11（a）所示为利用二位三通换向阀实现的液压缸差动连接回路，当换向阀处于左位时，液压缸差动连接做快进运动，当换向阀处于右位时，液压缸实现工进；如图 9-11（b）所示为双泵供油快速运动回路，当快速运动时，左液压泵输出的油液经单向阀与右液压泵输出的油液共同向系统供油；当工作进给时，系统压力升高，卸荷阀打开使左液压泵卸荷，由右液压泵向系统单独供油。

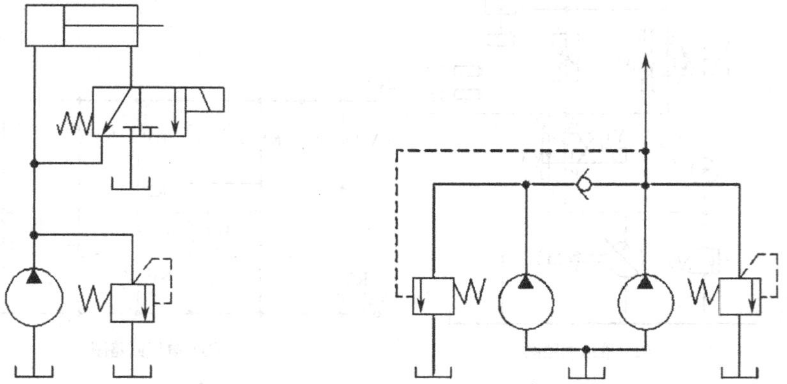

（a）采用二位三通换向阀的液压缸差动连接回路　　（b）双泵供油快速运动回路

图 9-11　快速运动回路

9.5.2　速度换接回路

速度换接回路使液压执行元件在一个工作循环中由一个运动速度变换到另一个运动速度。这个转换既包括液压执行元件快速到慢速的换接，也包括两个慢速之间的换接。实现这些功能的回路应该具有较高的速度换接平稳性。

1．快速与慢速的换接回路

能够实现快速与慢速换接的方法很多：如图 9-9 和图 9-11（a）所示的回路都可以使液压缸的运动由快速转换为慢速；如图 9-12（a）所示为用行程阀来实现快慢速换接的回路。换向阀处于左位时，液压缸快进，当活塞所连接的挡块压下行程阀时，行程阀关闭，液压缸有杆腔的油液必须通过节流阀才能流回油箱，活塞运动速度转变为慢速工进；换向阀处于右位时，液压油经单向阀进入液压缸有杆腔，活塞快速返回。

2．两个慢速的换接回路

如图 9-12（b）所示为两个调速阀串联的速度换接回路。当三位四通换向阀处于左位时，输入液压缸的流量由下调速阀控制；当二位二通换向阀右位接入回路时，由于上调速阀的流量调得比下调速阀小，所以输入液压缸的流量由上调速阀控制。此回路的速度换接平稳性较好，但由于油液经过两个调速阀，所以能量损失较大。

如图 9-12（c）所示为两个调速阀并联的速度换接回路。当三位四通换向阀处于左位时，输入液压缸的流量由左调速阀控制；当二位三通换向阀右位接入回路时，输入液压缸的流量由右调速阀控制。此回路在速度换接时会产生突然前冲现象，因此不宜用于在工作过程中的速度换接，只可用在速度预选的场合。

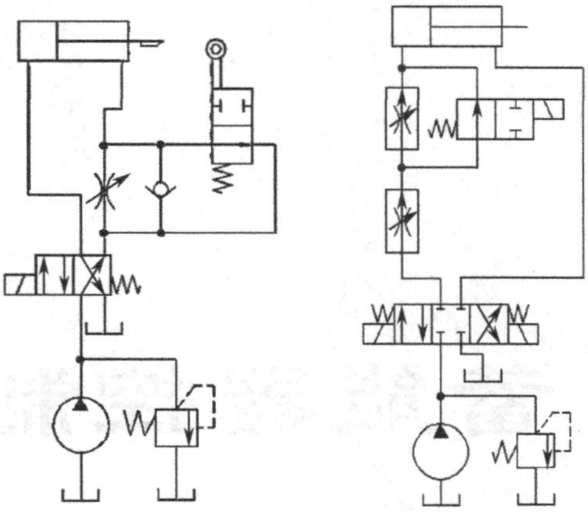

(a)　　　　(b)　　　　(c)

图 9-12　速度换接回路

思考与练习题

1．简述调速阀的原理和应用。

2．如何调节执行元件的运动速度？常用的调速方法有哪些？

3．常用的节流调速回路有哪些？各有什么特点？

4．分析如图 9-13 所示回路中各元件的作用和回路的工作原理。

5．如图 9-14 所示回路实现“快进—工进—快退”工作循环，试分析回路中各元件的作用和回路的工作原理。

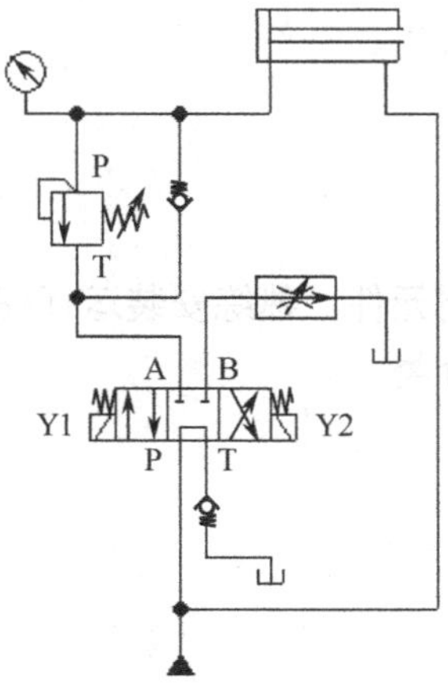

图 9-13　题 4 图

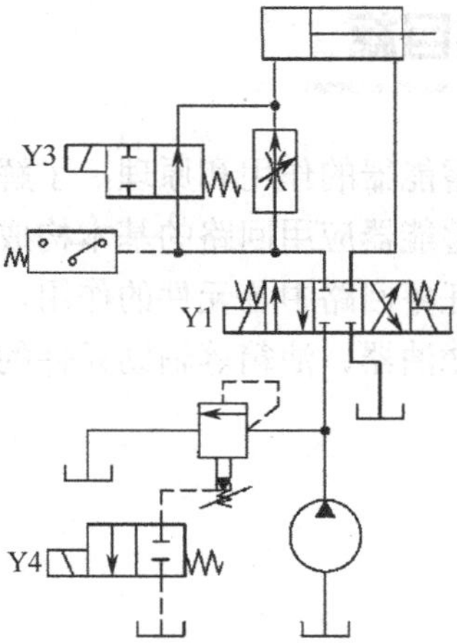

图 9-14　题 5 图

项目 10 蓄能器控制回路的安装运行

蓄能器、滤油器、油箱、压力表、油管等元件都属于辅助元件，它们和其他液压元件一样，都是液压系统中不可缺少的组成部分。而作为常用的辅件之一，蓄能器在保证系统正常运行、延长元件工作寿命、降低振动与噪音、节约能源等方面都起着重要的作用。

10.1 项目目标

（1）掌握蓄能器的作用和原理，了解蓄能器的分类；

（2）熟悉蓄能器应用回路的基本构成和原理；

（3）明白任务回路中各元件的作用，能正确选取所需元件，熟练安装运行任务回路；

（4）了解滤油器、油箱等辅助元件的作用、要求和分类。

10.2 实训设备和元器件

项目所需实训设备和元器件见表10-1。

表10-1 实训设备和元器件明细表

名 称	数 量	名 称	数 量	名 称	数 量
液压实验台（含液压泵）	1	溢流阀	1	电器模块（按钮开关）	1
计算机（安装教学软件）	1	电感式接近开关	2	电器模块（继电器）	3
压力表	2	蓄能器	1	电器模块（时间继电器）	2
三位四通双电控电磁阀	1	双作用液压缸	1	油管	若干
节流阀	1	电器模块（分流器）	1	导线	若干

10.3 基础知识

10.3.1 蓄能器

蓄能器是液压系统中的重要辅助元件，是一种储存和释放能量的装置，在液压系统中可作为辅助动力源、紧急操纵、泄漏补偿、吸收冲击、避震和吸收脉动等使用。蓄能器在适当的时机将系统中的能量转变为弹簧势能、重力势能或气体内能储存起来，当系统需要的时候，又将弹簧势能、重力势能或气体内能转变为油液压力能释放出来，重新补供给系统。如图10-1（a）所示为蓄能器实物图，如图10-1（b）所示为一般蓄能器的图形符号。

(a) (b)

图10-1 蓄能器

蓄能器按其储存能量的方式分为重力式、弹簧式和充气式三种。目前常用的多是利用气体压缩和膨胀来储存、释放液压能的充气式蓄能器，可分为非隔离式（气瓶式）和隔离式两种，而隔离式包括活塞式、气囊式和隔膜式等（如图10-2所示）。

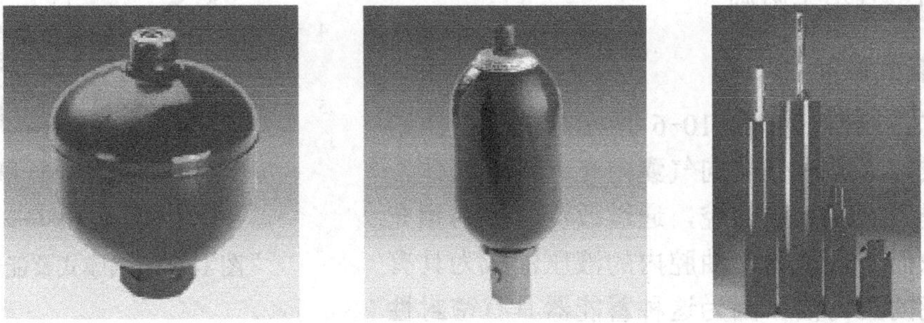

(a) 隔膜式蓄能器　(b) 气囊式蓄能器　(c) 活塞式蓄能器

图10-2 充气隔离式蓄能器

1. 重力式蓄能器

重力式蓄能器（如图 10-3 所示）通过提升加载在密封活塞上的质量块将液压系统中的压力能转化为重力势能积蓄起来。其优点是结构简单、压力稳定；缺点是安装局限性大，只能垂直安装，不易密封，质量块惯性大，不灵敏。

2. 弹簧式蓄能器

弹簧式蓄能器（如图 10-4 所示）依靠压缩弹簧将液压系统中的过剩压力能转化为弹簧势能存储起来，需要时释放出去。其优点是结构简单，成本较低；缺点是弹簧伸缩量有限，消振功能差，只适合小容量、低压系统（$P \leqslant 1.0 \sim 1.2$ MPa），或者用作缓冲装置。

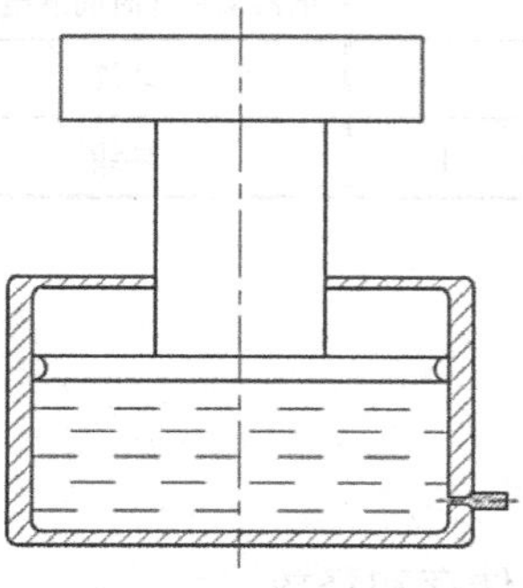

图 10-3　重力式蓄能器

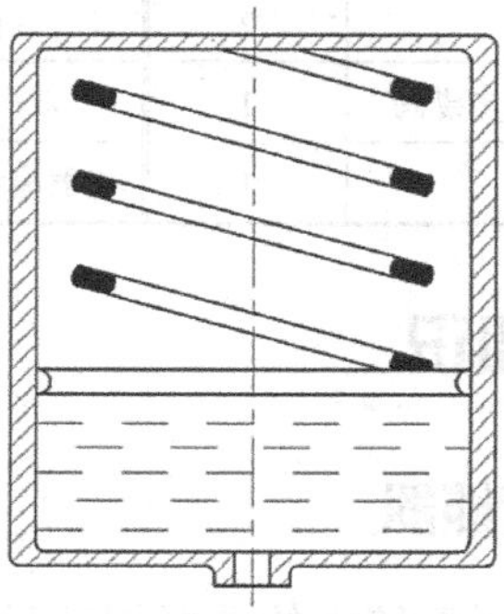

图 10-4　弹簧式蓄能器

3. 隔膜式蓄能器

隔膜式蓄能器（如图 10-5 所示）内部有由可变形柔性材料制成的隔膜，隔膜上部为惰性气体，气体由充气阀充入，隔膜下部为储油腔，压力油从油路接口通入，通过隔膜上部预充气体的体积发生变化而使储油腔内的液压油成为具有一定液压能的压力油。这种蓄能器具有质量轻、薄膜变形阻力小、动作频率高、无惯性、吸收压力脉动性能好等优点；但是，由于这种蓄能器存在着容积小、输出流量小、维修不方便等缺点，所以它的使用受到很大限制。

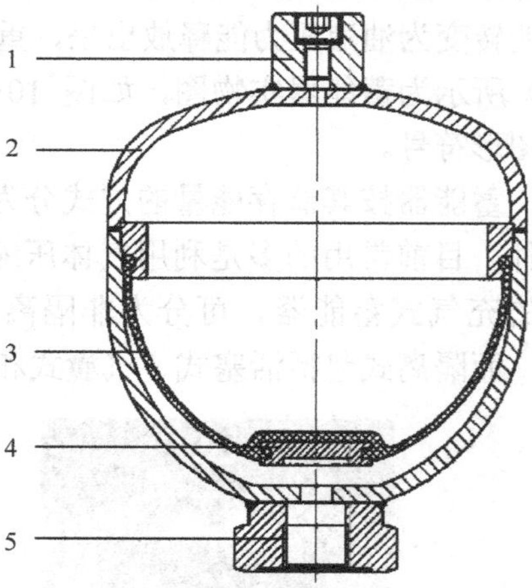

1—充气阀；2—缸体；3—隔膜；
4—闭合阀座；5—油路接口

图 10-5　隔膜式蓄能器

4. 气囊式蓄能器

气囊式蓄能器（如图 10-6 所示）的气囊用耐油橡胶制成，通过充气阀向气囊内充入惰性气体，压力油从提升阀通入储油腔，通过改变气囊内预充气体的体积而使蓄能器储油腔内的液压油成为具有一定液压能的压力油。因为这种蓄能器具有密封性好、效率高、灵敏度高、结构紧凑、质量轻、易维护、动作惯性小等优点，所以它在液压系统中的应用最为广泛。

5. 活塞式蓄能器

活塞式蓄能器（如图 10-7 所示）的活塞上部为惰性气体，气体由充气阀充入，活塞随下部压力油的储存和释放在缸体内来回滑动，通过改变活塞上部预充气体的体积使蓄能器的储油腔内的液压油成为具有一定液压能的压力油。这种蓄能器具有结构简单，强度及可靠性较高，使用寿命长，供油流量大，使用温度范围宽等优点，适用于大流量蓄能的液压系统；但是由于这种蓄能器活塞运动的惯性大、灵敏性较差、磨损泄漏大、效率低，故不适用于工作频率高，压差小及无泄漏的液压系统，也不适用于吸收液压系统的脉动和液压冲击。

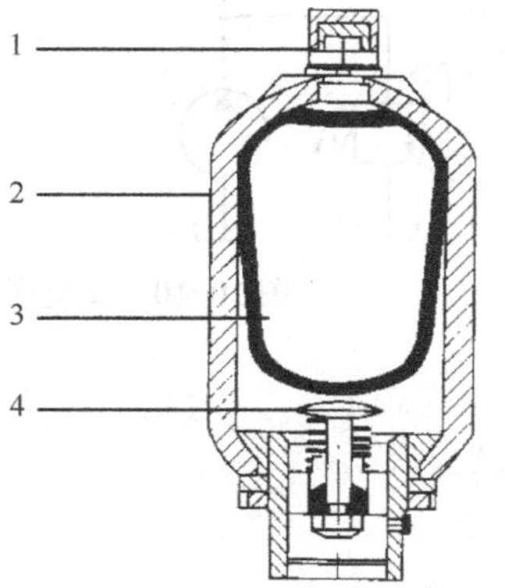

1—充气阀；2—缸体；3—气囊；4—提升阀

图 10-6　气囊式蓄能器

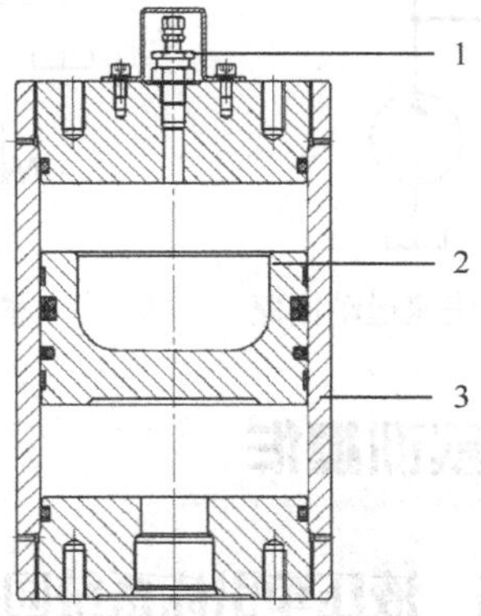

1—充气阀；2—活塞；3—缸体

图 10-7　活塞式蓄能器

10.3.2　蓄能器应用回路

1. 采用蓄能器的快速运动回路

如图 10-8 所示，当换向阀处于中位时，液压泵经单向阀向蓄能器供油，当换向阀处于左位或右位时，蓄能器和液压泵同时向液压缸供油，这样选择流量较小的液压泵与蓄能器配合就可以使执行元件获得快速运动。在该回路中，蓄能器起到了辅助动力源的作用，而在换向阀突然换向或液压缸突然停止运动时还可以吸收或缓和冲击压力。

2. 采用蓄能器的保压回路

如图 10-9 所示，蓄能器起到了补偿泄漏、维持系统压力的作用，当三位四通换向阀处于左位时，液压缸向前运动夹紧工件，此时液压泵继续输出的压力油将为蓄能器充压，直到进油路压力升高到调定值，压力继电器发出信号使二通阀通电，液压泵卸荷，单向阀关闭，液压缸则由蓄能器保压。液压缸压力不足时，压力继电器复位使液压泵重新工作。

3. 做应急油源的安全回路

如图 10-10 所示，蓄能器做应急油源，当系统停电时，蓄能器输出压力油经单向阀进入液压缸有杆腔，使活塞杆缩回，达到安全目的。大型工程机械的转向和制动多采用液压助力，当转向或制动系统的液压源出现故障时，蓄能器可以帮助解决其应急转向或制动的问题。

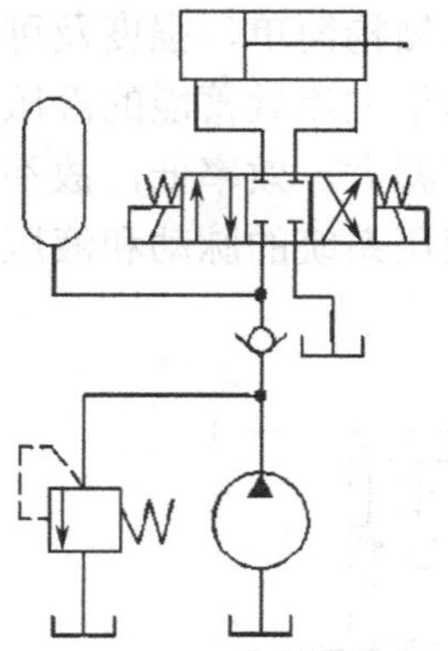

图 10-8　快速运动回路

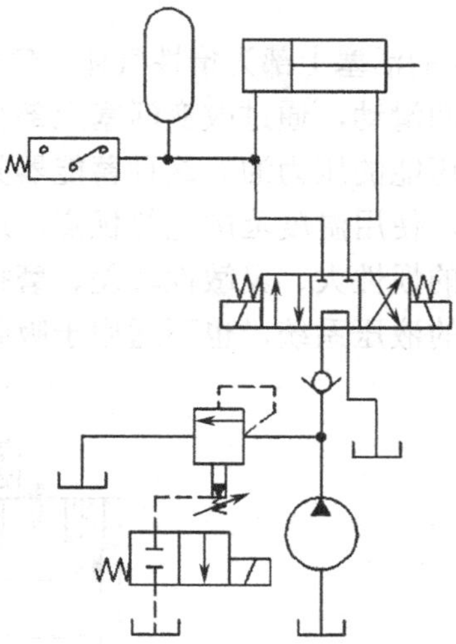

图 10-9　保压回路

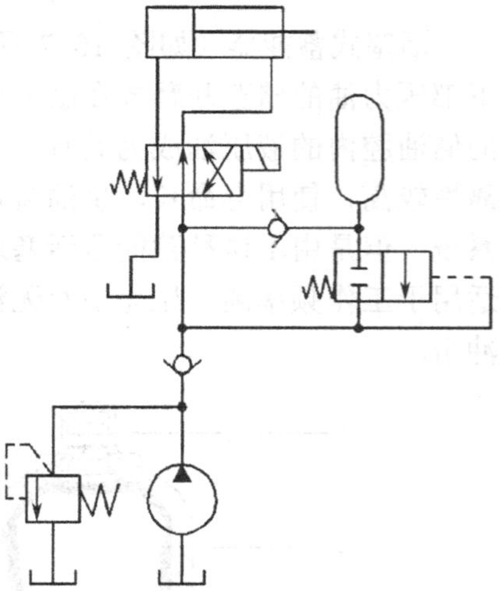

图 10-10　安全回路

10.4　实训操作

任务　液压牵引床系统回路设计

1. 任务说明

液压牵引床（如图 10-11 所示）是对腰椎间盘突出症进行牵引物理治疗的医疗器械。牵引时，人体上部固定在固定床板上，下部通过液压缸的活塞杆驱动滑动床板实现牵引，可作为连续牵引和间歇牵引使用。连续牵引时，液压缸伸出到位后延时 20 min 再自动返回，牵引过程中可将液压站关闭而由蓄能器实现保压牵引；间歇牵引时，液压缸伸出到位后延时 20 s 自动返回，反复交替。

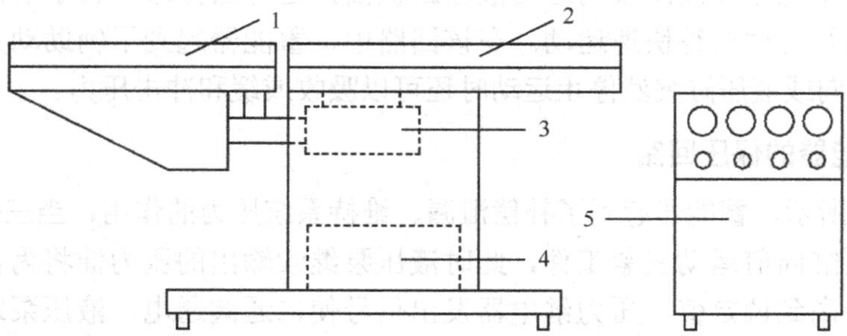

1—滑动床板；2—固定床板；3—液压缸；4—液压站；5—电控柜

图 10-11　液压牵引床示意图

2. 回路分析

如图 10-12 所示，系统执行元件为牵引液压缸，系统工作压力由溢流阀设定并通过压力表 P1 显示，液压缸运动方向由三位四通电磁换向阀控制，行程位置由接近开关 B1、B2 检测，牵引速度由节流阀调节，压力表 P2 用来显示牵引压力的大小。按下按钮 SA1 进行连续牵引，液压缸伸出到位后时间继电器 KT1 开始计时，换向阀回到中位，此时由蓄能器实现保压牵引，当计时到设定值时换向阀换到右位，液压缸返回，连续牵引结束；按下按钮 SA2 则进行间歇牵引，液压缸伸出到位后时间继电器 KT2 开始计时，当计时到设定值时液压缸返回，反复交替，直至按下停止按钮 SA3，间歇牵引结束。

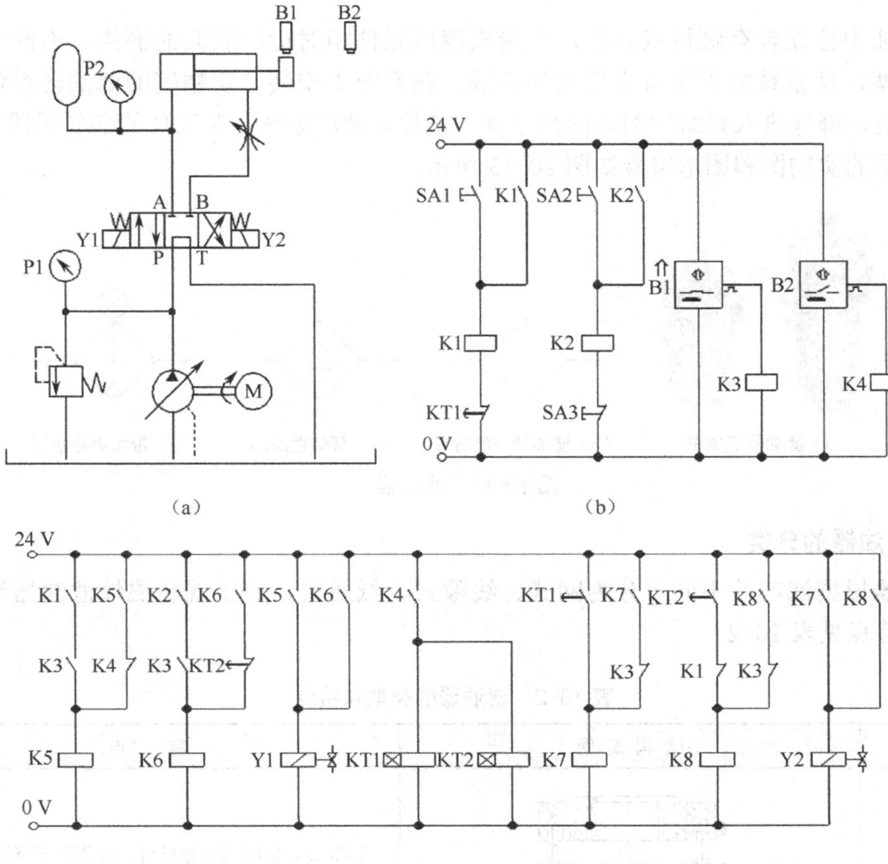

（a）　　（b）

（c）

图 10-12　液压牵引床系统回路图

3. 操作步骤

（1）打开计算机，运行液压教学软件；

（2）在绘图区域按图 10-12 搭建回路；

（3）仿真运行回路并分析系统的工作过程；

（4）在实训设备上连接实验管路；

（5）检查所连接的管路并确保油管正确连接；

（6）开启液压动力站，观察运行情况，对使用中遇到的问题进行分析和解决；

（7）关闭液压动力站，关闭计算机，拆卸元件和油管，并整理归位；

（8）将液压回路中的三位四通电磁阀换成二位四通单电控电磁阀，设计相应的液压和电气控制回路以实现牵引床的连续牵引并进行仿真验证；

（9）完成实训报告（见附录）。

10.5 拓展知识

10.5.1 滤油器

液压油中往往含有颗粒状杂质，会造成液压元件相对运动表面的磨损、滑阀卡滞、节流孔口堵塞，使系统的工作可靠性大为降低。在系统中安装一定精度的滤油器过滤混在油液中的杂质，降低进入系统中油液的污染度，是保证液压系统正常工作的必要手段。

滤油器的实物图和图形符号如图 10-13 所示。

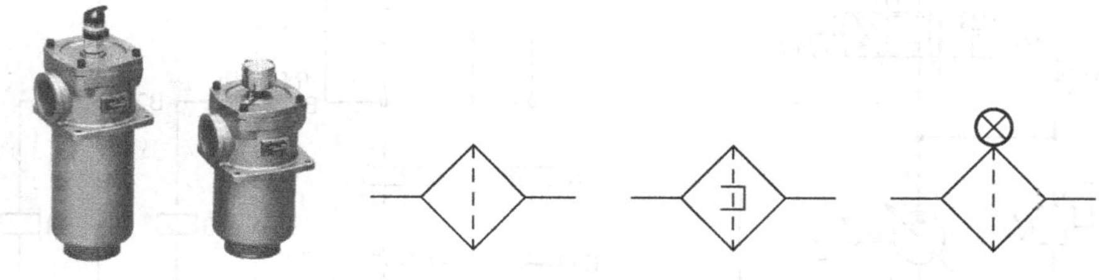

（a）滤油器实物图　（b）滤油器一般符号　（c）带磁性滤芯　（d）带污染指示器

图 10-13　滤油器

1．滤油器的分类

滤油器根据滤芯的不同可分为网式、线隙式、纸质式、烧结式和磁性滤油器等，它们的类型和特点见表 10-2。

表 10-2　滤油器的类型和特点

类　型	结构简图	特　点
网式滤油器	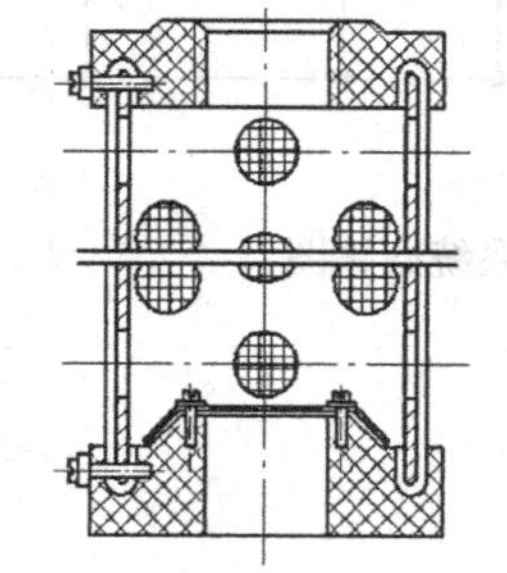	其滤芯以铜网为过滤材料，在周围开有很多孔的塑料或金属筒形骨架上包着一层或两层铜丝网，其过滤精度取决于铜网层数和网孔的大小。这种滤油器结构简单，通流能力强，清洗方便，但过滤精度低，一般用于液压泵的吸油口
线隙式滤油器	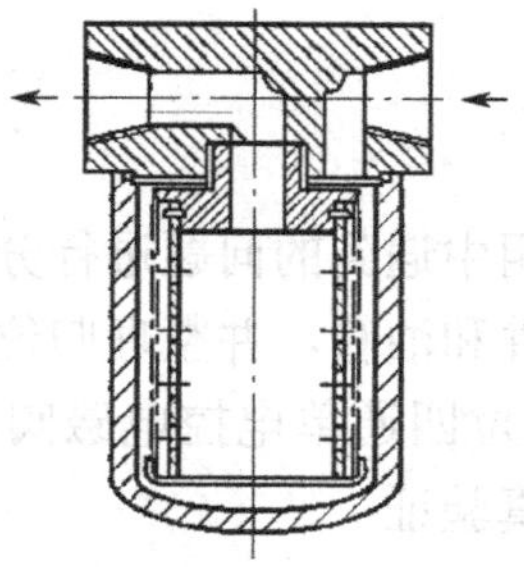	其滤芯用钢线或铝线密绕在筒形骨架的外部制成，依靠铜丝间的微小间隙滤除混入液体中的杂质。其结构简单，通流能力强，过滤精度比网式滤油器高，但不易清洗，多为回油滤油器

续表

类　型	结构简图	特　点
纸质式滤油器	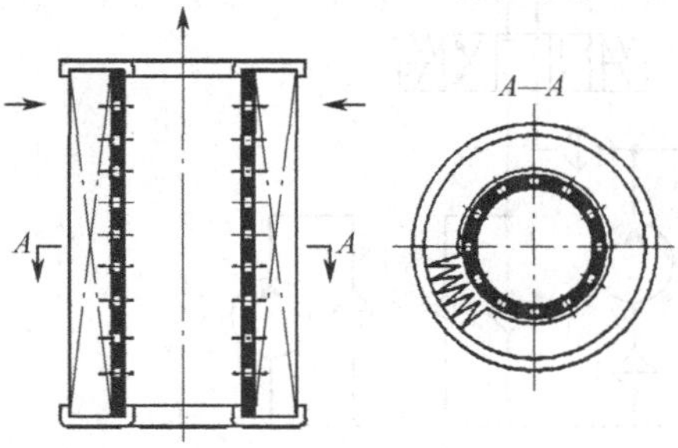	其滤芯为用平纹或波纹的酚醛树脂或木浆微孔滤纸制成的纸芯，将纸芯围绕在带孔的镀锡铁做成的骨架上，以增大强度。为增加过滤面积，纸芯一般做成折叠形。其过滤精度较高，一般用于油液的精过滤，但堵塞后无法清洗，须经常更换滤芯
烧结式滤油器	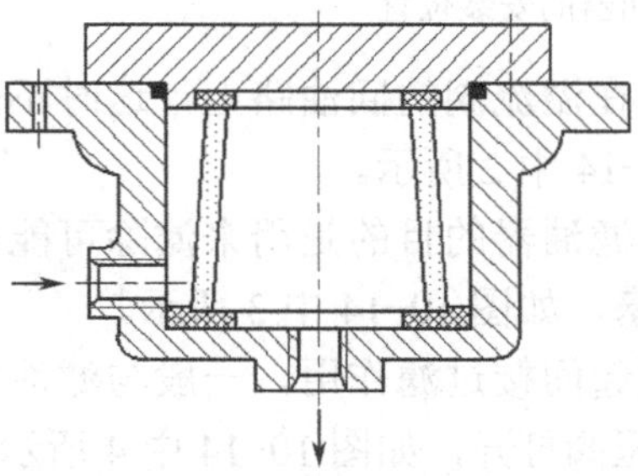	其滤芯用金属粉末烧结而成，利用颗粒间的微孔来挡住油液中的杂质通过。其滤芯能承受高压，抗腐蚀性好，过滤精度高，适用于要求精滤的高压、高温液压系统。
磁性滤油器	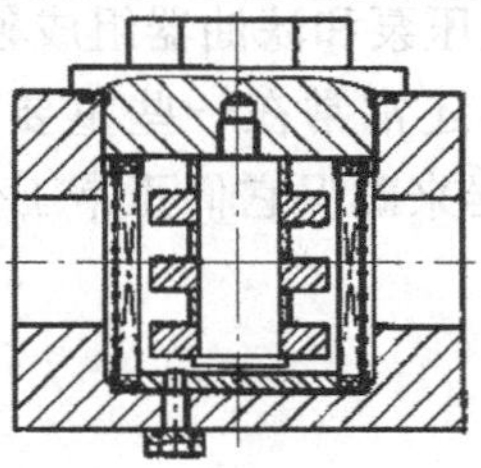	其滤芯由永久磁铁制成，能吸住油液中的铁屑、铁粉、带磁性的磨料；常与其他形式滤芯合起来制成复合式滤油器，特别适用于加工钢铁件的机床液压系统

2．滤油器的选用

滤油器应根据液压系统的技术要求，按过滤精度、通流能力、工作压力、工作温度等条件选定其类型、尺寸大小及其他工作参数，选用的原则如下。

（1）过滤精度应满足液压系统的要求。滤油器的过滤精度是指滤芯能够滤除的最小杂质颗粒的大小，以直径 d 作为公称尺寸表示，按精度可分为粗滤油器（$d \geqslant 0.1$ mm）、普通滤油器（$d \geqslant 0.01$ mm）、精滤油器（$d \geqslant 0.005$ mm）和特精滤油器（$d \geqslant 0.001$ mm）四个等级。

（2）能在较长时间内保持足够的通流能力。

（3）滤芯具有足够的强度，不因液压的作用而损坏。

（4）滤芯抗腐蚀性好，能在规定的温度下持久工作。

（5）滤芯的清洗、更换和维护要方便。

3．滤油器的安装

滤油器在液压系统中的安装位置通常有以下几种（如图 10-14 所示）。

（1）安装在泵的吸油口处。泵的吸油路上一般都安装有表面型滤油器，目的是滤去较大的杂质微粒以保护液压泵，此外滤油器的过滤能力应为泵流量的两倍以上，如图 10-14 中 1 所示。

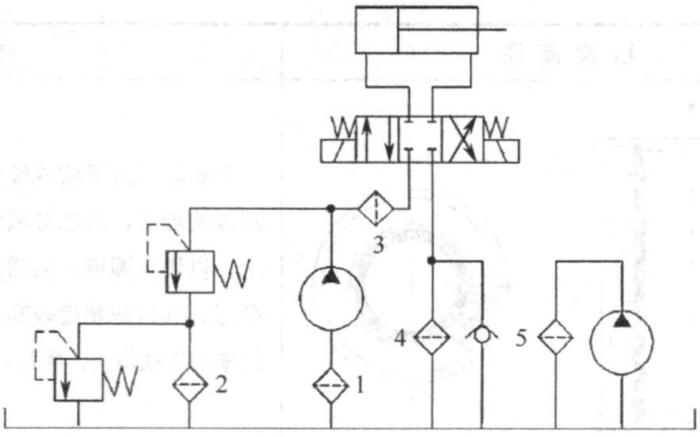

图 10-14　滤油器的安装位置

（2）安装在系统分支油路上。主要是装在溢流阀的回油路上，这时不是所有的油液都经过滤油器，可降低滤油器的容量，如图 10-14 中 2 所示。

（3）安装在泵的出口油路上。此处安装滤油器的目的是用来滤除可能侵入阀类等元件的污染物，同时应安装安全阀以防滤油器堵塞，如图 10-14 中 3 所示。

（4）安装在系统的回油路上。这种安装起间接过滤作用，一般与滤油器并联安装一背压阀，当滤油器堵塞达到一定压力值时，背压阀打开，如图 10-14 中 4 所示。

（5）单独过滤系统：大型液压系统可专设一液压泵和滤油器组成独立过滤回路。

液压系统中除了整个系统所需的滤油器外，还常常在一些重要元件（如伺服阀、精密节流阀等）的前面单独安装一个专用的精滤油器来确保它们正常工作，如图 10-14 中 5 所示。

10.5.2　油箱

1. 油箱的作用和种类

油箱的作用是储存油液，散发系统工作中产生的热量，沉淀油液中的杂质，分离油液中混入的气体。按油面是否与大气相通，油箱可分为开式与闭式两种。开式油箱广泛用于一般的液压系统；闭式油箱则用于水下和高空无稳定气压的场合。

如图 10-15 所示为液压油箱的实物图。

图 10-15　液压油箱实物图

2. 油箱的基本结构

如图 10-16 所示为油箱结构示意图，油箱内部用隔板 7、9 将吸油管 1 与回油管 4 隔开。顶部、侧部和底部分别装有滤油器 2、液位计 6 和排放污油的放油阀 8。安装液压泵及其驱动电动机的安装板 5 则固定在油箱顶面上。

3. 油箱的设计要点

1）油箱的容积

油箱的容积必须保证在设备停止运转时，系统中的油液在自重作用下能全部返回油箱，而油箱的有效容积应根据系统发热、散热平衡的原则来计算，一般为油箱容积的 80%。

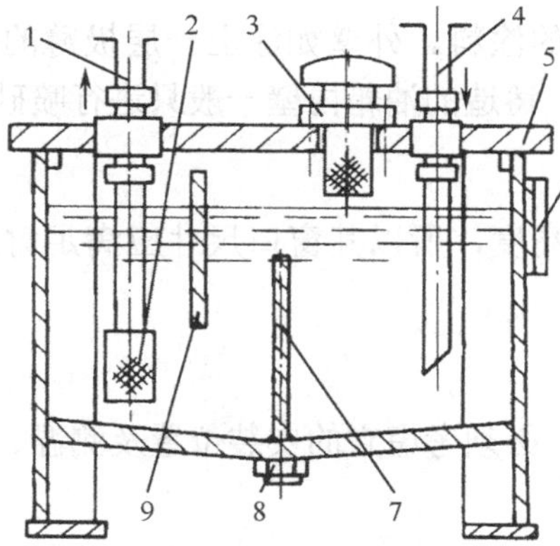

1—吸油管；2—滤油器；3—空气滤清器；4—回油管；5—安装板；6—液位计；7—隔板；8—放油阀；9—隔板

图 10-16　油箱结构示意图

2）吸油管、回油管和泄油管的设置

吸油管和回油管应尽量相距远些，两管之间要用隔板隔开，以增加油液循环距离，使油箱中的油液有足够的时间分离气泡、沉淀杂质、消散热量。隔板高度最好为箱内油面高度的 3/4。

吸油管和回油管的管口都应插于最低液面以下，离油箱底要大于管径的 2～3 倍，以免吸空和飞溅起泡。吸油管端部所安装的粗滤油器，离箱壁要有 3 倍管径的距离，以便四面进油。回油管口应截成 45° 斜角，以增大回流截面，并使斜面对着箱壁，以利散热和沉淀杂质。

泄油管的安装分两种情况，阀类的泄油管安装在油箱的油面以上，以防止产生背压，影响阀的工作；液压泵或液压缸的泄油管安装在油箱的油面以下，以防止空气混入。

3）油箱的密封

为了防止油液污染，油箱上各盖板、管口处都要妥善密封，注油器上要加滤油网，防止油箱出现负压而设置的通气孔上需装空气滤清器，空气滤清器的容量至少应为液压泵额定流量的 2 倍。油箱内回油集中部分及清污口附近宜装设一些磁性块，以去除油液中的铁屑和带磁性颗粒。

4）油箱的安装

按 GB3766—2001 规定，油箱底脚高度应在 150 mm 以上，以便散热、搬移和放油，油箱四周要有吊耳，以便起吊装运。箱底应适当倾斜，在最低部位处设置堵塞或放油阀，以便排放污油。

5）油箱的箱壁厚度

分离式油箱一般用 2.5～4 mm 钢板焊成。箱壁越薄，散热越快。有资料建议 100 L 容量的油箱箱壁厚度取 1.5 mm，400 L 以下的取 3 mm，400 L 以上的取 6 mm，箱底厚度大于箱壁，箱盖厚度应为箱壁的 4 倍。大尺寸油箱要加焊角板、筋条，以增加刚性。当液压泵及其驱动电动机和其他液压件都要装在油箱上时，油箱顶盖要相应地加厚。

6）油箱的防锈

油箱内壁应涂上耐油防锈的涂料。外壁如涂上一层极薄的黑漆（不超过 0.025 mm 厚度）会有很好的辐射冷却效果。铸造的油箱内壁一般只进行喷砂处理，不涂漆。

7）油位指示器的设置

油位指示器用于监测油面高度，所以其窗口尺寸应满足对最高、最低油位的观察，且要装在易于观察的地方。

8）其他设计要点

油箱中如要安装热交换器，必须考虑它的安装位置及测温、控制等措施。

10.5.3 油管及管接头

液压系统中将油管、管接头和法兰等通称为管件，其作用是保证油路的连通，并便于拆卸和安装。

1. 油管

油管的作用是将各液压元器件连接起来。各种油管的分类特点和应用场合见表 10-3。

油管的安装管道应横平竖直、拐弯少，为避免管道皱折，减少压力损失，管道装配的弯曲半径要足够大，管道悬伸较长时要适当设置管夹及支架；管道尽量避免交叉，平行管距要大于 10 mm，以防止干扰和振动，并便于安装管接头。

软管直线安装时要有 30%左右的余量，以适应油温变化、受拉和振动的需要。弯曲半径要大于 9 倍软管外径，弯曲处到管接头的距离至少等于 6 倍外径。

表 10-3 油管的分类特点和应用场合

类型	特点	应用范围
钢管	能承受高压、价廉、耐油、抗腐、刚性好，但装配不易弯曲成型	中、高压系统优先用冷拔无缝钢管，低压系统（$P<1.6$ MPa）用焊接钢管
紫铜管	能承受 6.5～10 MPa 压力，易弯曲成型，但价格高，抗震能力差，易使油液氧化	可在中、低压系统中使用，常用于仪表和装配不便处
尼龙管	能承受 2.5～8 MPa 压力，价廉，半透明材料，可观察流动情况，加热后可任意弯曲成型和扩口，冷却后即定形，但使用寿命较短	只在低压系统中使用
耐油塑料管	耐油、价廉、装配方便，但承受压力低，长期使用会老化	只用于压力低于 0.5 MPa 的回油或泄油管路
橡胶管	分高压管和低压管两种，高压橡胶管（压力达 20～30 MPa）由耐油橡胶和钢丝编织层制成，价格高；低压橡胶管由耐油橡胶和帆布制成	高压橡胶管多用于高压管路，低压橡胶管用于回油管路

2. 管接头

管接头用于油管和油管、油管和液压元件之间的可拆卸连接。对管接头的主要要求是装拆方便、连接牢固、密封可靠、外形尺寸小、通流能力强、压力损失小、工艺性好等。

管接头的类型很多，按接头的通路方向可分为直通、弯头、三通、四通、铰接等形式；按其与油管的连接方式可分为管端扩口式、卡套式、焊接式、扣压式等。油管接头与机体的连接常用圆锥螺纹和普通细牙螺纹。各种管接头的类型、特点和使用范围见表 10-4。

表 10-4 各种管接头的类型、特点和使用范围

类　型	结 构 图	特点和使用范围
扩口式管接头	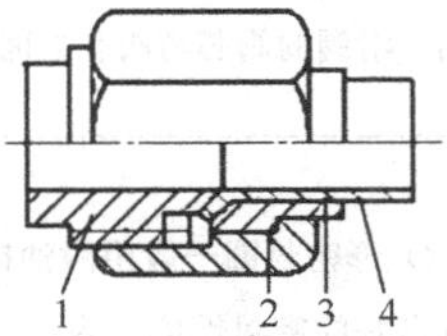 1—接头体；2—螺母；3—管套；4—油管	① 利用管子端部扩口进行密封，不需其他密封件，结构简单 ② 适用于薄壁管件和压力较低的场合
卡套式管接头	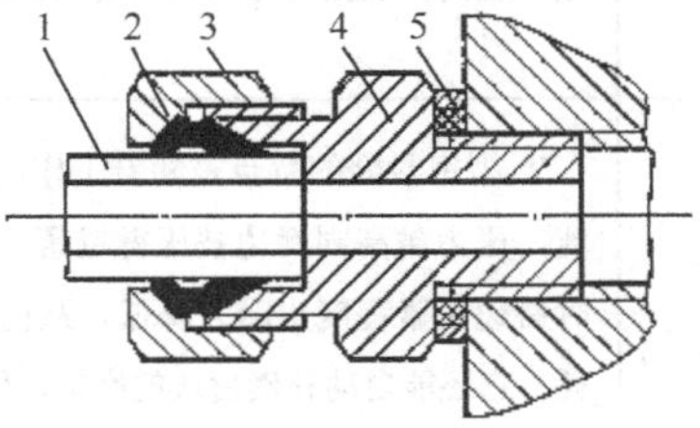 1—油管；2—卡套；3—螺母；4—接头体；5—组合垫圈	① 利用卡套的变形卡住管子并进行密封，轴向尺寸控制不严格，易于安装 ② 工作压力可达 31.5MPa，但对管子外径要求高
扣压式管接头	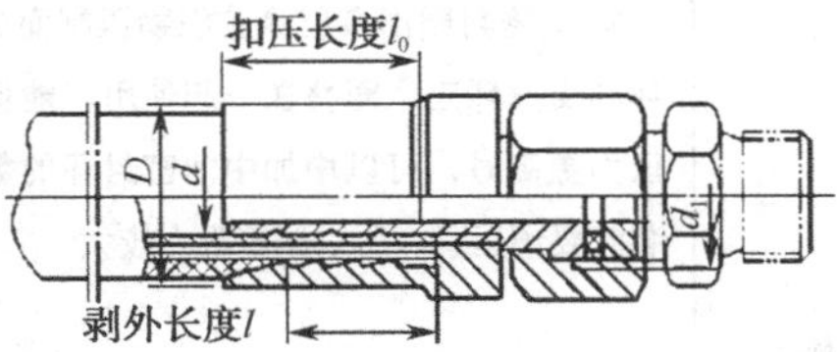	① 安装方便，但增加了一道收紧工序 ② 在中、低压系统中应用
快换管接头	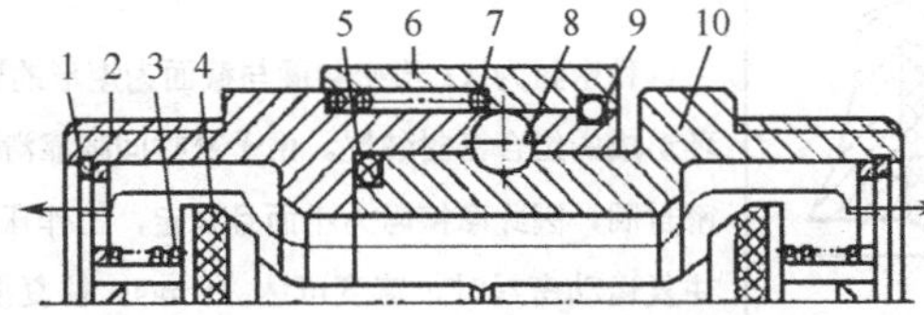 1—挡圈；2、10—接头体；3、7—弹簧；4—单向阀阀芯；5—O 型圈；6—外套；8—钢球；9—弹簧圈	管子拆开后可自行密封，管道内的油液不会流失，因此适用于经常拆卸的场合，结构比较复杂，局部阻力损失较大

10.5.4 密封装置

密封装置的作用是防止液压元件和液压系统中液压油的内泄漏和外泄漏，保证液压系统能建立必要的工作压力，还可以防止外泄漏油液污染环境。

1. 密封装置的类型和特点

常用密封装置的类型和特点见表 10-5。

表 10-5　常用密封装置的类型和特点

类　型	结 构 图	特　点
间隙密封	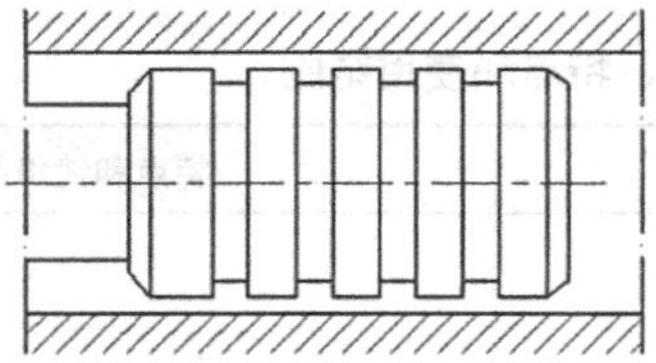	间隙密封是靠相对运动件配合面之间的微小间隙来进行密封的。优点是摩擦力小；缺点是磨损后不能自动补偿。主要用于直径较小的圆柱面之间，如液压泵内的柱塞与缸体之间、滑阀的阀芯与阀孔之间的配合
O 型密封圈密封	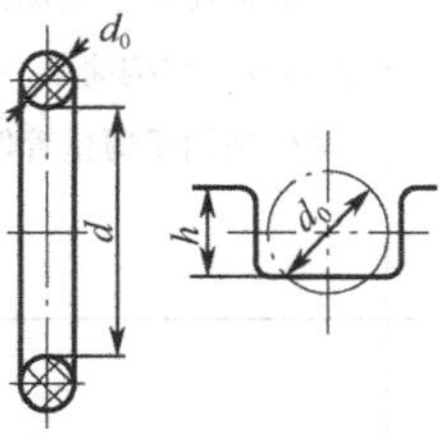	O 形密封圈一般用耐油橡胶制成，其横截面呈圆形，它具有良好的密封性能，内、外侧和端面都能起密封作用，结构紧凑，运动件的摩擦阻力小，制造容易，装拆方便，成本低，且高、低压均可以用，所以在液压系统中得到广泛应用
Y 型密封圈密封	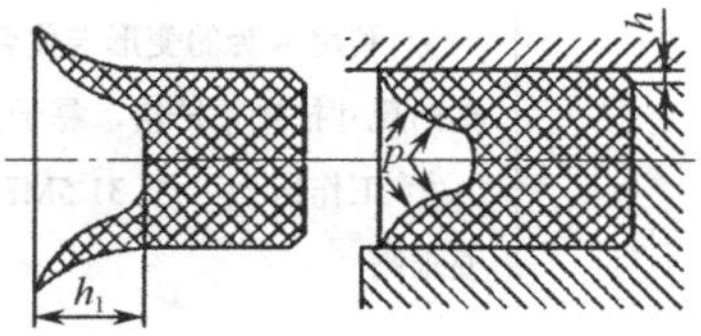	Y 型密封圈的特点是随着工作压力的变化自动调整密封性能，压力越高则唇边被压得越紧，密封性越好；当压力降低时唇边压紧程度也随之降低，从而减小了摩擦阻力和功率消耗。它还能自动补偿唇边的磨损，保持密封性能不降低
V 型密封圈密封	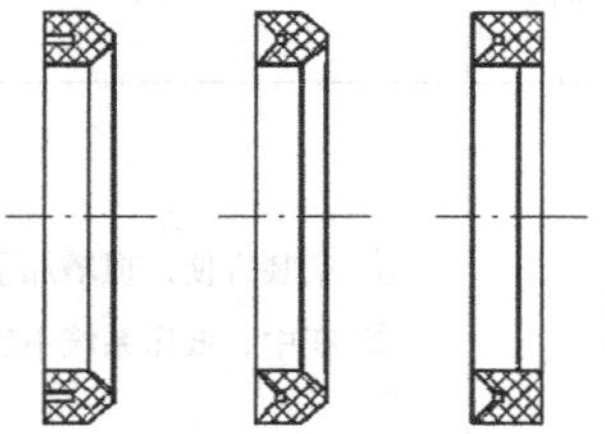 （a）压环　（b）密封环　（c）支撑环	V 型密封圈由多层涂胶织物压制而成，通常由压环、密封环和支撑环三个圈叠在一起使用，能保证良好的密封性，当压力更高时，可以增加中间密封环的数量，这种密封圈在安装时要预压紧，所以摩擦阻力较大
滑环式组合密封圈	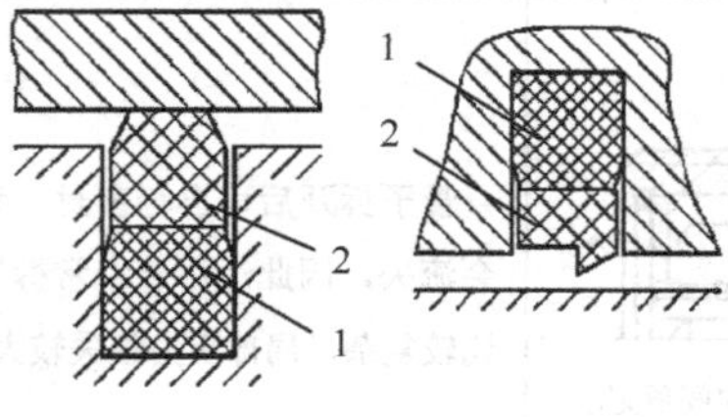 1—O 型密封环；2—滑环	这种密封为 O 形密封圈与截面为矩形的聚四氟乙烯塑料滑环组成的组合密封装置。由于密封间隙靠滑环，而不是 O 形密封圈，因此摩擦阻力小而且稳定，工作压力可达 80 MPa，往复运动密封时，速度可达 15 m/s；往复摆动与螺旋运动密封时，速度可达 5 m/s

2．对密封装置的要求

（1）在工作压力和一定的温度范围内，应具有良好的密封性能，并随着压力的增加能自动提高密封性能。

（2）密封装置和运动件之间的摩擦力要小，摩擦系数要稳定。

（3）抗腐蚀能力强，不易老化，工作寿命长，耐磨性好，磨损后在一定程度上能自动补偿。

（4）结构简单，使用、维护方便，价格低廉。

思考与练习题

1．蓄能器有哪些作用？有哪些类型？

2．常用的蓄能器回路有哪些？

3．滤油器分为哪些种类？说明滤油器的几种安装位置。

4．选用滤油器时应考虑哪些问题？

5．油箱在液压系统中起什么作用？在其结构设计中应注意哪些问题？

6．油管有哪些类型？

7．密封装置的作用是什么？有哪些类型？

阶段测试 2

理论部分（共 60 分）

一、判断题（每小题 1 分，共 10 分）

1．减压阀在不工作时阀口常闭。（　　）

2．顺序阀的出油口直接通往油箱。（　　）

3．传感器是能感受规定的被测量并按照一定的规律转换成可用信号的器件或装置，通常由检测元件和转换元件组成。（　　）

4．根据负载的大小利用减压阀来调节系统工作压力的回路叫调压回路。（　　）

5．卸荷回路使液压泵输出的油液在很低的压力下流回油箱，可降低功率损耗，降低系统发热，延长泵和电动机的寿命。（　　）

6．安装于液压泵吸油口的滤油器常用烧结式滤油器。（　　）

7．通过节流阀的油液流量受到节流口通流面积影响，流量稳定性较好。（　　）

8．容积调速回路没有节流损失和溢流损失，因而效率较高，油液温升小。（　　）

9．断电延时时间继电器的线圈得电，其常开触点延时闭合。（　　）

10．油管的安装管道应横平竖直，拐弯少，装配的弯曲半径要足够大。（　　）

二、填空题（每空 2 分，共 30 分）

1．背压回路的作用是提高执行元件的________或减少工作部件运动时的________。

2．平衡回路的作用是防止________的液压缸和与之相连的工作部件________。

3．电感式接近开关的检测对象必须是________，而电容式接近开关的检测对象是________。

4．时间继电器一般有________、________两种类型。

5．蓄能器按其储存能量的方式分为________、________和________三种。

6．油箱的作用是________、________、________、________。

三、选择题（每小题 2 分，共 10 分）

1．如图 10-17 所示，各溢流阀的调整压力为 $p_1>p_2>p_3>p_4$，那么回路能实现________调压。

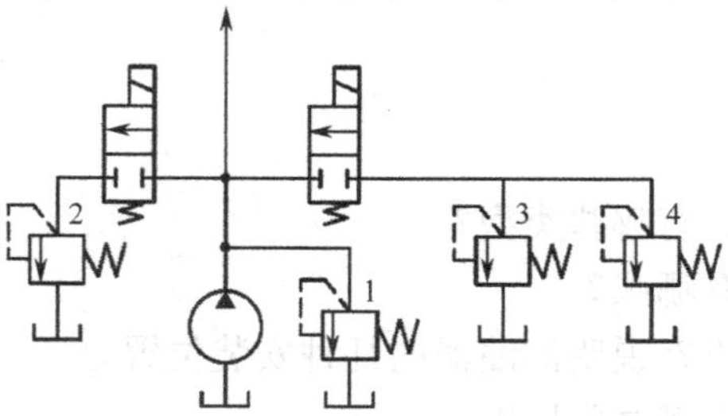

图 10-17　选择题 1 图

A．一级　　B．二级　　C．三级　　D．四级

2．保压回路可采用________来稳定地维持压力。

A．液控单向阀　B．蓄能器　　C．辅助泵　　D．A、B、C 皆可

3．节流阀旁路节流调速回路中，液压缸的速度________。

A．随负载增加而增加　　B．不受负载的影响

C．随负载减小而减小　　D．以上都不对

4．为保证当负载变化时节流阀的前、后压力差不变，即通过节流阀的流量基本不变，往往将节流阀与________串联组成调速阀。

A．减压阀　　B．定差减压阀　　C．溢流阀　　D．差压式溢流阀

5．尼龙管目前大多在________管道中使用。

A．低压　　B．中压　　C．高压　　D．超高压

四、分析题（每小题 5 分，共 10 分）

1．液压缸无杆腔面积 $A=50\ \text{cm}^2$，负载 $F=10\ 000\ \text{N}$，各阀的调定压力如图 10-18 所示，试确定活塞运动时和活塞运动到终点停止时 A、B 两处的压力。

2．如图 10-19 所示的液压回路可以实现“快进—工进—快退”动作，如果设置压力继电器的目的是为了控制液压缸活塞的换向，分析并描述回路的工作过程。

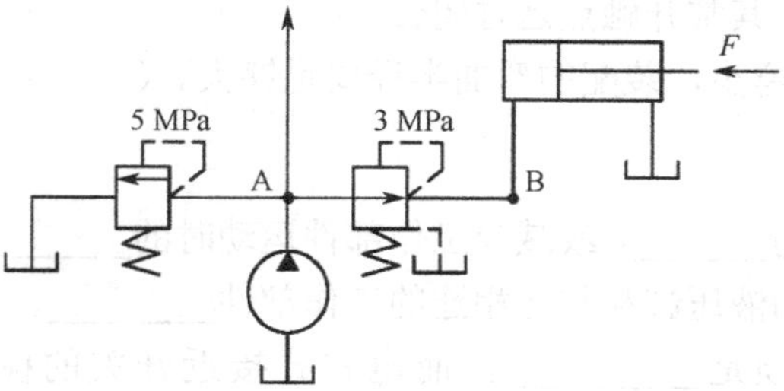

图 10-18　分析题 1 图

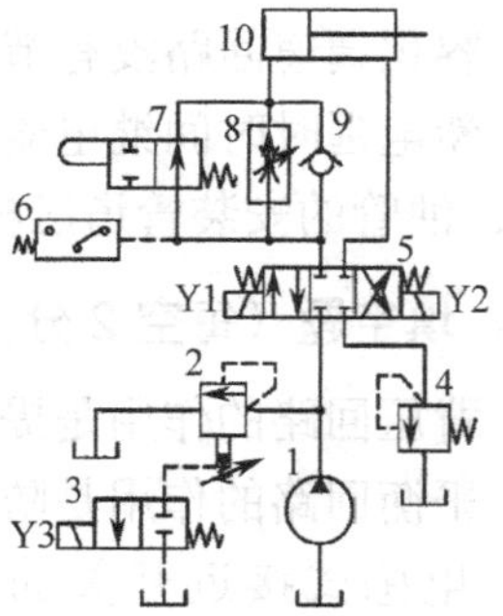

图 10-19　分析题 2 图

技能部分（共 40 分）

项目说明：

采用一个三位四通双控电磁阀和一个二位四通单控电磁阀实现液压缸的“快进—工进—快退”动作。当按下按钮时，液压缸快进；当活塞杆头部到达指定位置时，液压缸由

快进转为工进；当活塞杆头部伸出到终点位置时，延时 2 s，液压缸快速返回，返回到位后再次自动伸出，往复循环，直至按下停止按钮，液压缸结束一个循环后停止动作。

考核要求：

1．画出液压回路图及电气回路图；（20 分）

2．说明液压回路中各液压元件的作用；（10 分）

3．在实验台上完成回路并实现动作要求。（10 分）

项目11 液压回路的电液比例控制

电液比例控制可用于有效地控制速度和加速度，使机器按控制器所设置的运动方式来实现运动控制，如机加工的重型零部件实现无冲击的加速或减速、压机加工过程中各个行程的最优速度控制等。如果采用常用液压阀的开关式控制，则难以达到这些要求。

11.1 项目目标

（1）清楚电液比例控制系统的组成和特点；

（2）掌握比例阀的种类和结构原理；

（3）理解比例方向阀电器模块上各端口的作用，熟悉比例方向阀和电器模块的安装接线；

（4）明白任务回路中各元件的作用，能正确选取所需元件，熟练安装运行任务回路；

（5）了解插装阀、叠加阀、电液伺服阀的原理、特点和应用。

11.2 实训设备和元器件

项目所需实训设备和元器件见表 11-1。

表 11-1 实训设备和元器件明细表

名　称	数　量	名　称	数　量	名　称	数　量
液压实验台（含液压泵）	1	双作用液压缸	1	内置放大器接线板	1
计算机（安装教学软件）	1	电感式接近开关	3	指令值/实际值显示仪	1
压力表	3	电器模块（分流器）	1	油管	若干
三位四通比例方向阀	1	电器模块（按钮开关）	1	导线	若干
溢流阀	2	电器模块（继电器）	2	2 mm 螺钉旋具	1
单向阀	1	比例阀指令值设定模块	1		

11.3 基础知识

电液比例控制是介于普通液压阀的开关式控制和电液伺服控制之间的控制方式。它能实现对液流压力和流量连续、按比例地跟随控制信号而变化。与普通液压阀的手动控制相比，电液比例控制能够提高液压系统参数的控制水平；与电液伺服控制相比，电液比例控制在控制精度和响应速度等方面稍差一些，但结构简单，成本低，抗污染能力强。

11.3.1 电液比例控制系统

如图 11-1 所示，电液比例控制系统由指令元件、比较元件、比例放大器、比例阀、液压执行元件及检测反馈元件等组成。其中，指令元件产生和输入给定控制信号；比较元件将给定信号和反馈信号进行比较，得出偏差信号作为比例放大器的输入；比例放大器对输入信号进行加工、整形和功率放大，使其达到电-机械转换器的控制要求；比例阀内部分为电-机械转换器和液压放大组件，将输入的电信号按比例转换成力或位移；检测反馈元件用于闭环控制，它检测被控量或中间变量的实际值，得出系统的反馈信号。

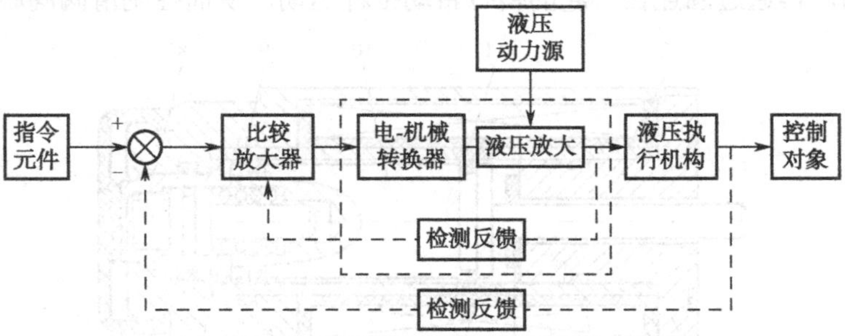

图 11-1 电液比例控制系统

电液比例控制系统的主要优点体现在以下几个方面。

（1）可明显地简化液压系统，减少液压元件的使用，实现复杂程序的控制。

（2）利用电信号便于远距离传输，实现自控、程控、遥控。

（3）工作平稳，利用反馈可以提高控制精度或实现特定的控制目标。

（4）能按输入电信号的正、负和数值大小同时实现液流的流量、压力的比例控制，从而对执行器件实现方向、速度和力的连续控制，并易实现无级调速。

（5）结构简单，元件少，维护和保养方便。

（6）便于机电一体化的实现。

11.3.2 电液比例控制阀

电液比例控制阀简称比例阀，它是一种将输入的电信号按比例转换成力或位移，从而对压力、流量等参数进行连续控制的液压阀。

比例阀（如图 11-2 所示）由直流比例电磁铁与液压阀两部分组成，其液压阀部分与一般液压阀差别不大，而直流比例电磁铁和一般电磁阀所用的电磁铁不同，采用比例电磁铁可得到与给定电流成比例的位移输出和吸力输出。比例阀按其控制的参量可分为比例压力阀、比例流量阀和比例方向阀三大类。

（a）比例压力阀　　（b）比例流量阀　　（c）比例方向阀

图 11-2　电液比例控制阀实物图

1. 比例电磁铁

比例电磁铁作为电液比例控制元件的电-机械转换器，其功能是将比例控制放大器输出的电信号转换成与之成比例的力或位移。

比例电磁铁的结构如图 11-3 所示，它由线圈、弹簧、衔铁、推杆、壳体等组成。当有信号输入线圈时，线圈内磁场对衔铁产生作用力，衔铁在磁场中按信号电流的大小和方向成比例、连续地运动，再通过固连在一起的销钉带动推杆运动，从而控制滑阀阀芯的运动。

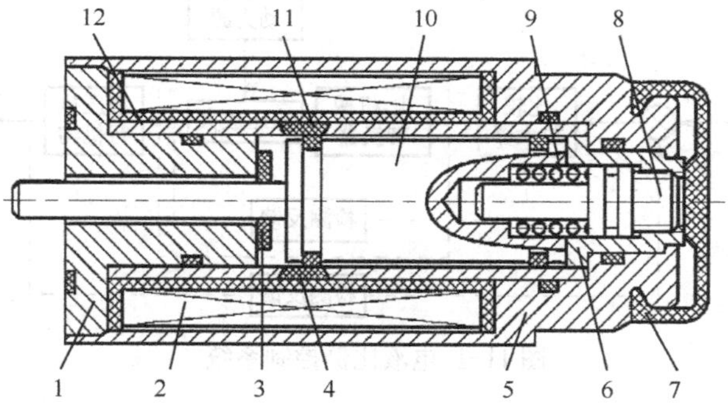

1—轭铁；2—线圈；3—限位环；4—隔磁环；5—壳体；6—内盖；7—盖；8—调节螺钉；9—弹簧；10—衔铁；11—支撑环；12—导向套

图 11-3　比例电磁铁

2．电液比例方向阀

如图 11-4 所示为带位移传感器的直动式比例方向阀的结构示意图和图形符号。由于使用比例电磁铁取代普通电磁换向阀中的普通电磁铁，比例方向阀的阀芯不仅可以换位，而且换位的行程可以连续或按比例地变化，因而连通油口间的通流面积也可以连续或按比例地变化，所以比例方向阀不仅能控制执行元件的运动方向，而且能控制其运动速度。

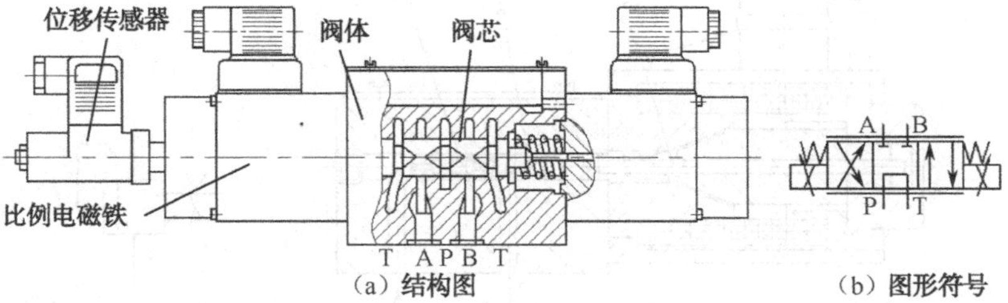

（a）结构图　（b）图形符号

图 11-4　直动式比例方向阀

比例电磁铁前端装有位移传感器（或称差动变压器），能准确测定电磁铁的行程，并向放大器发出电反馈信号。放大器将输入信号和反馈信号加以比较后再向电磁铁发出纠正信号以补偿误差，因此阀芯位置的控制更加精确。

3．电液比例流量阀

如图 11-5（a）所示为电液比例调速阀的结构示意图。与普通调速阀相比，其主要区别是用直流比例电磁铁取代了手柄对节流阀的控制。比例电磁铁的输出力作用于节流阀阀芯上，与弹簧力、液动力、摩擦力相平衡，通过改变输入电流的大小即可改变节流阀的节流开度，从而改变通过调速阀的流量。若输入的电流是连续的或按一定程序变化的，则比例调速阀所控制的流量也按比例或按一定程序变化。如图 11-5（b）所示为电液比例调速阀的图形符号。

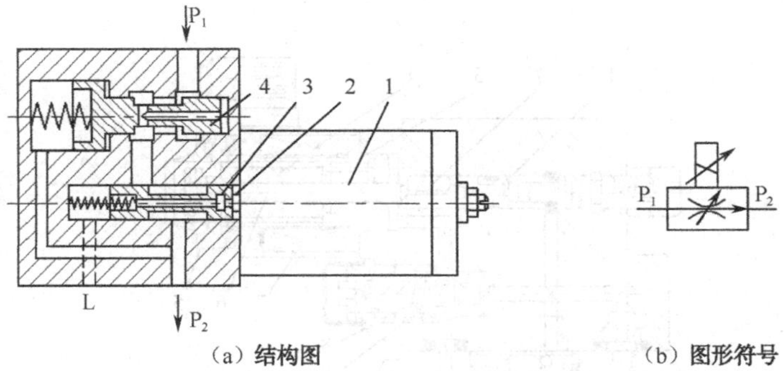

（a）结构图　（b）图形符号

1—比例电磁铁；2—推杆；3—节流阀阀芯；4—定差减压阀

图 11-5　电液比例调速阀

4．电液比例压力阀

1）直动式比例溢流阀

如图 11-6（a）所示是直动式比例溢流阀的结构示意图。当插头 1 通入电流时，电磁铁产生相应的电磁力，经衔铁推杆 2 和传力弹簧 3 作用在锥阀芯 4 上，当锥阀芯右端的液压力大于电磁力时，锥阀芯被顶开溢流。连续地改变输入电流的大小即可连续、按比例地控制锥阀的开启压力，从而调节溢流阀压力的大小。如图 11-6（b）所示为直动式比例溢流阀的图形符号。

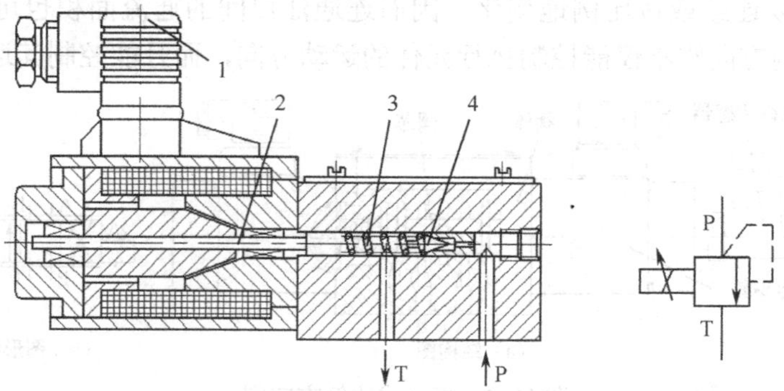

（a）结构图　　（b）图形符号

1—插头；2—衔铁推杆；3—传力弹簧；4—锥阀芯

图 11-6　直动式比例溢流阀

2）先导式比例溢流阀

如图 11-7（a）所示为先导式比例溢流阀的结构示意图。该阀下部与普通溢流阀的主阀相同，上部则为比例先导压力阀。该阀还附有一个手动调整的安全阀（先导阀）9，用于限制比例溢流阀的最高压力，避免因电子仪器发生故障而使得控制电流过大，压力超过系统允许最大压力的可能性。随着输入电信号强度的变化，比例电磁铁的电磁力将随之变化，从而改变了推杆 6 对先导锥阀 2 的推力，使锥阀的开启压力随输入信号的变化而变化。若输入信号电流是连续、按比例地或按一定程序变化的，则比例溢流阀所调节的系统压力也连续、按比例地或按一定程序进行变化。如图 11-7（b）所示为先导式比例溢流阀的图形符号。

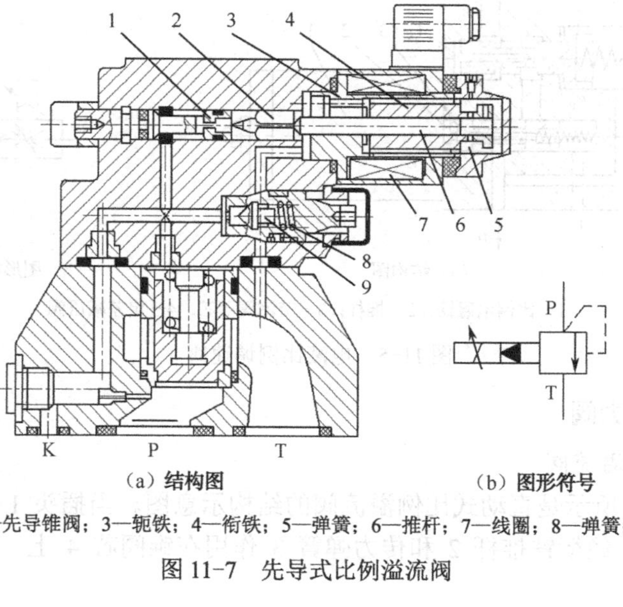

（a）结构图　　（b）图形符号

1—阀座；2—先导锥阀；3—轭铁；4—衔铁；5—弹簧；6—推杆；7—线圈；8—弹簧；9—先导阀

图 11-7　先导式比例溢流阀

11.4　实训操作

任务　液压提升装置系统回路设计

1．任务说明

如图 11-8 所示液压提升装置用于汽车车体和金属钣金备件的传送装配，通过接近开关设置装置的加、减速区域，在中间减速段运动速度不得大于 0.15 m/s，否则钣金件就会定位不准，而升/降运输阶段必须快速行进以达到省时的目的。

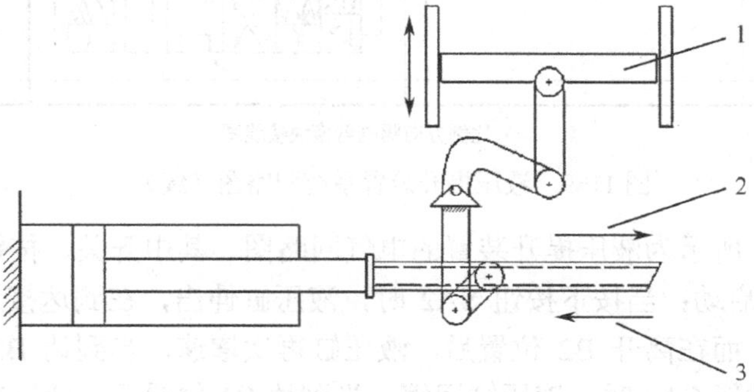

1—升降台；2—提升；3—下降

图 11-8　液压提升装置示意图

2．回路分析

如图 11-9（a）所示为液压提升装置的液压回路图。回路中 2 个溢流阀分别起到系统定压和模拟负载的作用，三位四通比例方向阀控制液压缸按要求动作，而液压缸的行程由接近开关 B1、B2、B3 分别设置起点加速、中间减速和末端制动位置。

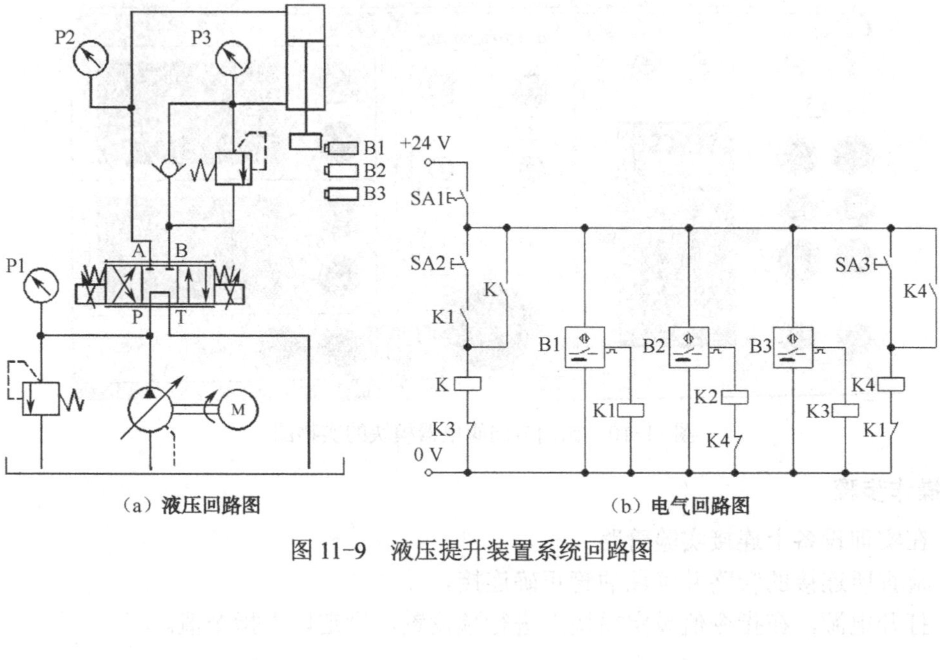

（a）液压回路图　　（b）电气回路图

图 11-9　液压提升装置系统回路图

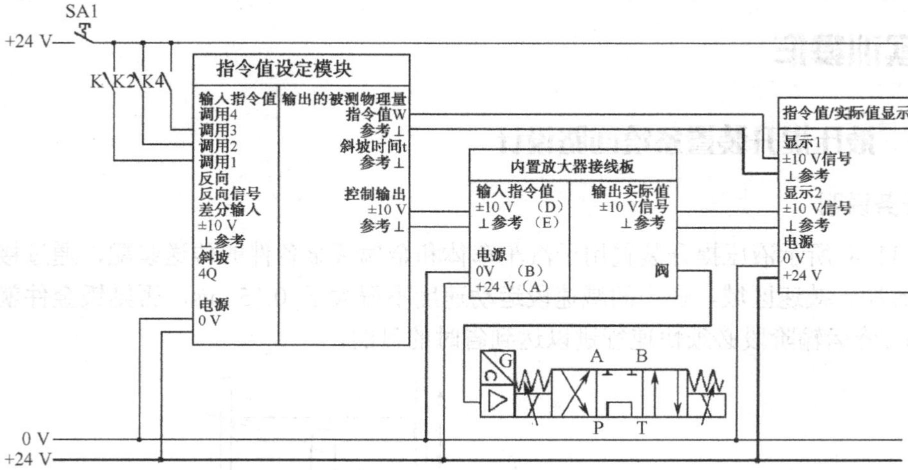

（c）比例方向阀电器模块接线图

图 11-9　液压提升装置系统回路图（续）

如图 11-9（b）所示为液压提升装置的电气回路图。其中开关、按钮、继电器的控制电压可通过按钮 SA1 启动；当按下按钮 SA2 时，液压缸伸出，在到达接近开关 B2 位置后液压缸变为慢速行进，而在离开 B2 位置后，液压缸再次增速，当到达 B3 位置后，液压缸减速直至停止；按下按钮 SA3 时，液压缸回缩，当到达 B1 位置后，液压缸减速直至停止。

如图 11-9（c）为比例方向阀电器模块接线图。液压缸快速伸出、减速和回缩时的速度通过指令值设定模块的调用 1、调用 2、调用 3 设置电压值来控制（当启动了调用 1 和调用 2 两个指令值时，调用 2 的优先级更高），而液压缸动作的加速度和减速度由斜坡信号 t1、t2、t3 调节；指令值设定模块预设的指令值通过接线板输入比例方向阀的内置放大器中，而比例阀的指令值和实际电压值则采用指令值/实际值显示仪显示出来。如图 11-10 所示为比例方向阀电器模块的实物图。

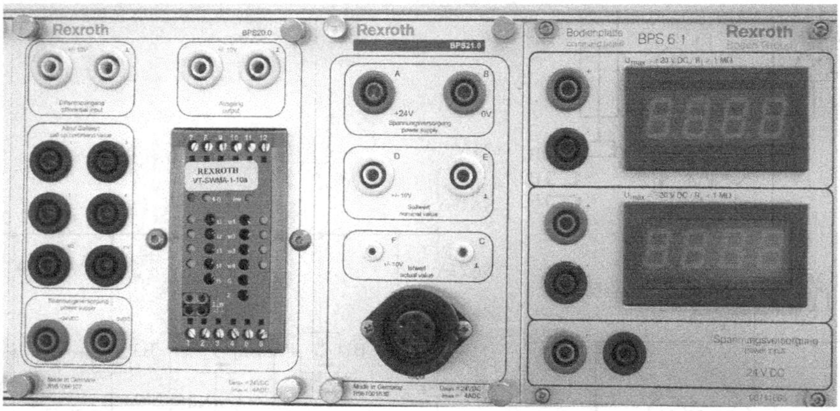

图 11-10　比例方向阀电器模块的实物图

3. 操作步骤

（1）在实训设备上连接实验管路。

（2）检查所连接的管路并确保油管正确连接。

（3）打开电源，在指令值设定模块上进行预设置，设定以下指令值。

指令值调用 W1 为 5 V，W2 为 1.5 V，W3 为−5 V，斜坡信号 t1～t3 为 0.5 V。

（4）开启液压动力站，观察运行情况，对使用中遇到的问题进行分析和解决；

（5）关闭液压动力站，拆卸元件和油管，并整理归位；

（6）完成实训报告（见附录）。

11.5　拓展知识

11.5.1　插装阀

插装阀又称逻辑阀，在高压大流量的液压系统中应用很广，它的主要特点是通流能力强，密封性能好，动作灵敏，结构简单。

如图 11-11 所示为插装阀的结构示意图和图形符号。A 和 B 为主油路的两个工作油口，C 为控制油口。当 C 口接回油箱时，如果阀芯 4 受到向上的液压力大于弹簧力，阀芯开启，A 与 B 相通，此时若 A 处压力大于 B 处压力，则油液从 A 口流向 B 口；反之油液从 B 口流向 A 口。当 C 口有压力油作用，且 C 口压力大于 A 口和 B 口的压力时，A 口和 B 口关闭。由于该阀的插装单元在回路中主要起通断作用，故又称为二通插装阀。

插装阀通过不同的盖板和各种先导阀组合便可组成方向控制阀、压力控制阀和流量控制阀。

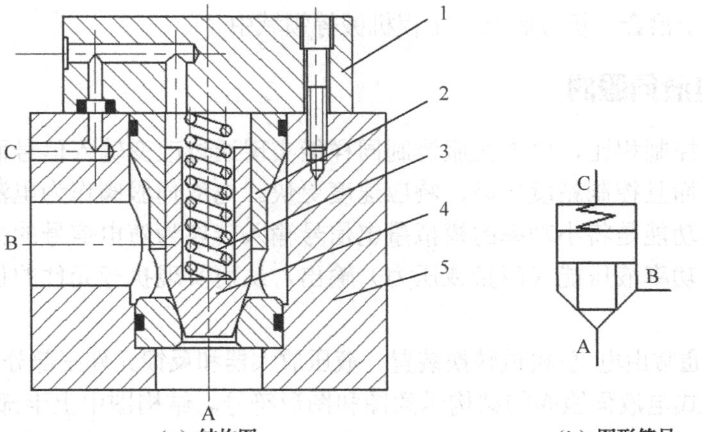

（a）结构图　　（b）图形符号

1—控制盖板；2—阀套；3—弹簧；4—阀芯；5—阀体

图 11-11　插装阀

11.5.2　叠加阀

叠加式液压阀简称叠加阀，是在板式液压阀集成化基础上发展起来的。其阀体本身既是元件又是具有油路通道的连接体，阀体的上、下两面做成连接面。选择同一通径系列的叠加阀，叠合在一起用螺栓紧固，即可组成所需的液压传动系统。如图 11-12 所示为叠加阀的实物图。

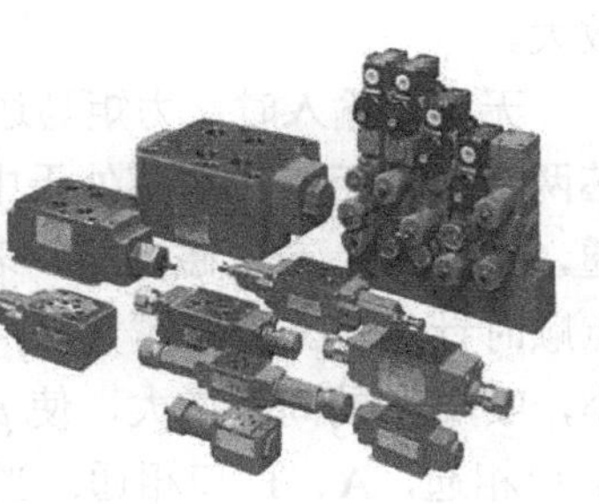

图 11-12　叠加阀的实物图

按功能的不同，叠加阀可分为压力控制阀、流量控制阀和方向控制阀三类，其中方向控制阀仅有单向阀类，而换向阀采用标准的板式换向阀，不属于叠加阀。

由叠加阀组成的液压装置及其液压回路如图 11-13 所示。叠加阀液压装置一般最下面为底板 3，其上有进油口、回油口及通向液压执行元件的孔口，底板上依次叠加减压阀、双向节流阀和双液控单向阀，最上层为换向阀 1。一个叠加阀组控制一个执行元件。

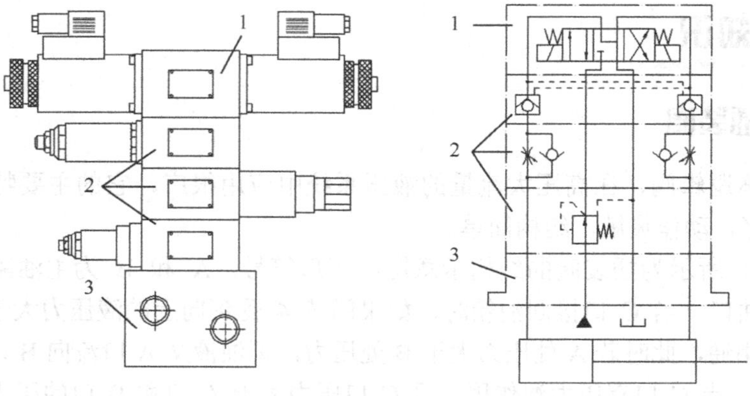

1—板式电磁换向阀；2—叠加阀；3—底板

图 11-13　叠加阀式液压装置及其液压回路

由叠加阀构成的系统结构紧凑，系统设计制造周期短，外观整齐，便于改造和升级，目前被广泛应用于冶金、机械制造、工程机械等领域中。

11.5.3　电液伺服阀

与电液比例控制相比，电液伺服控制同样能实现通过改变输入信号而连续成比例地控制流量或压力，而且控制精度更高，响应速度更快。电液伺服阀作为电液伺服控制系统中的关键元件，其功能是将小功率的模拟量电信号输入转换为随电信号的大小和极性变化，且快速响应的大功率液压能（流量或压力）输出，从而实现执行元件的位移、速度、加速度和力的控制。

电液伺服阀通常由电气-机械转换装置、液压放大器和反馈元件三部分组成。如图 11-14 所示为喷嘴挡板式电液伺服阀的结构示意图和图形符号。结构图中上半部分为电气-机械转换装置，将输入的电信号转换为转角的输出，称为力矩马达。下半部分为前置放大级（喷嘴挡板）和功率放大级（滑阀）：前置放大级由喷嘴 7、8，挡板 9，固定节流孔 11、12 组成，主要作用是将力矩马达产生的力矩放大；而功率放大级由挡板下部的反馈弹簧杆 10 和滑阀 13 组成，其主要作用是将前置放大级输入的滑阀位移进一步放大，实现功率的转换和放大。

无电流输入时，力矩马达无输出，与衔铁 5 固定在一起的挡板 9 处于中位，滑阀 13 阀芯两端压力相等，阀芯处于中位，油液不能进入 A、B 口；有电流输入时，线圈中产生磁通，使衔铁上产生磁力矩，若磁力矩为顺时针方向，则衔铁连同挡板一起绕弹簧管中的支点顺时针偏转。电流越大，产生的磁力矩越大，偏转的角度越大。此时，喷嘴 8 的间隙减小，喷嘴 7 的间隙增大，使 p_1 增大，p_2 减小，滑阀阀芯在两端压力差作用下向右运动，P、B 口相通，A、T 口相通。当两端压力差通过反馈弹簧杆作用在挡板上的力矩、喷嘴液流压力作用在挡板上的力矩，以及弹簧管的反力矩之和与力矩马达产生的磁力矩相等时，滑阀阀芯受力平衡，稳定在一定的开口下工作。

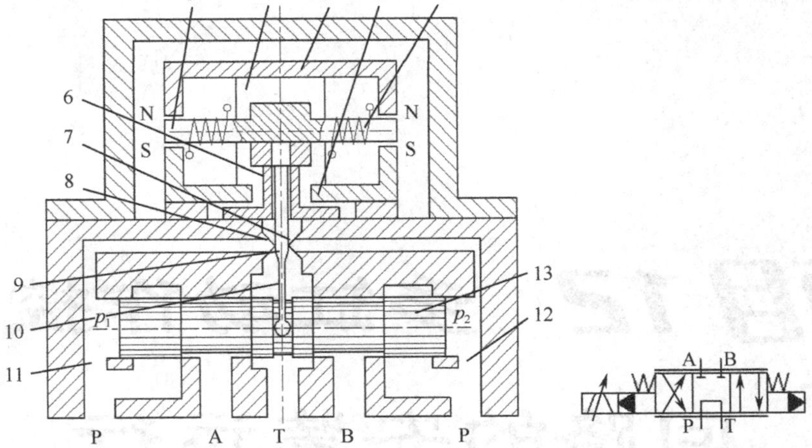

（a）结构图　　（b）图形符号

1—线圈；2、3—导磁体；4—永久磁铁；5—衔铁；6—弹簧管；

7、8—喷嘴；9—挡板；10—反馈弹簧杆；11、12—固定节流孔；13—滑阀

图 11-14　喷嘴挡板式电液伺服阀

思考与练习题

1. 电液比例控制有什么优点？与普通的开关式控制和电液伺服控制有什么区别？
2. 简述电液比例阀的组成和分类，其中电液比例方向阀具有什么特点？
3. 比例方向阀电器模块有哪几个？各模块的作用是什么？
4. 插装阀具有什么特点？它应用于什么场合？
5. 电液伺服阀的组成和特点是什么？

项目12 多缸动作控制回路的安装运行

液压系统中，一个油源往往要驱动两个或两个以上的执行元件工作。系统工作时，要求各执行元件严格按照预定的要求进行动作，或顺序动作，或同步动作，或防止互相干扰等，这就需要使用一些相应的回路才能实现。

12.1 项目目标

（1）掌握多缸顺序动作回路的结构组成和原理功能；

（2）熟悉回路中各个元件的作用，理解多缸动作的实现方式；

（3）明白任务回路中各元件的作用，能正确选取所需元件，熟练安装运行任务回路；

（4）了解同步回路和互不干扰回路的原理和特点；

（5）具备良好的综合应用能力。

12.2　实训设备和元器件

项目所需实训设备和元器件见表 12-1。

表 12-1　实训设备和元器件明细表

名　称	数　量	名　称	数　量	名　称	数　量
液压实验台（含液压泵）	1	溢流阀	1	双作用液压缸	2
计算机（安装教学软件）	1	单向阀	1	电器模块（分流器）	1
压力表	2	单向顺序阀	1	电器模块（按钮开关）	1
二位四通单电控电磁阀	2	减压阀	1	电器模块（继电器）	3
蓄能器	1	可调单向节流阀	1	油管	若干
行程开关	5	液控单向阀	1	导线	若干

12.3　基础知识

在多缸工作的液压系统中，往往要求各执行元件严格按照预先给定的顺序动作，如自动车床中刀架的纵/横向运动、夹紧机构的定位和夹紧等。

12.3.1　行程控制的顺序动作回路

行程控制的顺序动作回路是利用工作部件到达一定位置时发出信号来控制液压缸的先、后动作顺序，它可以利用行程开关、行程阀、传感器或顺序缸来实现。

1．行程开关控制的顺序回路

如图 12-1（a）所示为由行程开关控制的顺序动作回路。当按下启动按钮时，电磁铁 Y1 得电，液压缸 1 活塞伸出，完成动作①；当挡铁触动行程开关 SQ2，使电磁铁 Y2 得电，液压缸 2 活塞伸出，完成动作②；液压缸 2 活塞伸出至行程终点，触动 SQ3，使 Y1 失电，液压缸 1 活塞返回实现动作③；而后触动 SQ1，使 Y2 失电，液压缸 2 活塞返回实现动作④。至此顺序动作全部完成。采用电气行程开关控制的顺序回路，调整行程大小和改变动作顺序比较方便，且可利用电气互锁使动作顺序可靠。

2．行程阀控制的顺序回路

如图 12-1（b）所示为由行程阀控制的顺序动作回路。当按下启动按钮时，电磁铁 Y1 得电，液压缸 1 活塞伸出，完成动作①；活塞伸出至终点，活塞杆上的撞块压下行程阀，液压缸 2 的活塞伸出，完成动作②；当换向阀换向（图示位置）时，液压缸 1 的活塞返回，完成动作③；当活塞退至使撞块松开行程阀后，液压缸 2 的活塞返回，完成动作④，到此完成一个工作循环。这种回路工作可靠，但改变动作顺序比较困难。

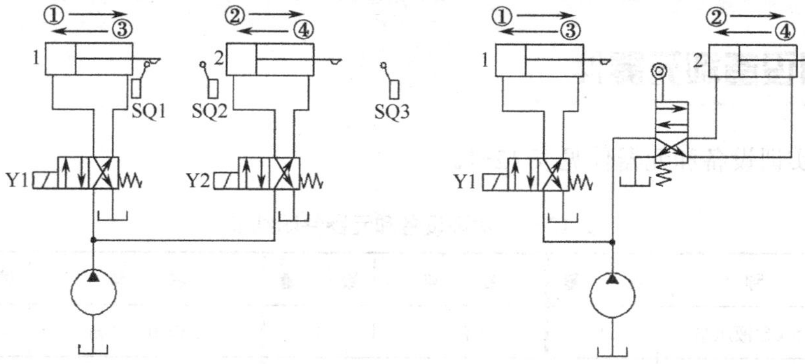

（a）行程开关控制的顺序回路　　（b）行程阀控制的顺序回路

图 12-1　行程控制的顺序动作回路

12.3.2　压力控制的顺序动作回路

压力控制就是利用油路本身的压力变化来控制液压缸的先、后动作顺序，它主要利用压力继电器和顺序阀来控制顺序动作。

1．压力继电器控制的顺序回路

如图 12-2（a）所示为用压力继电器控制电磁换向阀来实现顺序动作的回路。按下启动按钮，电磁铁 Y1 得电，液压缸 1 活塞伸出，完成动作①；活塞伸出至终点，回路压力升高，压力继电器 B1 动作，使电磁铁 Y3 得电，液压缸 2 活塞伸出，完成动作②；按下返回按钮，Y1、Y3 同时失电，且 Y4 得电，使液压缸 1 锁定在右端点位置，液压缸 2 活塞返回，实现动作③；当液压缸 2 活塞返回到原位后，回路压力升高，压力继电器 B2 动作，使 Y2 得电，液压缸 1 活塞返回，完成动作④，至此一个循环的顺序动作结束。

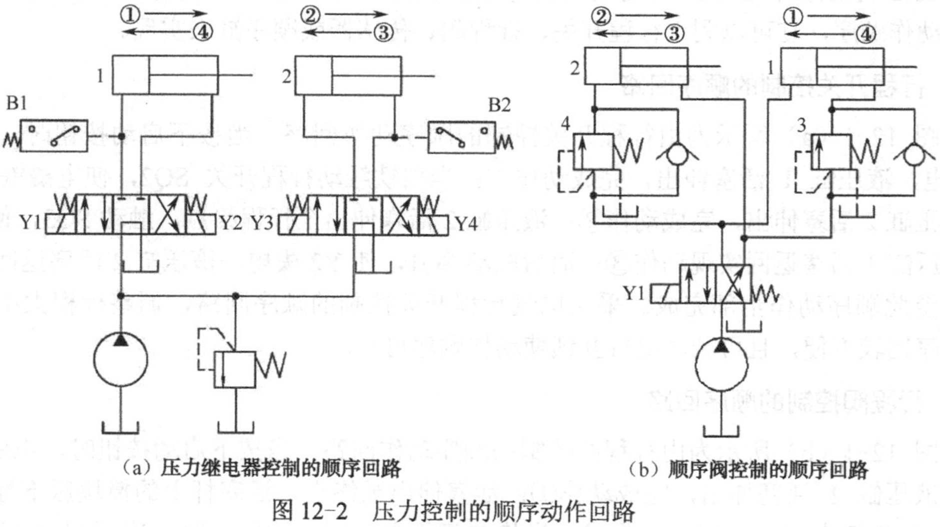

（a）压力继电器控制的顺序回路　　（b）顺序阀控制的顺序回路

图 12-2　压力控制的顺序动作回路

2．顺序阀控制的顺序回路

如图 12-2（b）所示为用顺序阀控制的顺序动作回路。回路工作前，液压缸 1 和液压缸 2 均处于起点位置，当换向阀左位接入回路时，液压缸 1 的活塞伸出，伸出到终点位置后会使回路压力升高到顺序阀 3 的调定压力，阀 3 开启，此时液压缸 2 的活塞才能伸出；当换向阀右位接入回路时，液压缸 2 活塞先返回到左端点后，引起回路压力升高，使顺序阀 4 开启，液压缸 1 活塞返回，这样完成了一个完整的顺序动作循环。如果要改变动作的先、后顺序，就要对两个顺序阀在油路中的安装位置进行相应调整。

在压力控制的顺序动作回路中，顺序阀或压力继电器的调定压力应比前一动作的压力高出 0.8～1.0 MPa，否则在管路中的压力冲击或波动下会造成误动作，引起事故。这种回路只适用于系统中执行元件数目不多、负载变化不大的场合。

12.4　实训操作

任务　板料液压剪切机系统回路设计

1. 任务说明

板料液压剪切机主要用于板料的剪切加工。其主机由送料机、压块、剪刀、料架等组成（如图 12-3 所示），板料的压紧和剪切由液压缸驱动，在各工作机构行程上布置有电气行程开关（SQ1～SQ5）。按下启动按钮，送料机将板料送至规定的剪切长度并压下行程开关 SQ1，送料机停止，压块由液压缸带动下落，当压块压紧板料并接通行程开关 SQ3 时，剪刀由另一液压缸带动下降，剪刀切断板料后，被切断板料落入料架中并触动 SQ5，压块和剪刀分别回程复位，一个工作循环完成。

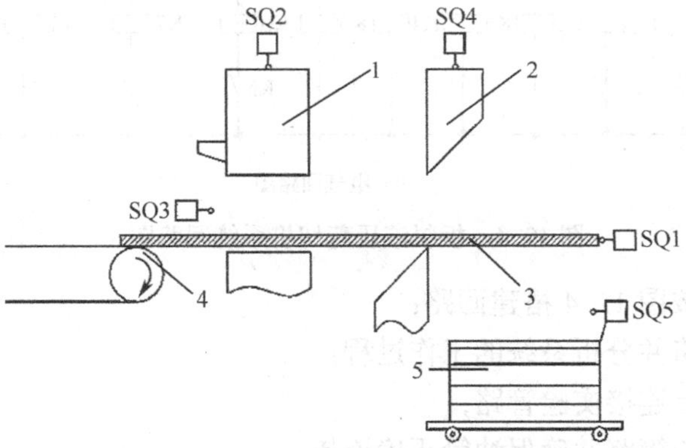

1—压块；2—剪刀；3—板料；4—送料机；5—料架

图 12-3　板料液压剪切机示意图

2. 回路分析

如图 12-4（a）所示为板料液压剪切机的液压回路图，其中行程开关 SQ5 用于被切断板料落入料架的检测。为了便于回路的仿真运行，现将其改装于剪刀的下端点位置处；如图 12-4（b）所示为剪切机的电气回路图，因与教学内容无关，送料机部分相关回路就不包含在内了。

3. 操作步骤

（1）打开计算机，运行液压教学软件；

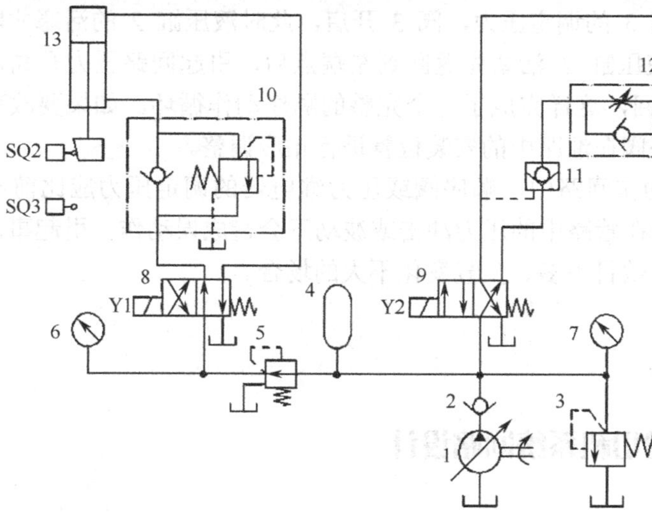

（a）液压回路图

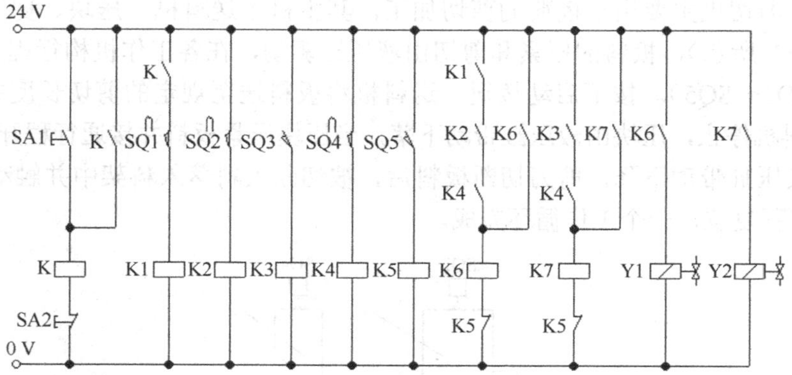

（b）电气回路图

图 12-4　板料液压剪切机系统回路图

（2）在绘图区域按图 12-4 搭建回路；

（3）仿真运行回路并分析系统的工作过程；

（4）在实训设备上连接实验管路；

（5）检查所连接的管路并确保油管正确连接；

（6）开启液压动力站，观察运行情况，对使用中遇到的问题进行分析并解决；

（7）关闭液压动力站，关闭计算机，拆卸元件和油管，并整理归位；

（8）完成实训报告（见附录）。

12.5 拓展知识

12.5.1　同步回路

使两个或两个以上的液压缸在运动中保持相同位移或相同速度的回路称为同步回路。在一泵多缸的系统中，尽管液压缸的有效工作面积相等，但由于运动中所受负载不均衡，摩擦阻力也不相等，泄漏量的不同及制造上的误差等不能使液压缸同步动作。同步回路的作用就是为了克服这些影响，补偿它们在流量上所造成的变化。

1．串联液压缸的同步回路

1）普通串联液压缸的同步回路

如图 12-5（a）所示为两个液压缸串联的同步回路。第一个液压缸回油腔排出的油液被送入第二个液压缸的进油腔，如果串联油腔活塞的有效工作面积相等，则两个活塞必然有相同的位移，便可实现同步运动。但是，由于制造误差和泄漏等因素的影响，同步精度较低。

2）带补偿措施的串联液压缸同步回路

如图 12-5（b）所示为两个单作用缸串联，并带有补偿装置的同步回路。当电磁铁 Y4 得电使三位四通换向阀右位工作时，两液压缸活塞同时下行，若液压缸 1 的活塞先运动到底，触动行程开关 SQ1，使电磁铁 Y1 得电，此时压力油便经过二位三通电磁阀 4、液控单向阀 3 向液压缸 2 的 B 腔补油，使缸 2 的活塞继续运动到底，误差即被消除；若液压缸 2 的活塞先运动到底，触动行程开关 SQ2，使电磁铁 Y2 得电，此时压力油便经二位三通电磁阀 5 进入液控单向阀的控制油口，液控单向阀 5 反向导通，使缸 1 能通过液控单向阀 3 和二位三通电磁阀 5 回油，使缸 1 的活塞继续运动到底。这种串联液压缸同步回路只适用于负载较小的液压系统。

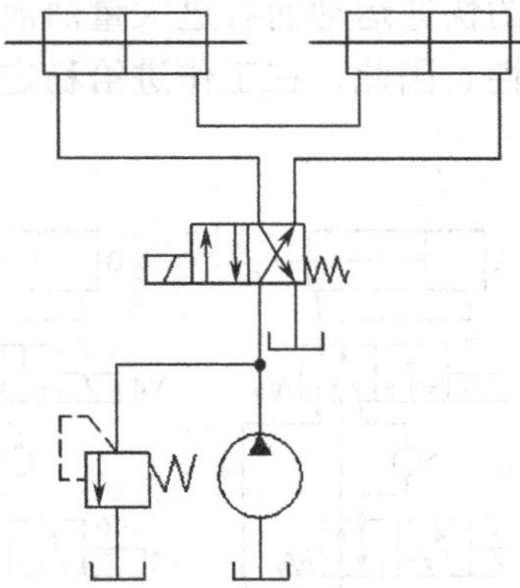

（a）普通串联液压缸的同步回路

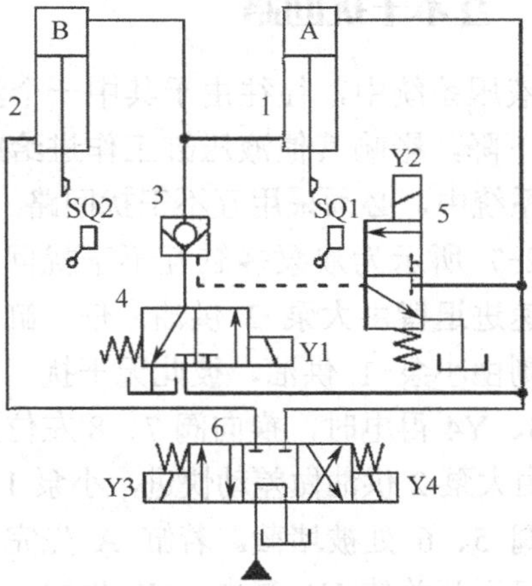

（b）带补偿措施的串联液压缸同步回路

图 12-5 串联液压缸的同步回路

2．调速阀控制的同步回路

1）并联调速阀的同步回路

如图 12-6（a）所示为两个并联的液压缸分别用调速阀控制的同步回路。两个调速阀分别调节两缸活塞的运动速度，当两缸有效面积相等时，则流量也调整得相同；若两缸面积不等时，则改变调速阀的流量也能达到同步运动。这是一种常用的、比较简单的同步方法，但是由于受到油温变化、泄漏及调速阀性能差异等影响，同步精度较低，一般在 5%～7%之间。

2）比例调速阀控制的同步回路

如图 12-6（b）所示为采用普通调速阀和比例调速阀的同步回路。回路中普通调速阀 1 和比例调速阀 2 分别装在由多个单向阀组成的桥式回路中，并分别控制着液压缸 3 和 4 的运动。当两个活塞出现位置误差时，检测装置就会发出信号，调节比例调速阀的开度，修正误差，即可实现同步。这种回路的同步精度较高，位置精度可达 0.5 mm，已能满足大多数工作部件所要求的同步精度。

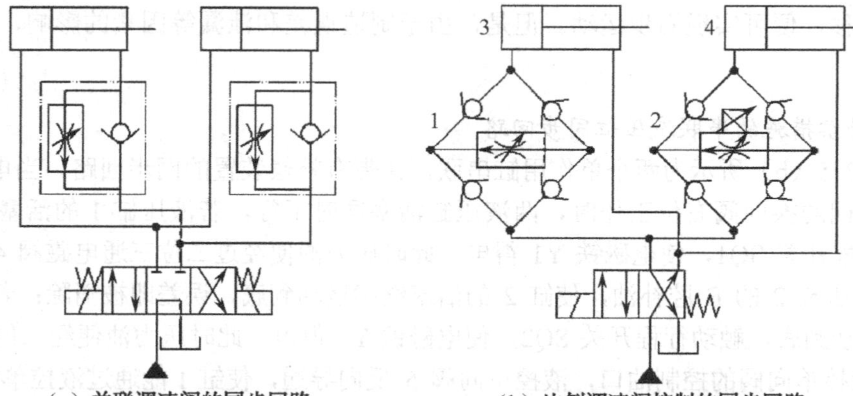

（a）并联调速阀的同步回路　　（b）比例调速阀控制的同步回路

图 12-6　调速阀控制的同步回路

12.5.2　互不干扰回路

在多缸液压系统中，往往由于其中一个液压缸的快速运动而吞进大量油液，造成整个系统的压力下降，影响其他液压缸工作进给的稳定性。因此，在工作进给稳定性要求较高的多缸液压系统中，必须采用互不干扰回路。

如图 12-7 所示为双泵多缸互不干扰回路，各缸快速进退皆由大泵 2 供油，任一缸进入工进，则由小泵 1 供油，彼此无干扰。当电磁铁 Y3、Y4 得电时，换向阀 7、8 左位工作，两缸由大泵 2 供油做差动快进，小泵 1 供油在换向阀 5、6 处被堵截。若缸 A 先完成快进，由行程开关使 Y1 得电、Y3 失电，此时大泵 2 对缸 A 的进油路被切断，而小泵 1 的进油路打开，缸 A 由调速阀 3 调速做工进，缸 B 仍做快进，互不影响。当各缸都转为工进后，它们全由小泵 1 供油。此后，若缸 A 又先完成工进，行程开关使 Y1、Y3 都得电，缸 A 即由大泵 2 供油快退。当各电磁阀皆失电时，各缸都停止运动，并被锁在所在的位置上。

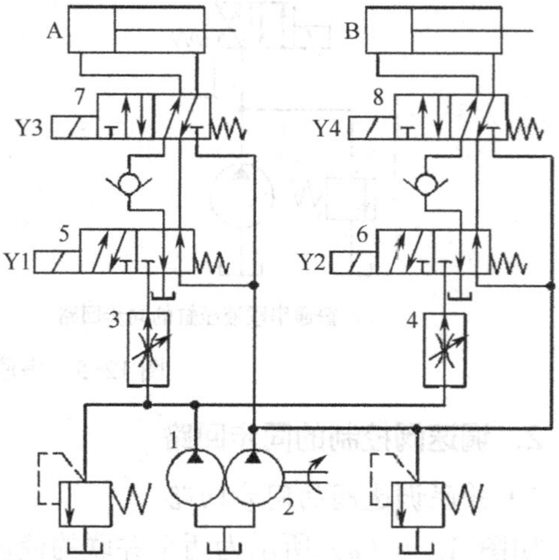

图 12-7　双泵多缸互不干扰回路

思考与练习题

1．顺序动作回路分为哪几种？各有什么特点？

2．同步回路有哪几种实现方式？

3．分析如图 12-8 所示回路的工作原理。

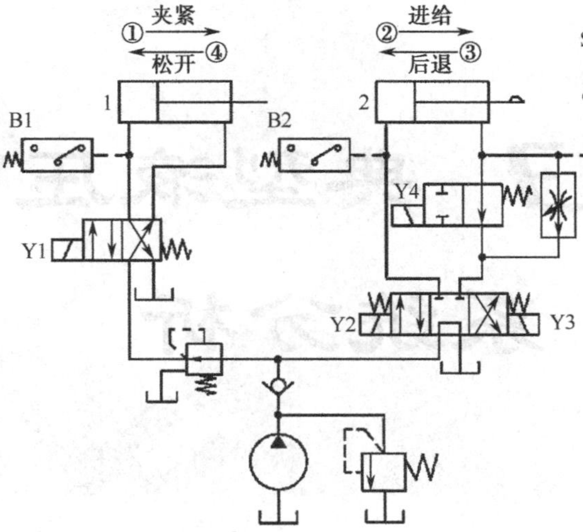

图 12-8　题 3 图

项目 13　典型液压传动系统分析

液压设备上的液压传动系统都是由实现各种不同功能的基本回路、执行元件、液压泵、辅助元件等组合起来的，用来实现该设备的运动要求。不同的液压设备工作要求也不同，且有各自的特点。

13.1　项目目标

（1）掌握阅读液压系统图和分析液压系统的方法；
（2）学会液压基本回路的应用；
（3）加深对各典型液压系统的功能、原理及特点的理解；
（4）明白任务回路中各元件的作用，能正确选取所需元件，熟练安装运行任务回路；
（5）具备良好的综合应用能力和一定的回路分析和设计能力。

13.2 实训设备和元器件

项目所需实训设备和元器件见表 13-1。

表 13-1　实训设备和元器件明细表

名　称	数　量	名　称	数　量
计算机（安装教学软件）	1	实训设备及元器件	自定

13.3 基础知识

液压系统图是液压系统的工作原理图，图中用规定的图形符号绘制出所有的液压元件，表达它们的连接和控制情况，表达执行元件实现各种运动的工作原理。分析和阅读一个较复杂的液压系统图大致可按以下步骤进行。

（1）了解设备的功能、工作循环过程，从而了解对液压系统动作和性能的要求。

（2）初步分析液压系统图，以执行元件为中心，将系统分解为若干个子系统。

（3）单独分析每个子系统，了解组成子系统的基本回路及液压元件的作用，按执行元件的工作循环分析实现每步动作的进油和回油路线。

（4）根据系统中对各执行元件之间的同步、互锁、防干扰等要求，分析各子系统之间的联系，弄懂整个液压系统的工作原理。

（5）归纳出设备液压系统的特点和使设备正常工作的要领，加深对整个液压系统的理解。

13.3.1 YT4543 型动力滑台液压系统

组合机床是以通用部件为主，加上少量专用部件拼装而成的专用机床。作为组合机床上的主要通用部件，动力滑台是用来实现刀具或工件进给运动的，分为机械动力滑台和液压动力滑台。液压动力滑台是利用液压缸将泵站所提供的液压能转换为滑台运动所需的机械能。它对液压系统性能的主要要求是速度换接平稳，进给速度稳定，功率利用合理，效率高，发热少。现以 YT4543 型液压动力滑台为例，如图 13-1 所示，分析其液压系统的工作原理和特点。

1. YT4543 型动力滑台液压系统的工作原理

液压动力滑台的工作循环为快进—第一次工作进给—第二次工作进给—止挡块停留—快退—原位停止。系统采用限压式变量泵供油、电液换向阀换向、液压缸差动连接实现快进。用行程阀实现快进与工进的转换；用二位二通电磁阀进行两个工进速度之间的转换；为了保证进给的尺寸精度，用止挡块停留来限位。

1）快进

按下启动按钮，电磁铁 1YA 得电，电液换向阀 6 的先导阀阀芯向右移动，从而引起主阀芯向右移，使其左位接入系统，形成差动连接。其主油路如下。

进油路：泵 1—单向阀 2—换向阀 6 左位—行程阀 11 下位—液压缸左腔。

回油路：液压缸的右腔—换向阀 6 左位—单向阀 5—行程阀 11 下位—液压缸左腔。

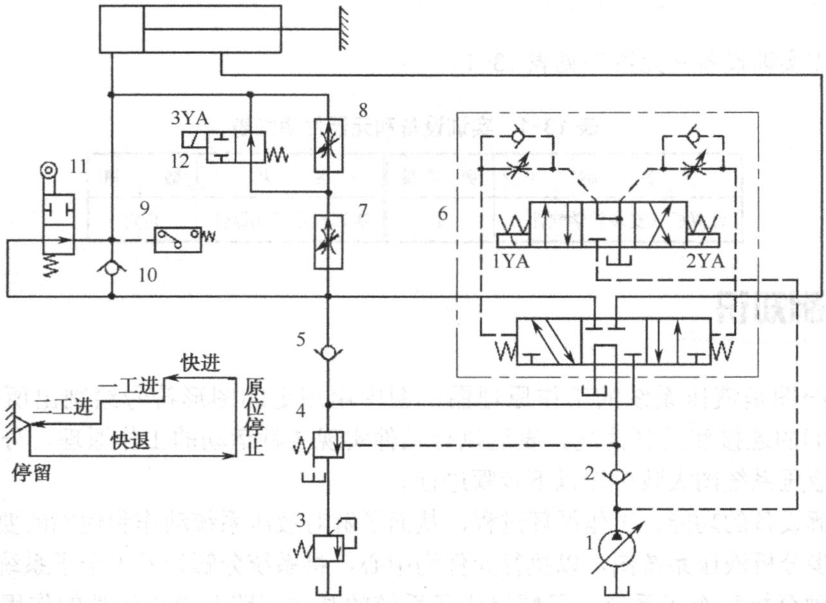

1—变量泵；2、5—单向阀；3—背压阀；4—顺序阀；6、11、12—换向阀；7、8—调速阀；9—压力继电器

图 13-1　YT4543 型动力滑台液压系统图

2）第一次工作进给

当滑台快进到达预定位置时，滑台上的行程挡块压下行程阀 11，调速阀 7 接入油路，压力油必须经调速阀 7 才能进入液压缸的左腔，负载增大，泵的压力升高，打开液控顺序阀 4，单向阀 5 被高压油封死，其主油路如下。

进油路：泵 1—单向阀 2—换向阀 6 左位—调速阀 7—换向阀 12 右位—液压缸左腔。

回油路：液压缸右腔—换向阀 6 左位—顺序阀 4—背压阀 3—油箱。

因为工作进给时，系统压力升高，所以变量泵 1 的输油量便自动减小，以适应工作进给的需要，进给量的大小由调速阀 7 调节。

3）第二次工作进给

第一次工作进给结束后，行程挡块压下行程开关，使电磁铁 3YA 通电，二位二通换向阀 12 左位接入油路，压力油须经调速阀 7 和 8 才能进入液压缸的左腔。此时，由于调速阀 8 的调节流量小于调速阀 7 的调节流量，第二次工进的速度再次降低，其他油路情况同第一次工作进给。

4）止挡块停留

当滑台工作进给完毕后，碰上止挡块的滑台不再前进，停留在止挡块处，同时系统压力升高，当升高到压力继电器 9 的调定值时，压力继电器动作，经过时间继电器的延时，再发出信号使滑台返回，滑台的停留时间可由时间继电器在一定范围内调整。

5）快退

时间继电器经延时发出信号，2YA 通电，1YA、3YA 断电，其主油路如下。

进油路：泵 1—单向阀 2—换向阀 6 右位—液压缸右腔。

回油路：液压缸左腔—单向阀 10—换向阀 6 右位—油箱。

6）原位停留

当滑台退回到原位时，行程挡块压下行程开关，发出信号，使 2YA 断电，换向阀 6 处于中位，液压缸失去液压动力源，滑台停止运动。液压泵输出的油液经换向阀 6 直接回到油箱，泵卸荷。系统中各电磁铁及行程阀的动作顺序见表 13-2。

表 13-2 电磁铁和行程阀的动作顺序表

电磁铁、行程阀 / 动作	电磁铁			行程阀
	1YA	2YA	3YA	
快进	+	—	—	—
第一次工进	+	—	—	+
第二次工进	+	—	+	+
止挡块停留	+	—	+	+
快退	—	+	—	+
原位停止	—	—	—	—

2. YT4543 型动力滑台液压系统的特点

通过以上分析可知，该液压系统主要由几个基本回路组成，即电液换向阀的换向回路、换向阀的卸荷回路、限压式变量泵和调速阀的联合调速回路、行程阀和电磁阀的速度换接回路和串联调速阀的二次进给调速回路等。这些基本回路的性能决定了系统的主要性能，其主要特点如下。

（1）系统采用了限压式变量叶片泵—调速阀—背压阀式的调速回路，能保证稳定的低速运动、较好的速度刚性和较大的调速范围。

（2）系统采用了限压式变量泵和差动连接式液压缸来实现快进，能源利用比较合理。滑台停止运动时，换向阀使液压泵在低压下卸荷，减少能量损耗。

（3）系统采用了行程阀和顺序阀实现快进与工进的换接，不仅简化了电气回路，而且使动作可靠，换接精度也比电气控制高。至于两个工进之间的换接，由于两者速度都比较低，采用电磁阀完全能保证换接精度。

13.3.2 全自动钢筋弯箍机液压系统

全自动钢筋弯箍机用于将盘圆钢筋经调直、弯曲或切断加工成一定形状的箍筋。工作时，液压马达驱动的一对开有 V 形槽的送料压辊拖动钢筋依次穿过蛇形器和调直器，电磁铁推动导向轮控制钢筋处于下刀刃位置或弯箍模位置，送料长度由光电盘通过脉冲计数器传送给 MC51 单片机组成的控制器，当送料长度达到控制其预调值时发信号，液压缸下行执行弯曲或切断动作，液压缸达到最低位置时压下行程开关发出信号，液压缸上升，当液压缸到顶时压下行程开关发出信号，液压缸停止运动，马达开始送料……一个接一个的箍筋在全自动控制状态下加工完成。

1. 全自动钢筋弯箍机液压系统的工作原理

弯箍机液压系统如图 13-2 所示。系统的油源为单向定量液压泵 2，液压执行器为杆固定的单杆液压缸 11 和单向定量液压马达 13。液压缸用于慢速下行实现钢筋的弯曲或切断，其工作速度由旁油路调速阀 7 调节，其升降运动由三位四通电磁阀 9 控制，由于液压缸立置，故采用单向顺序阀 10 平衡液压缸及工作机构的自重。液压马达 13 的制动通过先导式溢流阀 14 形成的背压实现。液压缸和液压马达的分时工作顺序由二位四通电磁阀 6 控制；液压马达的工作压力由先导式溢流阀 3 设定，液压缸的工作压力由远程调压溢流阀 5 设定。当液压缸和液压马达均不工作时，液压泵通过 M 型中位机能的换向阀 9 和背压单向阀 8（用于满足调速阀最小工作压差的需要）低压卸荷。

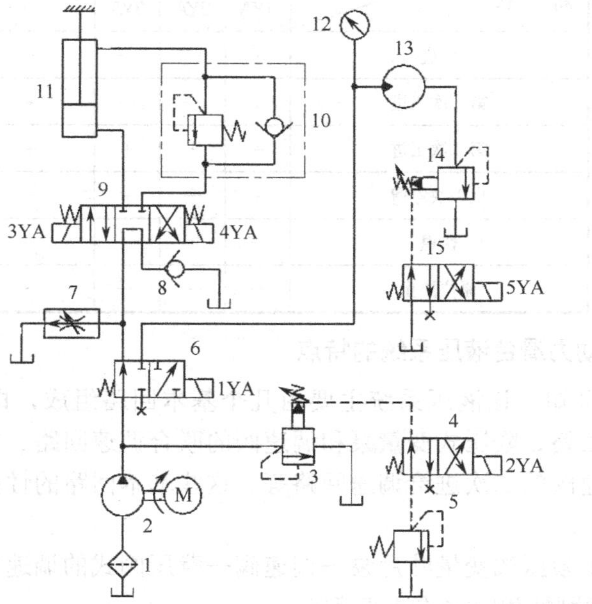

1—过滤器；2—定量泵；3、14—先导式溢流阀；4、6、15—二位四通电磁阀；5—远程调压溢流阀；7—调速阀；8—单向阀；9—三位四通电磁阀；10—单向顺序阀；11—液压缸；12—压力表；13—液压马达

图 13-2 全自动钢筋弯箍机液压系统图

系统中各电磁铁的动作顺序见表 13-3。

表 13-3 电磁铁动作顺序表

电磁铁 / 动作	1YA	2YA	3YA	4YA	5YA
液压马达送料	+	+			
液压马达停止					+
液压缸工进（下降）			+	—	+
液压缸退回（上升）			—	+	+
停止					

2. 全自动钢筋弯箍机液压系统的特点

（1）该弯箍机是一台机电液一体化设备，从盘圆上料到调直、弯曲、切断为全自动循环，操作简单。当液压缸下行，执行弯曲或切断功能时，送料马达被制动，因此不会出现擦伤钢筋的现象，箍筋的尺寸由光电盘、脉冲计数器和单片机联合控制，尺寸精度高，加工成型的箍筋外形美观，整齐、质量好。该设备克服了传统手工作业效率低、劳动强度大、质量难以保证的缺陷。

（2）弯箍机的液压系统采用定量泵供油的旁路调速阀节流调速方式实现液压缸的无级调速，液压缸工作期间，液压泵的供油压力跟随负载压力变化而变化（压力适应），因而节能，效率高。

（3）液压系统采用远程控制原理进行二级压力控制，满足了液压缸和液压马达对工作压力的不同需求；用溢流阀对液压马达进行制动，以确保马达停止运动时有较小的前冲量；采用单向顺序阀平衡立置液压缸自重，顺序阀的调整压力既是液压缸的平衡压力，又是液压缸下行的背压力，提高了缸的运动平稳性；采用 M 型中位机能的三位四通换向阀实现系统卸荷，故可减少无功损耗和发热。

（4）液压马达与压辊之间设有齿轮减速机构，齿轮轴与两压辊固定连接，两同规格齿轮同速转动时，两压辊轴的同步转动完成送料动作。

13.3.3 MJ-50 型数控车床液压系统

数控机床是一种装有程序控制系统的自动化机床，具有适应性强、高加工精度和高生产效率等特点，近年来得到了广泛的推广和应用。由于液压传动能方便地实现电气控制而实现自动化，故成为数控机床传动与控制方式的首选。下面介绍 MJ-50 型数控车床液压系统，如图 13-3 所示。

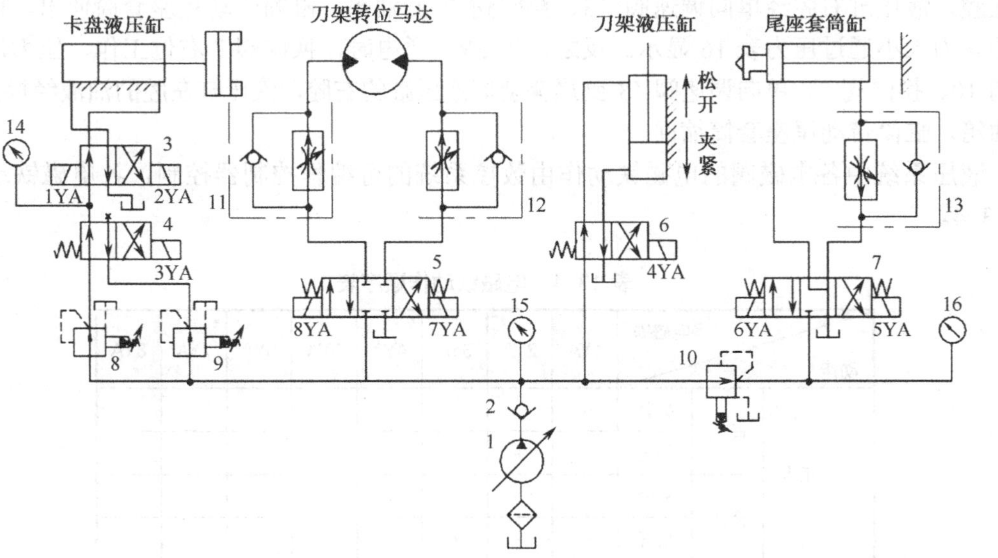

1—变量泵；2—单向阀；3、4、5、6、7—换向阀；8、9、10—减压阀；11、12、13—调速阀；14、15、16—压力表

图 13-3 MJ-50 型数控车床液压系统图

1. MJ-50型数控车床液压系统的工作原理

数控车床由液压系统实现的动作包括卡盘的夹紧与松开、刀架的夹紧与松开、刀架的正转与反转、尾座套筒的伸出与缩回。

1）卡盘的夹紧与松开

当卡盘处于正卡（卡爪向内夹紧工件外圆）且在高压夹紧状态下时，3YA 失电，夹紧力的大小由减压阀 8 来调整，夹紧压力由压力表 14 显示。当 1YA 通电时，换向阀 3 左位工作，压力油经减压阀 8、换向阀 4、换向阀 3 到液压缸右腔，液压缸左腔的油液经换向阀 3 回油箱。这时，活塞杆左移，卡盘夹紧。反之，当 2YA 通电时，换向阀 3 右位工作，压力油经减压阀 8、换向阀 4、换向阀 3 到液压缸左腔，液压缸右腔的油液经换向阀 3 回油箱。这时，活塞杆右移，卡盘松开。

当卡盘处于正卡且在低压夹紧状态下时，3YA 通电，夹紧力的大小由减压阀 9 来调整。换向阀 3 的工作情况与高压夹紧时相同。

当卡盘处于反卡（卡爪向外夹紧工件内孔）时，动作与正卡相反。

2）回转刀架的换刀

回转刀架换刀时，首先是刀架松开，然后刀架换位到指定位置，最后刀架复位夹紧。

当 4YA 通电时，换向阀 6 右位工作，刀架松开。若 8YA 通电，液压马达正转带动刀架换刀，转速由单向调速阀 11 控制。若 7YA 通电，则液压马达带动刀架反转，转速由单向调速阀 12 控制。当 4YA 断电时，换向阀 6 左位工作，液压缸使刀架夹紧。选择正转换刀还是反转换刀由数控系统按路径最短原则判断。

3）尾座套筒的伸缩运动

当 6YA 通电时，换向阀 7 左位工作，压力油经减压阀 10、换向阀 7 到尾座套筒液压缸的左腔，液压缸右腔经单向调速阀 13、换向阀 7 回油箱，缸筒带动尾座套筒伸出，伸出时的预紧力大小通过压力表 16 显示。反之，当 5YA 通电时，换向阀 7 右位工作，压力油经减压阀 10、换向阀 7、单向调速阀 13 到尾座套筒液压缸的右腔，液压缸左腔的油液经换向阀 7 回油箱，缸筒带动尾座套筒缩回。

液压系统中各电磁阀的电磁铁动作由数控系统的可编程控制器控制，各电磁铁动作见表 13-4。

表 13-4 电磁铁动作顺序表

动作 \ 电磁铁			1YA	2YA	3YA	4YA	5YA	6YA	7YA	8YA
卡盘正卡	高压	夹紧	+	—	—					
		松开	—	+	—					
	低压	夹紧	+	—	+					
		松开	—	+	+					
卡盘反卡	高压	夹紧	—	+	—					
		松开	+	—	—					

续表

动作		电磁铁	1YA	2YA	3YA	4YA	5YA	6YA	7YA	8YA
卡盘反卡	低压	夹紧	—	+	+					
		松开	+	—	+					
刀架	正转								—	+
	反转								+	—
	松开					+				
	夹紧					—				
尾座	套筒伸出						—	+		
	套筒退回						+	—		

2．MJ-50 型数控车床液压系统的特点

（1）采用限压式变量液压泵供油，自动调整输出流量，能量损失小。

（2）采用减压阀稳定夹紧力，并用换向阀切换减压阀，实现高压和低压夹紧的切换，并能调节高压夹紧力或低压夹紧力的大小，这样根据工件情况调节夹紧力，操作简单、方便。

（3）采用液压马达实现刀架的转位，可实现无级调速，并能控制刀架正/反转。

（4）采用换向阀控制尾座套筒液压缸的换向，以实现套筒的伸出和缩回，并能调节尾座套筒伸出时的预紧力大小，以适应不同工件的要求。

（5）采用压力表 14、15、16 可分别显示系统相应处的压力，便于调试和故障诊断。

13.3.4　油罐封头双动拉深液压机液压系统

该液压机为生产壁厚为 10～30 mm 的储存和运输汽油的油罐封头的专用设备，也可用于液化石油气罐的生产（如图 13-4 所示）。上横梁、两个侧壁及下横梁用 4 根拉杆通过液压螺母拉紧，形成一个封闭式的框架。随机专用的液压螺母预紧拉杆时，通过控制液压螺母中压力的高低可以精确地控制拉杆的预紧力，使液压机在最大的使用提升载荷下也能保证上、下横梁与侧壁的紧密结合。用来安装凸模的活动横梁 37 在主液压缸 36 及提升液压缸 38 的“夹持”操纵下，可以在安装于两侧壁上的导向板间上、下滑动，完成快进、拉深及返回动作。柱塞式压边液压缸 32 与主液压缸均安装在上横梁上。下行时，与压边缸柱塞头相连的压边环与工件接触前与主缸同步；接触工件后，与活动横梁分离，将工件压紧在工作台上。其回程则靠提升缸借助活动横梁推动柱塞杆上的台肩来实现。顶出液压缸 19 与提升缸一起安装在下横梁上。下横梁上固定有安装凹模的工作台。

1．油罐封头双动拉深液压机液压系统的工作原理

该液压机的系统原理图如图 13-4 所示。系统的主油源为并联的定量轴向柱塞泵 3 与手动变量轴向柱塞泵 2，改变变量泵排量可满足不同的流量要求。其压力分别由电磁溢流阀 1 和 4 根据拉深工艺要求设定，并由压力表 12 显示。系统的控制油源为定量柱塞泵 7，其压力由溢流阀 8 设定，并由压力表 9 显示。定量液压泵 5 为离线过滤泵，该泵从油箱回油区

通过粗过滤器吸油，经过滤器 6 送回到油箱的吸油区，在系统运行中一直从事油箱清理工作，同时该泵还有向油箱加油和从油箱向外排油的功能。

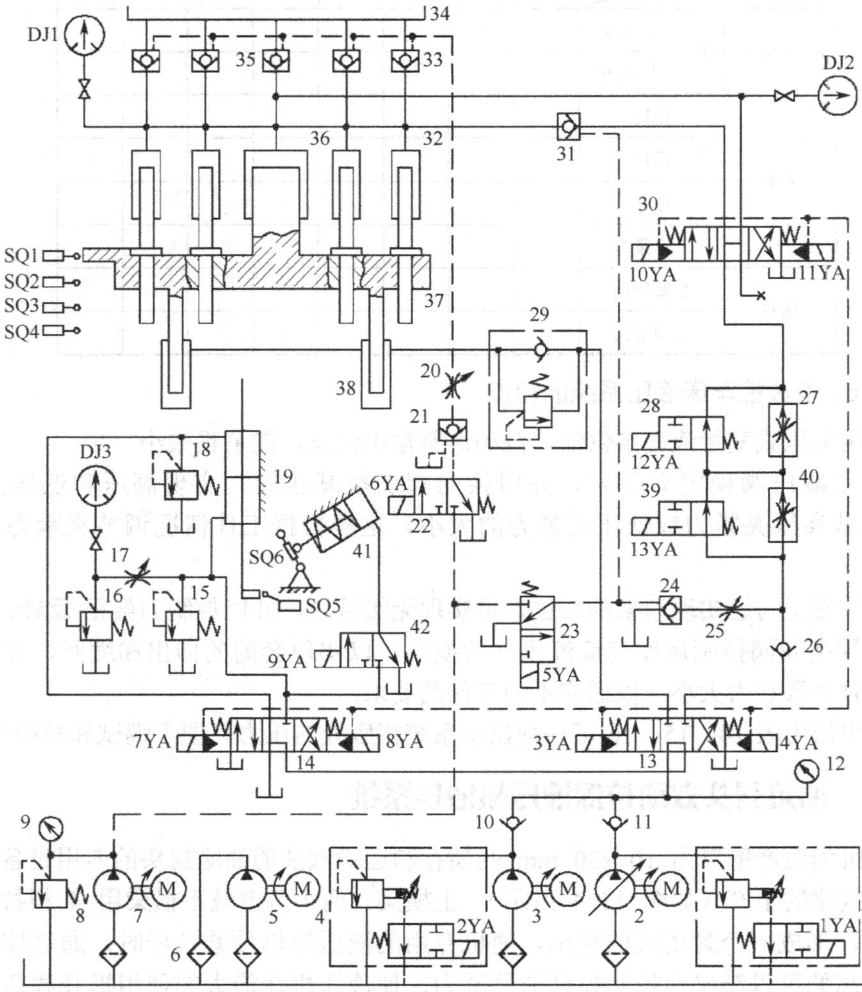

1、4—电磁溢流阀；2—手动变量柱塞泵；3、5、7—定量柱塞泵；8、15、16、18—溢流阀；6—过滤器；9、12—压力表；10、11、26—单向阀；13、14、30—三位四通电液换向阀；17、20、25—节流阀；19—顶出液压缸；21、24、31—液控单向阀；22、23、42—二位三通电磁阀；28、39—二位二通电磁阀；27、40—调速阀；29—单向顺序阀；32—压边液压缸；33、35—充液阀；34—充液油箱；36—主液压缸；37—活动横梁；38—提升液压缸；41—单作用液压缸；DJ1、DJ2、DJ3—电接点压力表

图 13-4 油罐封头双动拉深液压机液压系统图

该液压机的工艺过程为：快速下行（快进）—慢速下行（慢进）—压边—加液压垫—拉深—释压—回程，各工况下系统的工作原理如下。

1）快速下行（快进）

电磁铁 1YA、2YA、4YA 和 6YA 通电，泵 2 和泵 3 由卸荷转为工作状态，同时向系统供油，两泵的压力油经单向阀 10 和 11、三位四通电液换向阀 13 右位、单向阀 26、二位二通电磁阀 39 和 28 的右位及三位四通电磁阀 30 中位进入主液压缸 36，同时经液控单向阀 31

进入压边液压缸 32，推动活动横梁向下运动。在活动横梁、凸模和 7 个液压缸活塞自重的作用下，活动横梁快速下行，主液压缸及压边缸中造成一定真空，借此从充液油箱 34 经充液阀 33 和 35 分别向主液压缸充油，实现凸模的快速下行。节流阀 20 为提升缸提供一定的背压，以使工作平稳，调整其开度，还可粗略地改变活动横梁的快速下行速度。

2）慢速下行（慢进）

当活动横梁上的挡铁压动行程开关 SQ2 时，电磁铁 1YA 和 6YA 断电，12YA 通电，其他与快速下行相同。由于 1YA 断电，此时系统仅有液压泵 3 供油。压力油经调速阀 27 和阀 30 同时进入主缸和压边缸，封住充液阀并推动活动横梁慢速下行。因液控单向阀 21 截止，提升缸中的油液则经单向顺序阀 29、换向阀 13 右位及换向阀 14 中位排回油箱，顺序阀 29 起平衡阀的作用，其设定压力略高于活动横梁等部件质量可能在提升缸 38 中产生的压力；慢进速度取决于调速阀 27 的开度，以压边圈接触工件时不产生太大的冲击为准。

3）压边

当压边缸 32 带动的压边圈与工件接触并停止下行后，电磁铁 12YA 断电、10YA 通电，压力油经电液换向阀 30 左位，液控单向阀 31 进入压边缸通过压边圈对工件施压。压边力由电接点压力表 DJ1 设定并显示。此时主缸停止进油，与其相连的活动横梁与压边缸柱塞台肩脱开，由顺序阀平衡，停止运动。

4）加液压垫

当压边力达到工艺要求数值时，电接点压力表 DJ1 发信号，电磁铁 4YA、10YA 断电，7YA 通电。压边缸由液控单向阀 31 保压。液压泵压力油经阀 13 中位、阀 14 左位进入顶出缸 19 的下腔，顶出缸活塞带动支撑垫上行，支撑垫接触工件下表面，达到适当的预置支撑力后电接点压力表 DJ3 发信号，电磁铁 7YA 断电，顶出缸加垫结束。

5）拉深

电磁铁 7YA 断电的同时电磁铁 1YA、4YA、11YA 及 13YA 通电，此时双泵同时供电，流量由调速阀 40 调节，压力油经电液换向阀 30 右位进入主缸，推动活动横梁带动凸模开始对工件实施拉深。提升缸中的液压油经单向顺序阀 29、电液换向阀 13 右位及阀 14 中位返回油箱。拉深过程中，顶出液压缸中的活塞被追随工件下行，顶出液压缸 19 下腔的油液经节流阀 17 及背压溢流阀 16 排回油箱，从而形成具有一定反力的浮动液压垫。浮动支撑力的大小由阀 16 及节流阀根据工艺要求设定，由电接点压力表 DJ3 显示。溢流阀 15 在此起安全阀的作用。

6）释压

拉深尺寸到位时，活动横梁压动行程开关 SQ4，电磁铁 1YA、2YA、4YA、11YA 及 13YA 断电，5YA 通电。泵停止供油，主缸及压边缸通过节流阀 25 及液控单向阀 24 释压，释压速度通过改变节流阀 25 的开度来调节。

7）回程

主缸及压边缸的压力降低至要求的压力范围内时，即电接点压力表 DJ1 与 DJ2 均发信号后，电磁铁 1YA、2YA 及 3YA 通电，5YA 断电。双泵同时供油，压力油经阀 13 左位及阀 29 中的单向阀进入提升缸 38 中，并导通充液阀 33 及 35，推动活动横梁向上运动，碰到压边缸 32 柱塞杆上的台肩后，主缸及压边缸一起实现回程动作，两缸中的液压油分别经充液阀 33 及 35 返回到充液箱 34 中，活动横梁运动到位压动行程开关 SQ1、电磁铁 1YA 及 3YA 断电，各缸停止运动，回程结束。

8）顶出

回程结束，行程开关 SQ1 同时使电磁铁 7YA 及 9YA 通电，液压泵 3 的压力油经阀 10、阀 13 的中位及阀 14 的左位进入顶出缸 19 的下腔推动顶出缸向上运动，顶出缸上腔的油液经阀 14 的左位排回油箱。同时，油液还经换向阀 42 的左位进入单作用缸 41，使行程开关 SQ6 进入工作位置。顶出缸向上运动将工件顶出凹模，压动行程开关 SQ6 使电磁铁 7YA 断电，顶出动作停止。延时一段时间后，电磁铁 8YA 通电，9YA 断电，压力油经阀 13 中位及阀 14 右位进入顶出缸上腔，推动顶出缸活塞下行，下腔的油液经阀 14 右位排回油箱。此时缸 41 将行程开关 SQ6 撤回到非工作位置。顶出缸回程到位后，压动行程开关 SQ5，电磁铁 8YA、1YA 及 2YA 断电，顶出缸停止运动。至此一次工作循环结束。系统中各电磁铁及行程阀的动作顺序见表 13-5。

表 13-5　电磁铁动作顺序表

电磁铁 / 动作	1YA	2YA	3YA	4YA	5YA	6YA	7YA	8YA	9YA	10YA	11YA	12YA	13YA
快进	+	+	—	+		+							
慢进		+	—	+								+	
压边		+	—	+						+	—		
加垫		+					+	—					
垫停		+											
拉深	+	+	—	+						—	+		+
释压					+								
回程	+	+	+	—									
回停		+											
顶出		+					+	—	+				
顶停		+						—	+				
顶回		+						+	—				
停止													

2．油罐封头双动拉深液压机液压系统的特点

（1）系统所有执行器公用一组并联的液压泵，提高了能源利用率。当工艺要求需改变执行器的速度时，可手动调节变量泵的排量，以满足不同的流量要求；主缸及压边缸快速下行采用了靠运动件自重滑落充液阀充液，极大地降低了液压泵流量规格；系统在压边圈接触工件前为减小冲击对主缸及压边缸采取了节流调速，其他工步均为容积调速，有效地降低了系统能耗；各执行器处于停止状态时，液压泵均采取了卸荷措施，也为系统降低了能耗。

（2）电液换向阀 13 与 14 串联，实现了顶出与活动横梁间动作互锁，保证了系统的安全。

（3）拉深工步在工件下方加了液压垫，使拉深动作平稳，而且保证了产品的成型质量。

（4）采用液控单向阀保压，通过节流释压（释压速度可调）；采用单向顺序阀平衡工作部件自重。

（5）采用 PLC 控制，可以实现调整、手动及自动工作方式。其间的转换或产品更换时，各参数的调整均很方便。系统工作可靠，造价也远低于一般的继电器接点控制方式。

（6）液压系统设置有多个电液换向阀和液控单向阀，所以系统设置了独立的控制油源，便于实现减小油路间的干扰。

（7）液压泵站设置了独立于主系统之外的离线过滤系统，提高了系统油液的清洁度。过滤系统的粗过滤器及精过滤器均置于油箱之外，清洗、更换十分方便。

（8）液压系统中所有液压控制阀均为板式阀，并块式集成实现油路连接，便于装配、调整、更换、维修、保养。

（9）系统参数：主系统额定压力为 31.5 MPa；控制油源压力为 0～3 MPa。

13.4 实训操作

任务 塑料注射成型机液压系统图分析设计

1. 任务说明

塑料注射成型机（如图 13-5 所示）简称注塑机，它将颗粒状的塑料加热熔化到流动状态，用注射装置以快速高压注入模腔，保压一定时间，冷却后成型为塑料制品。

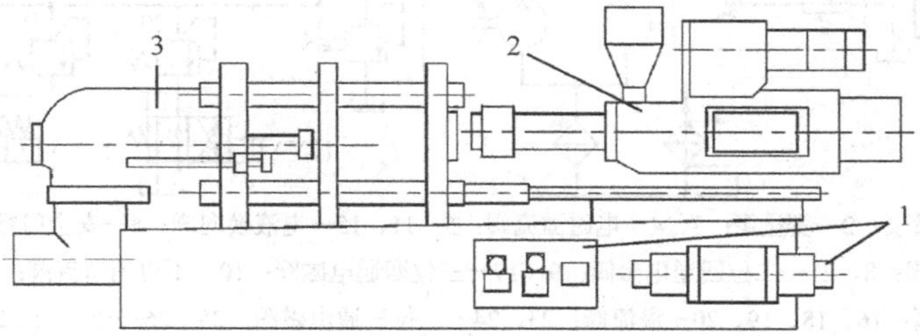

1—液压传动及电气控制系统；2—注射部件；3—合模部件

图 13-5 塑料注射成型机示意图

注塑机由液压传动及电气控制系统、注射部件和合模部件三个部分组成。液压传动及电气控制系统安装在机身内、外腔上，是注塑机的动力和操纵控制部件，主要由液压泵、液压阀、电动机、电气元件及控制仪表等组成。注射部件是注塑机的塑化部件，主要由加料装置、料筒、螺杆、喷嘴、顶塑装置、注射液压缸、注射座及其移动液压缸等组成。合模部件是安装模具用的成型部件，主要由定模板、动模板、合模机构、合模液压缸、顶出装置等组成。

按照注射成型工艺，注塑机的工作循环为合模—注射座前移—注射—保压—预塑—防流涎—注射座后退—开模—顶出制品—顶出缸后退，分别由合模缸、预塑液压马达、注射缸、顶出缸和注射座移动缸完成。

2. 回路分析

SZ-250A 塑料注射成型机属于中、小型注塑机（液压系统图如图 13-6 所示），要求有足够的合模力，可调节的合模、开模速度，可调节的注射压力和注射速度，可调节的保压压力，系统还应设有安全连锁装置。

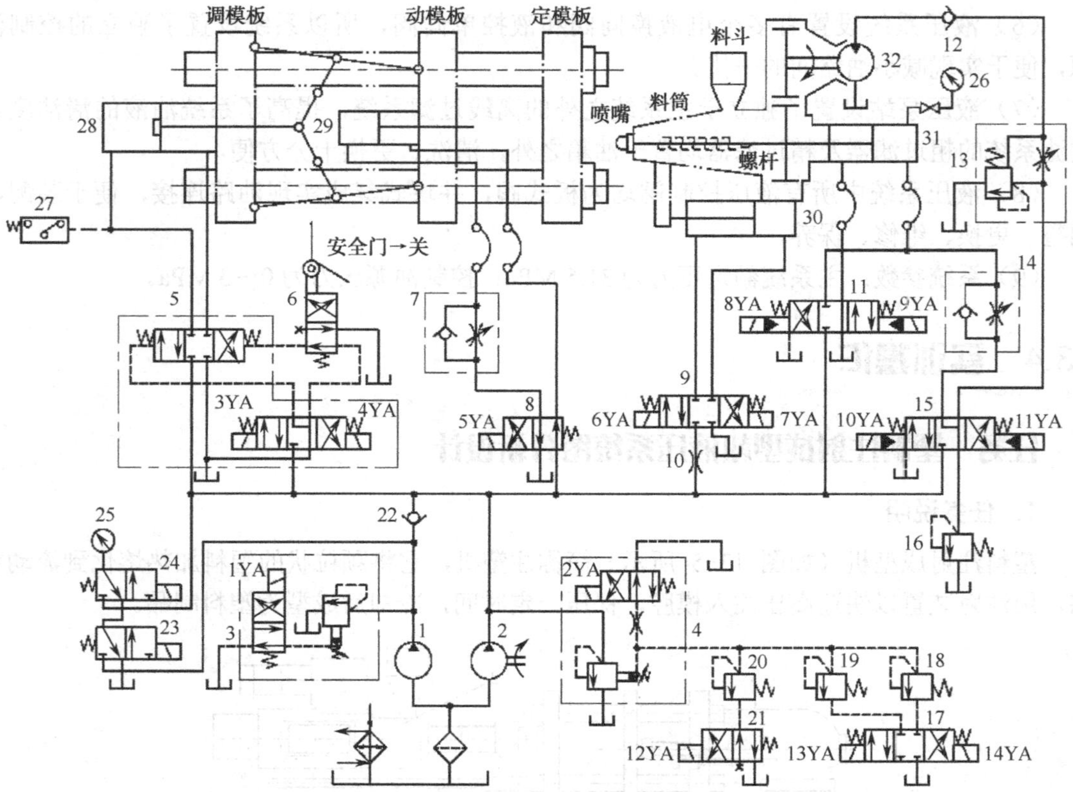

1—定量泵；2—变量泵；3、4—电磁溢流阀；5、11、15—电液换向阀；6—安全门行程阀；
7、14—单向节流阀；8、21—二位四通电磁阀；9、17—三位四通电磁阀；10—不可调节流阀；12、22—单向阀；
13—旁通型调速阀；16、18、19、20—溢流阀；23、24—二位三通电磁阀；25、26—压力表；27—压力继电器；
28—合模液压缸；29—顶出液压缸；30—注射座移动缸；31—注射液压缸；32—预塑液压马达

图 13-6 SZ-250A 塑料注射成型机液压系统图

系统各执行元件的动作循环主要依靠行程开关切换电磁换向阀来实现，各工况下电磁铁通/断电情况及回路动作简要分析如下。

1）合模

动模板慢速启动、快速前移，当接近定模板时，液压系统转为低压、慢速控制。在确认模具内没有异物存在后，系统转为高压，使模具闭合。这里采用了液压机械式合模机构，合模缸通过对称五连杆结构推动模板进行开模和合模，连杆机构具有增力和自锁作用。

（1）慢速合模（2YA、3YA 通电）

（2）快速合模（1YA、2YA、3YA 通电）

（3）低压合模（2YA、3YA、13YA 通电）

（4）高压合模（2YA、3YA 通电）

2）注射座前移（2YA、7YA 通电）

在注射座上安装、调试好模具后，注塑喷枪要顶住模具注塑口，故注射座要前移。

3）注射

注射是指注射螺杆以一定的压力和速度将料筒前端的熔料经喷嘴注入模腔，分慢速注射和快速注射两种。

（1）慢速注射（2YA、7YA、10YA、12YA 通电）。

（2）快速注射（1YA、2YA、7YA、9YA、10YA、12YA 通电）。

4）保压（2YA、7YA、10YA、14YA 通电）

注射缸对模腔内的熔料实行保压并补缩，因此只需少量油液。

5）预塑（1YA、2YA、7YA、11YA 通电）

保压完毕（时间控制），从料斗加入的熔料随着螺杆的转动被带至料筒前端进行加热塑化，并建立一定压力。当螺杆头部熔料压力达到能克服注射缸活塞退回的阻力时，螺杆开始后退。后退到预定位置，即螺杆头部熔料达到所需注射量时，螺杆停止转动并后退，准备下一次注射。与此同时，在模腔内的制品冷却成型。

6）防流涎（2YA、7YA、8YA 通电）

当采用直通开敞式喷嘴时，预塑加料结束，要使螺杆后退一小段以减小料筒前端压力，防止喷嘴端部熔料流出。

7）注射座后退（2YA、6YA 通电）

在安装调试模具或模具注塑口堵塞需清理时，注射座要离开注塑机的定模座后退。

8）开模

开模速度一般为慢—快—慢，由行程控制。

（1）慢速开模（2YA、4YA 通电）。

（2）快速开模（1YA、2YA、4YA 通电）。

（3）慢速开模（2YA、4YA 通电）。

9）顶出（2YA、5YA 通电）

10）顶出缸后退（2YA 通电）

3．操作步骤

（1）打开计算机，运行液压教学软件；

（2）在绘图区域按图 13-6 搭建回路（可选择部分回路）；

（3）仿真运行回路并分析系统的工作过程和回路特点；

（4）完成实训报告（见附录）。

思考与练习题

1．试写出如图 13-7 所示液压系统的动作循环表，评述这个液压系统的特点并说明桥式油路结构的作用。

2．读懂如图 13-8 所示的液压系统，并说明：（1）快进时油液流动路线（差动回路）；（2）这个液压系统的特点。

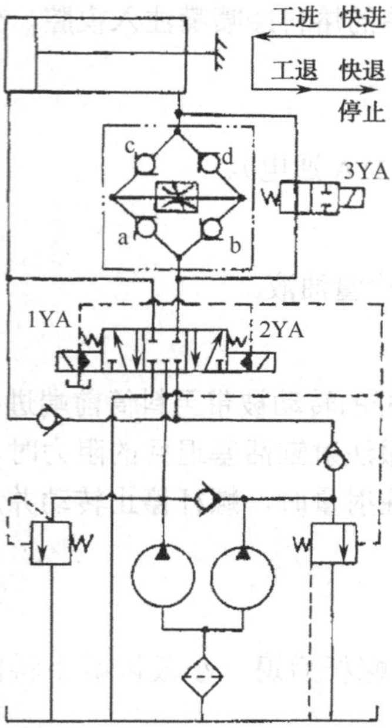

图 13-7　题 1 图

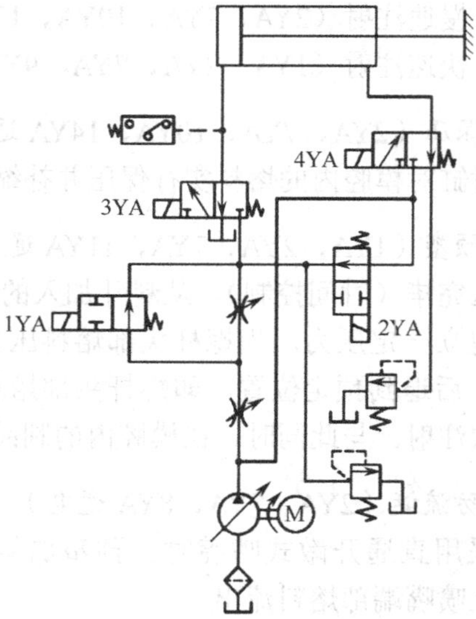

图 13-8　题 2 图

3．汽车起重机是将起重机安装在汽车底盘上的一种起重运输设备。它主要由起升、回转、变幅、伸缩和支腿等工作机构组成，这些动作的完成由液压系统来实现。如图 13-9 所示为 Q2-8 型汽车起重机液压系统图，系统主要由支腿回路、起升回路、大臂伸缩回路、变幅回路、回转回路组成。试分析其工作过程和系统特点。

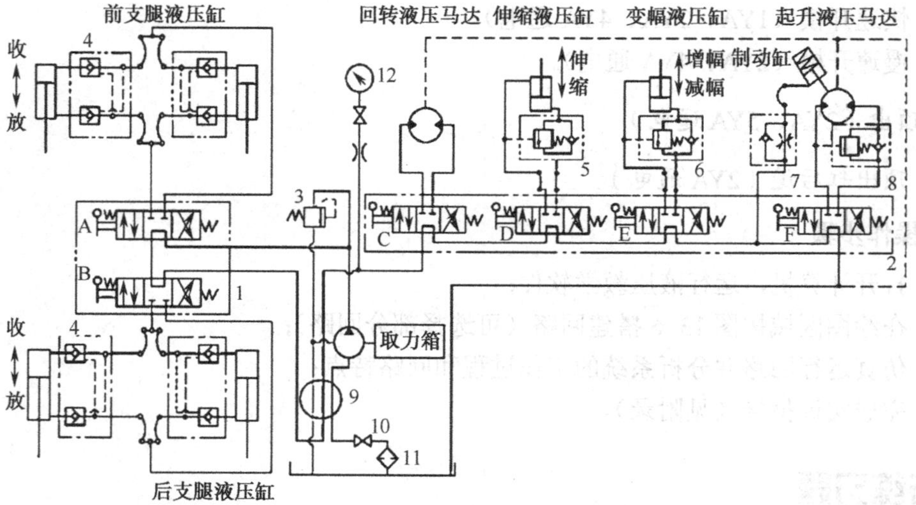

1、2—多路阀组；3—溢流阀；4—液压锁；5、6、8—平衡阀；7—单向节流阀；9—中心回转接头；10—截止阀；11—滤油器

图 13-9　Q2-8 型汽车起重机液压系统图

4．液压机是一种利用液体静压力来加工金属、塑料、橡胶、木材、粉末等制品的机械。液压机的工作循环为上滑块：快速下行→慢速加压→保压延时→快速返回→原位停止；下滑块：向上顶出→停留→向下退回→原位停止的工作循环。上、下滑块的运动依序进行，不能同时出现。如图 13-10 所示为 YB32-200 型液压机液压系统图，试分析各元件的作用、系统工作过程及特点。

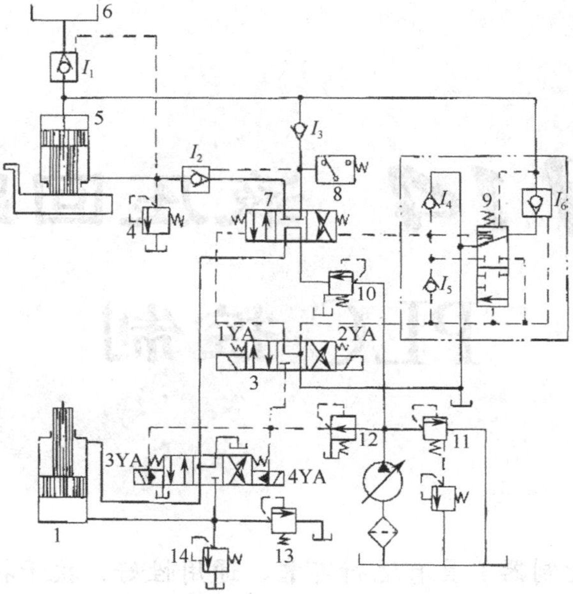

图 13-10　YB32-200 型液压机液压系统图

项目 14 液压回路的 PLC 控制

PLC（可编程控制器）具有运行可靠、通用性好、抗干扰能力强、便于安装和维修等优点。相比传统的继电器-接触器电气控制方式，液压回路采用 PLC 控制只用少量的元器件和接线，所以故障率很低，且控制系统具有很好的柔性，尤其是在工艺程序变更或改变工作循环的时候，只要改变其用户程序而不需重新安装，其灵活方便的特点显得更加突出。

14.1 项目目标

（1）了解 PLC 的基本特点；

（2）熟悉液压回路的 PLC 控制方法；

（3）能够通过分析液压回路的 PLC 控制要求，设计出相应的 PLC 控制程序；

（4）能正确选取所需元件，熟练安装系统回路，最终完成程序的运行调试工作；

（5）具备良好的综合应用能力和一定的回路分析与设计能力。

14.2 实训设备和元器件

项目所需实训设备和元器件见表 14-1。

表 14-1 实训设备和元器件明细表

名称	数量	名称	数量	名称	数量
液压实验台（含液压泵）	1	溢流阀	1	电器模块（分流器）	1
计算机（安装编程软件）	1	行程开关	6	电器模块（按钮开关）	1
压力表	2	压力继电器	1	PLC 模块	1
单向阀	1	三位四通双电控电磁阀	2	油管	若干
液控单向阀	3	二位四通单电控电磁阀	1	导线	若干
减压阀	1	双作用液压缸	3		

14.3 基础知识

14.3.1 PLC 选型

如图 14-1 所示，本项目中所用的 PLC 为欧姆龙 CP1H-XA 型 PLC，该型号 PLC 使用直流 24 V 电源，有 24 点数字量输入/16 点数字量输出，并内置 4 路模拟量输入/2 路模拟量输出。为了便于实训时的接线操作，在 PLC 右侧设置了对应的数字量和模拟量输入/输出插槽。

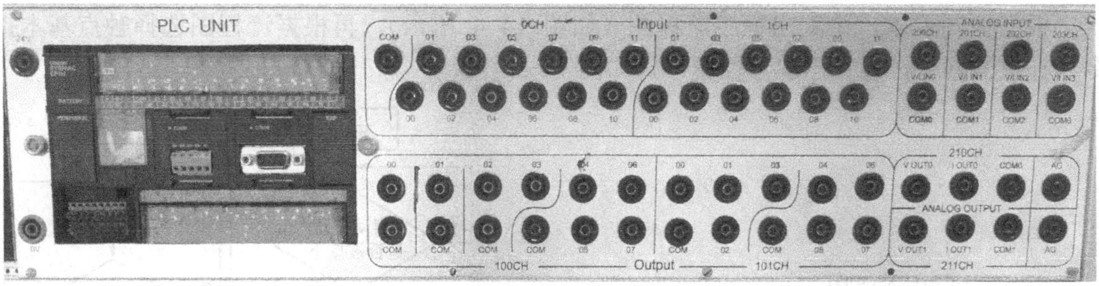

图 14-1 PLC 及扩展 I/O 插槽实物图

利用 USB 电缆连接 PLC 上的 RS-232 通信接口与计算机上的 USB 串行接口，同时在计算机上安装欧姆龙 PLC 编程软件 CX-programmer 及 USB 驱动程序后就可以在计算机上进行 PLC 程序的编写、修改和下载运行。

14.3.2 典型液压回路的 PLC 控制实例

1. 液压缸往复运动控制

1）控制要求

如图 14-2 所示，液压缸活塞杆的伸出和缩回动作的控制由一个二位四通单电控电磁阀和两个电感式接近开关完成。按下启动按钮，电磁铁 Y1 保持得电，液压缸的活塞杆伸出，当活塞杆头部伸出到位后，电磁铁 Y1 失电复位，活塞杆缩回。液压缸活塞杆缩回到位后再次伸出，往复循环 5 次，活塞杆缩回到位后停止动作。

2）PLC 控制系统硬件配置

系统输入/输出地址分配见表 14-2，输入信号 4 个，输出信号 1 个。

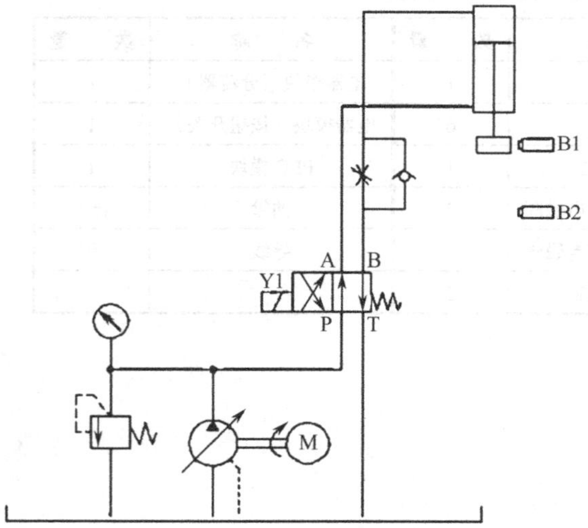

图 14-2 液压回路图

表 14-2 PLC 输入/输出地址分配表

元件名称	软元件	作用
按钮 SA1	I:0.01	启动按钮
按钮 SA2	I:0.02	停止按钮
接近开关 B1	I:0.03	缩回限位
接近开关 B2	I:0.04	伸出限位
电磁铁 Y1	Q:100.00	伸出

PLC 外部接线图如图 14-3 所示。

3）PLC 控制程序

根据控制要求，绘制出程序流程图（如图 14-4 所示），再根据流程图选择触点基本指令和计数器指令，设计出梯形图程序，如图 14-5 所示。

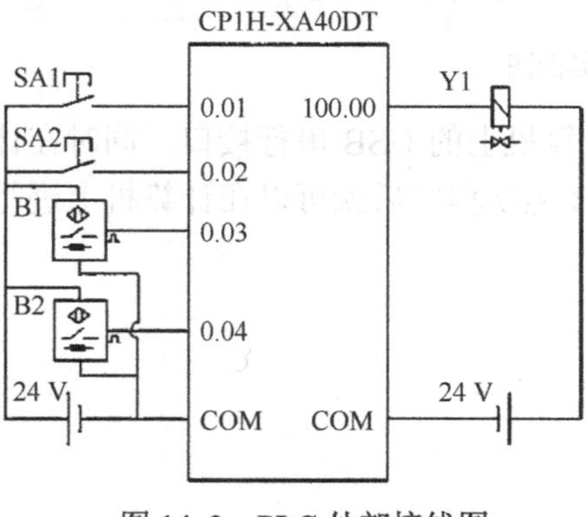

图 14-3 PLC 外部接线图

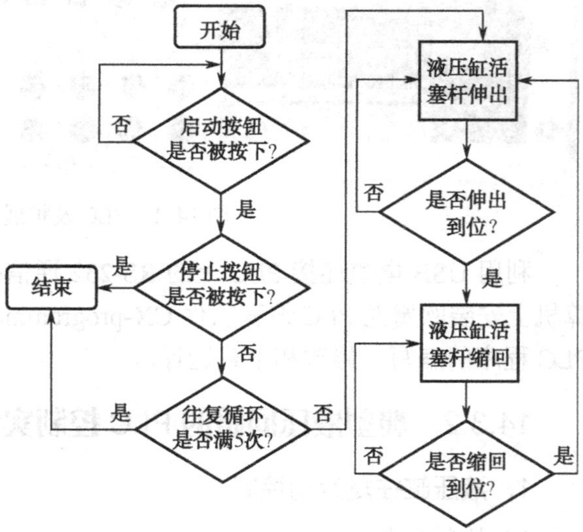

图 14-4 程序流程图

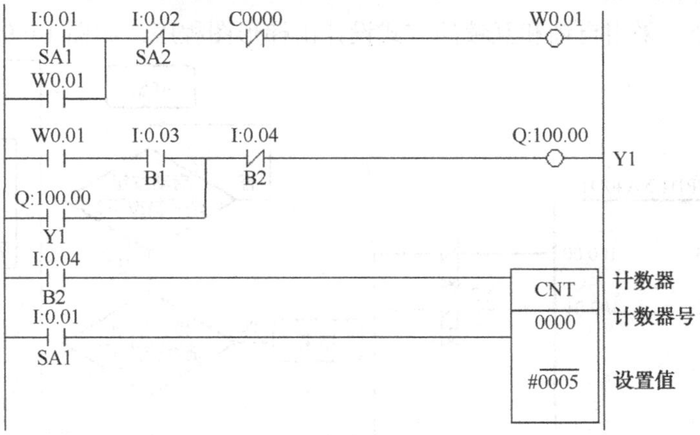

图 14-5　PLC 控制程序梯形图

2．液压马达正/反转延时控制

1）控制要求

如图 14-6 所示液压马达的正/反转控制由一个三位四通双电控电磁阀完成。按下启动按钮，电磁铁 Y1 保持得电，液压马达持续正转，计时 20 s 后，电磁铁 Y1 失电，而电磁铁 Y2 保持得电，液压马达持续反转，计时 15 s 后，电磁铁 Y2 失电，而电磁铁 Y1 保持得电，液压马达再次持续 20 s 的正转，往复循环，直至按下停止按钮，液压马达停止转动。

2）PLC 控制系统硬件配置

PLC 输入/输出地址分配见表 14-3，输入信号 2 个，输出信号 2 个。

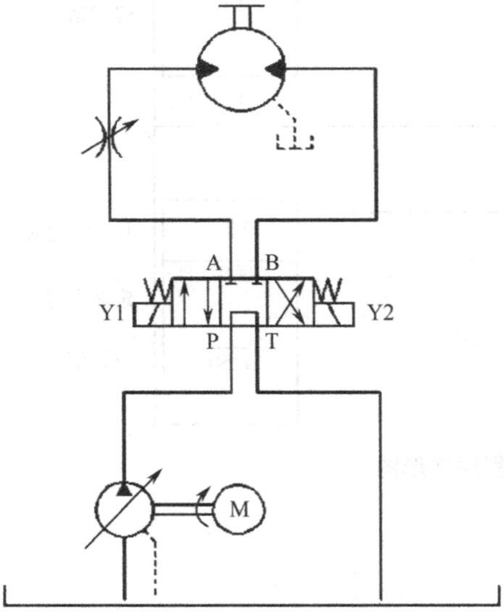

图 14-6　液压马达的正/反转控制

表 14-3　PLC 输入/输出地址分配表

元 件 名 称	软 元 件	作 用
按钮 SA1	I:0.01	启动按钮
按钮 SA2	I:0.02	停止按钮
电磁铁 Y1	Q:100.00	正转
电磁铁 Y2	Q:100.01	反转

PLC 外部接线图如图 14-7 所示。

3）PLC 控制程序

根据控制要求，绘制出程序流程图（如图 14-8 所示），再根据流程图，选择触点基本指令和定时器指令，采用自锁和互锁的方式设计出梯形图程序，如图 14-9 所示。

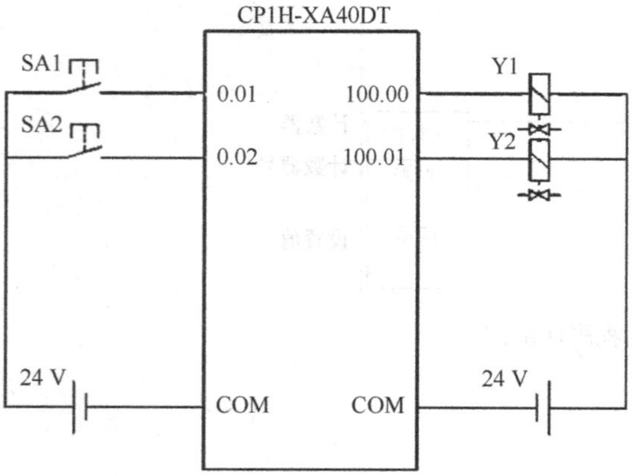

图 14-7　PLC 外部接线图

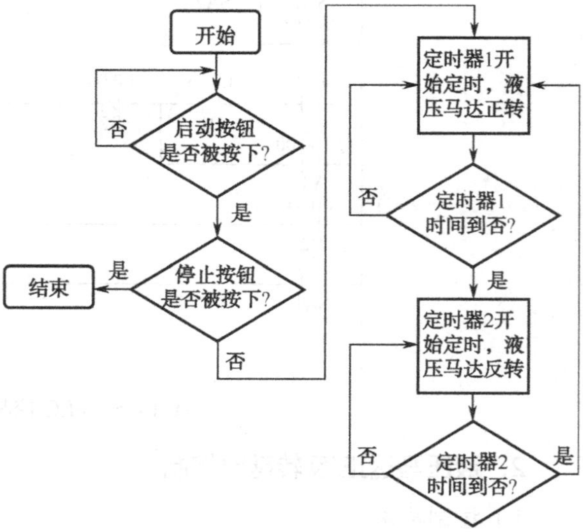

图 14-8　程序流程图

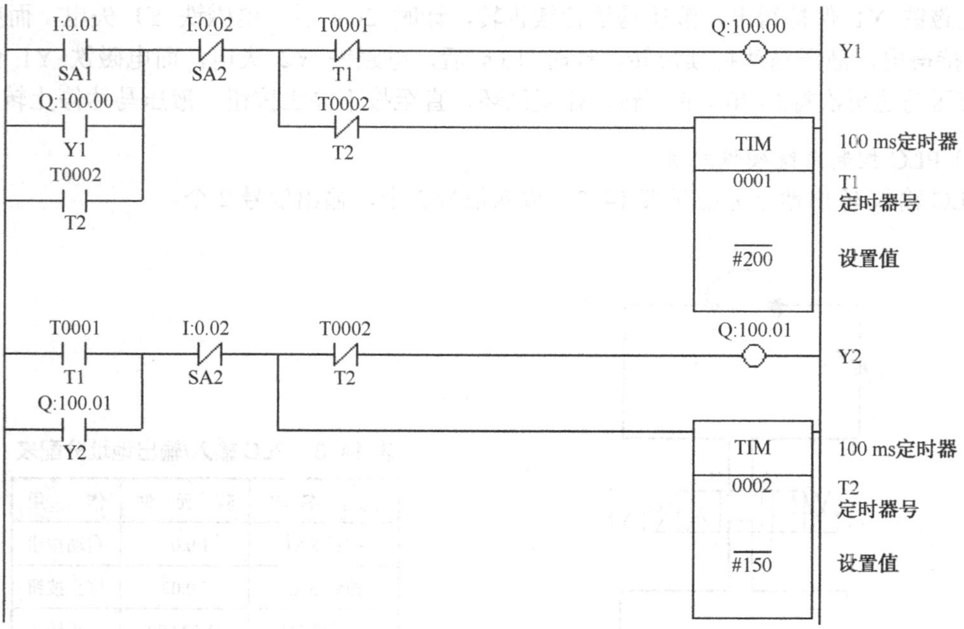

图 14-9　PLC 控制程序梯形图

3．比例方向阀的 PLC 控制

1）控制要求

如图 14-10 所示，液压缸按照快进—工进—快退的顺序动作控制，由一个电液比例方向阀完成。按下启动按钮，液压缸的活塞杆快速伸出，当活塞杆头部接近电感式接近开关 B1 后，活塞杆速度减慢，直至到达电感式接近开关 B2 位置时液压缸活塞杆快速缩回。

2）PLC 控制系统硬件配置

PLC 输入/输出地址分配见表 14-4，输入信号 3 个，输出信号 3 个。

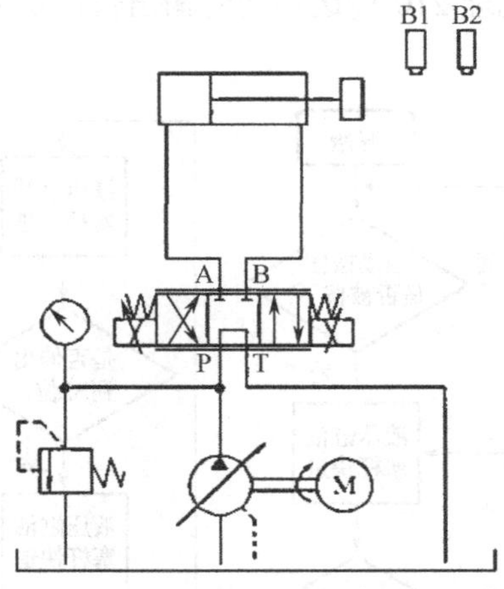

图 14-10 液压回路图

表 14-4 PLC 输入/输出地址分配表

元件名称	软元件	作用
按钮 SA1	I:0.00	启动按钮
接近开关 B1	I:0.01	快进/工进限位
接近开关 B2	I:0.02	伸出限位
继电器线圈 K1	Q:100.00	快进
继电器线圈 K2	Q:100.01	工进
继电器线圈 K3	Q:100.02	快退

如图 14-11 所示为使用比例阀指定值设定模块进行速度控制的比例阀电器模块接线图。由三个中间继电器的常开触点分别控制比例阀指定值设定模块的三个端口：调用 1、调用 2、调用 3，对应液压缸活塞缸的快进、工进和快退，三个端口的指定值电压可以手动设定。

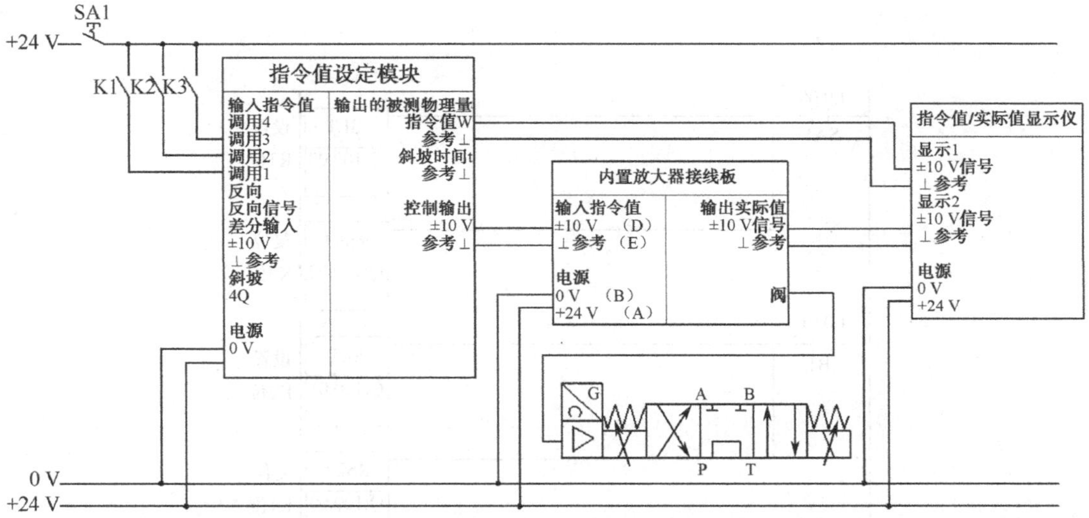

图 14-11 使用比例阀指定值设定模块进行速度控制的比例阀电器模块接线图

PLC 外部接线图如图 14-12 所示。

3）PLC 控制程序

根据控制要求，绘制出程序流程图（如图 14-13 所示），再根据流程图，选择置位与复位指令，设计出梯形图程序，如图 14-14 所示。

液压缸的速度控制还可以采用 PLC 模拟量输出进行，如图 14-15 所示。PLC 模拟量输出端口 VOUT0 输出电压值到放大器接线板 D 口，COM0 口连接放大器接线板 E 口。在 CX-P 软件中需设置内建 AD/DA，分辨率为 1/6000，使用 DA 0CH，范围为-10～+10 V，根据不同的输入信号，通过 MOV 指令对模拟量输出地址 210 传送不同的输出值，从而输出不同的电压给比例阀。

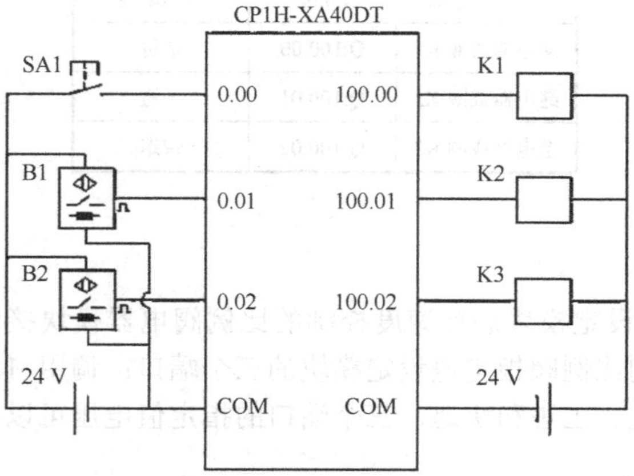

图 14-12　PLC 外部接线图

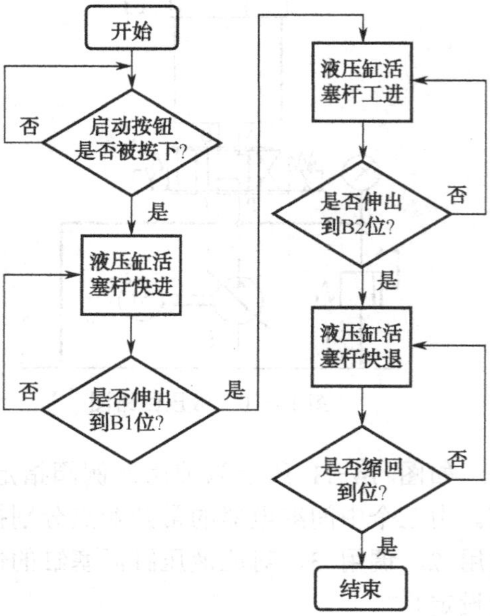

图 14-13　程序流程图

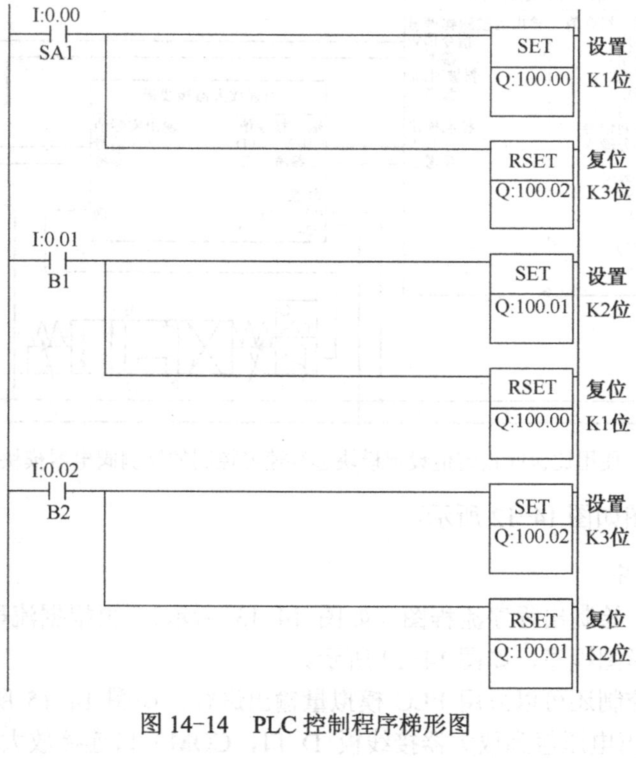

图 14-14　PLC 控制程序梯形图

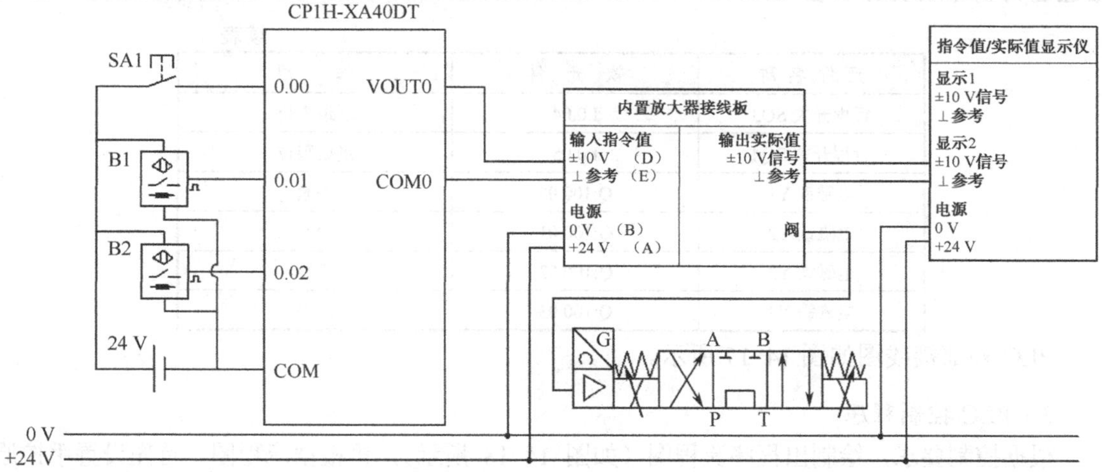

图 14-15　采用 PLC 模拟量输出进行速度控制的 PLC 和比例阀电器模块接线图

4．多缸动作的顺序控制

1）控制要求

如图 14-16 所示两个液压缸按照夹紧—进给—松开—后退的顺序动作控制，由两个二位四通单电控电磁阀和四个行程开关完成。

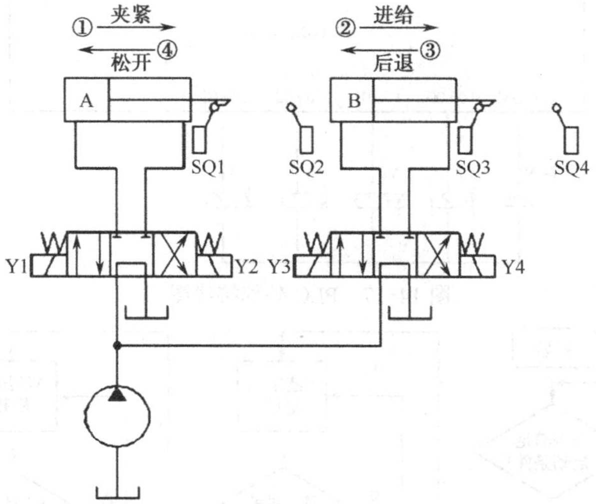

图 14-16　液压回路图

2）PLC 控制系统硬件配置

PLC 输入/输出地址分配见表 14-5，输入信号 6 个，输出信号 4 个。

表 14-5　PLC 输入/输出地址分配表

元 件 名 称	软　元　件	作　　用
按钮 SA1	I:0.00	启动按钮
按钮 SA2	I:0.01	复位按钮
行程开关 SQ1	I:0.02	松开限位
行程开关 SQ2	I:0.03	夹紧限位

续表

元件名称	软元件	作用
行程开关 SQ3	I:0.04	后退限位
行程开关 SQ4	I:0.05	进给限位
电磁铁 Y1	Q:100.00	夹紧
电磁铁 Y2	Q:100.01	松开
电磁铁 Y3	Q:100.02	进给
电磁铁 Y4	Q:100.03	后退

PLC 外部接线图如图 14-17 所示。

3）PLC 控制程序

根据控制要求，绘制出程序流程图（如图 14-18 所示），再根据流程图，首先设置手控原点复位，然后选择移位指令实现动作的顺序控制，最终设计出梯形图程序，如图 14-19 所示。

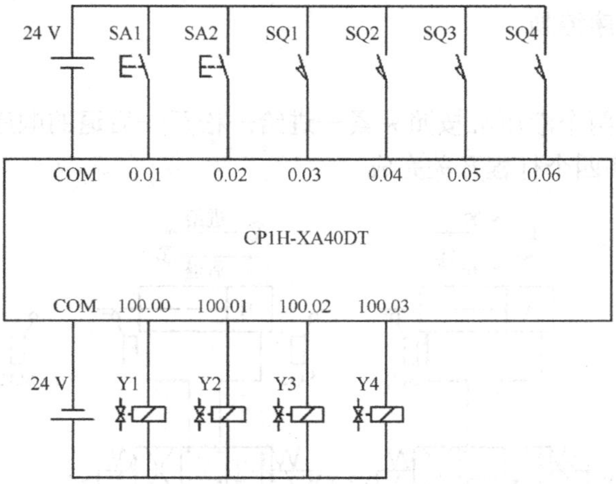

图 14-17　PLC 外部接线图

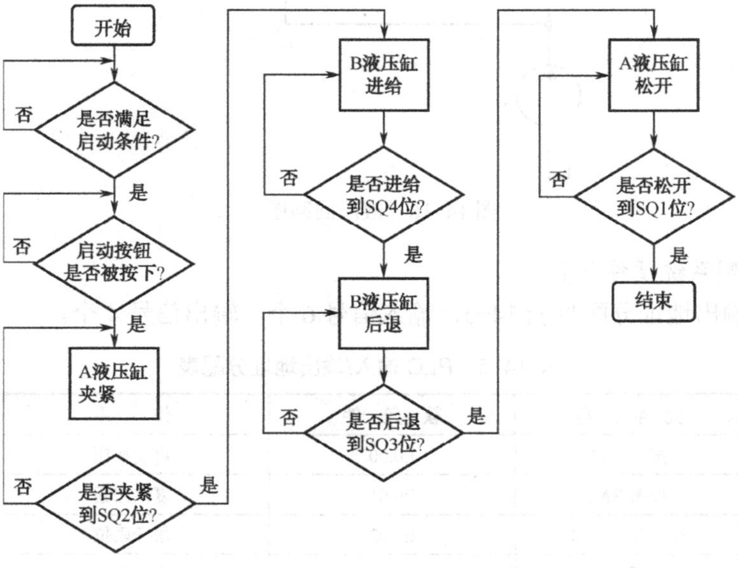

图 14-18　程序流程图

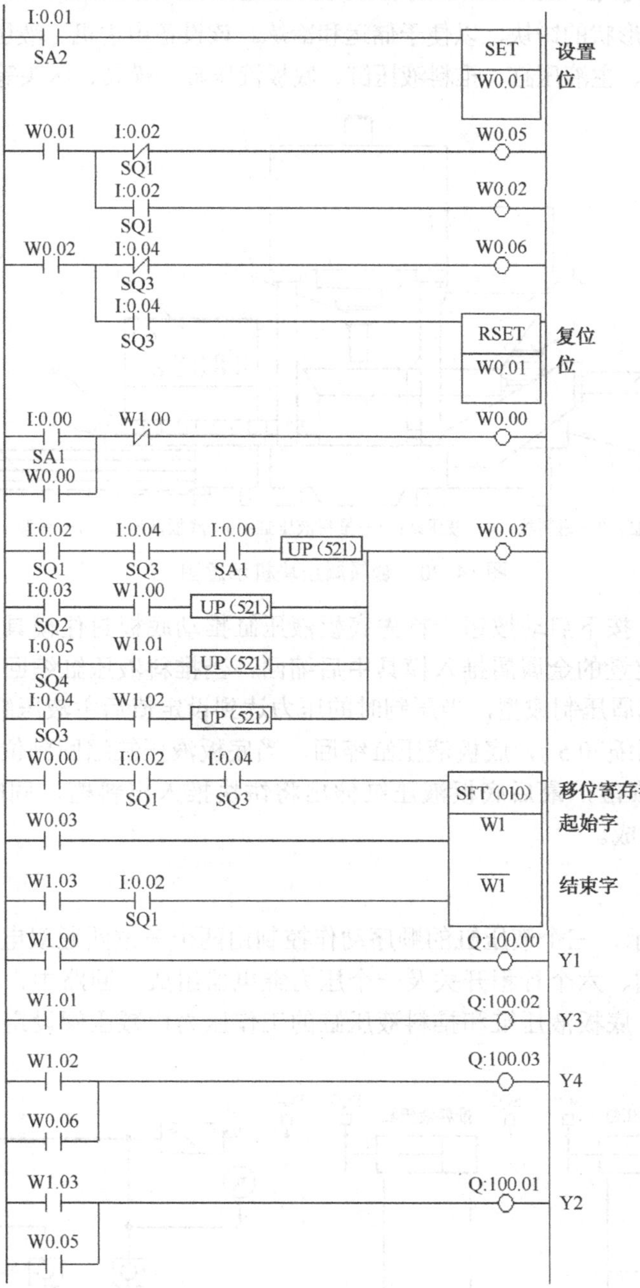

图 14-19 PLC 控制程序梯形图

14.4 实训操作

任务 金属屑压块机控制系统设计

1. 任务说明

如图 14-20 所示，金属屑压块机主要用于将金属屑（铸铁屑、铜屑、铝屑等）通过高压直接冷压成圆柱或其他形状的饼块，以便于储运和冶炼。该设备由主机、液压站和控制台三部分组成，而主机由机架、主液压缸、推料液压缸、底板液压缸、模具、压头等构成。

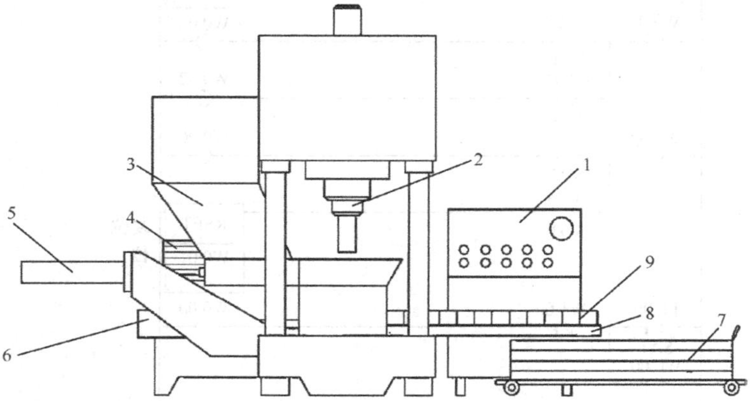

1—控制台；2—主液压缸；3—进料槽；4—液压站；5—推料液压缸；6—底板液压缸；7—料架；8—出料槽；9—饼块

图 14-20　金属屑压块机示意图

该设备上电后，按下启动按钮，首先底板液压缸推动底板封住模具底部，然后推料液压缸将进料槽内一定量的金属屑推入模具中后缩回，当推料液压缸缩回到位后主液压缸伸出，将模具中的金属屑压制成型，当压制时的压力达到设定值后主液压缸停止并保压 1 s，之后主液压缸向上回缩 0.5 s，底板液压缸缩回，当底板液压缸缩回到位后主液压缸继续伸出将模具中的饼块推落，最后底板液压缸伸出将饼块推入出料槽，同时再次封住模具底部，一个工作循环完成。

2．回路分析

如图 14-21 所示，三个液压缸的顺序动作控制由两个三位四通双电控电磁阀、一个二位四通单电控电磁阀、六个行程开关及一个压力继电器组成。回路中，液控单向阀用于液压缸的定位及锁紧，底板液压缸和推料液压缸的工作压力由减压阀设定，系统的最高压力由溢流阀限定。

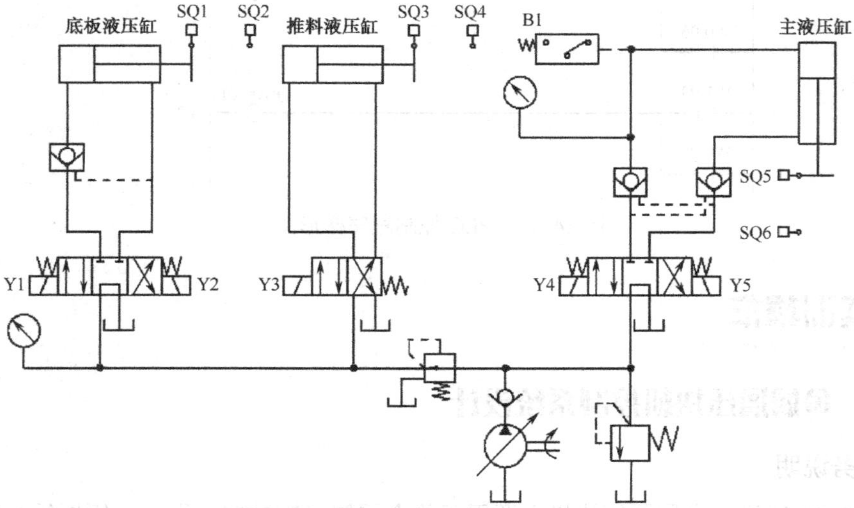

图 14-21　金属屑压块机液压回路图

3. PLC 控制系统硬件配置

PLC 输入/输出地址分配见表 14-6，输入信号 10 个，输出信号 5 个。

表 14-6 PLC 输入/输出地址分配表

元件名称	软元件	作用	元件名称	软元件	作用
按钮 SA1	I:0.00	启动按钮	电磁铁 Y1	Q:100.00	底板伸出
按钮 SA2	I:0.01	停止按钮	电磁铁 Y2	Q:100.01	底板缩回
按钮 SA3	I:0.02	复位按钮	电磁铁 Y3	Q:100.02	推料伸出
行程开关 SQ1	I:0.03	底板缩回限位	电磁铁 Y4	Q:100.03	主液压缸压下
行程开关 SQ2	I:0.04	底板伸出限位	电磁铁 Y5	Q:100.04	主液压缸上升
行程开关 SQ3	I:0.05	推料缩回限位			
行程开关 SQ4	I:0.06	推料伸出限位			
行程开关 SQ5	I:0.07	压下限位			
行程开关 SQ6	I:0.08	上升限位			
压力继电器	I:0.09	压力控制			

PLC 外部接线图如图 14-22 所示。

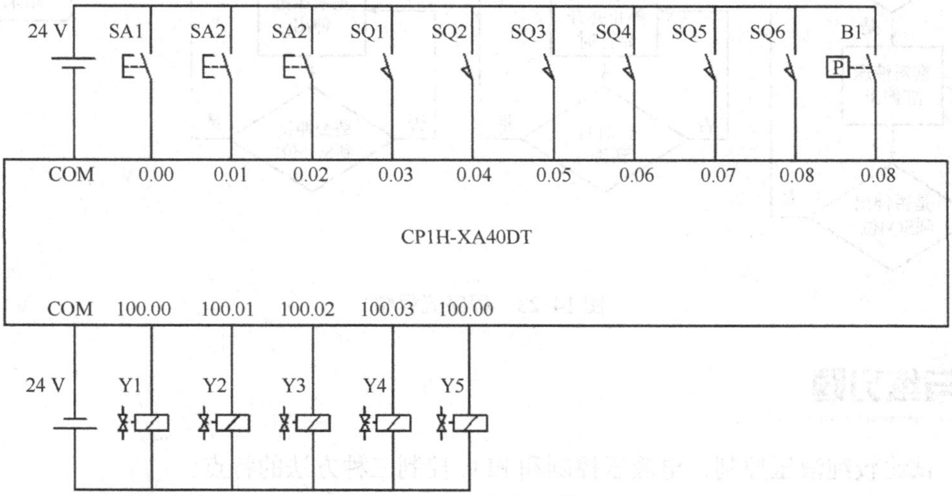

图 14-22 PLC 外部接线图

4. 程序流程图

根据控制要求，绘制出程序流程图，如图 14-23 所示。

5. 操作步骤

（1）在实训设备上连接实验管路；
（2）检查所连接的管路并确保油管正确连接；
（3）打开计算机，运行欧姆龙 PLC 编程软件 CX-programmer；

（4）根据任务要求，设计编写程序，在实训设备上进行调试运行；

（5）观察运行情况，对使用中遇到的问题进行分析和解决；

（6）关闭液压动力站，关闭 PLC 和计算机，拆卸连线、元件和油管，并整理归位；

（7）完成实训报告（见附录）。

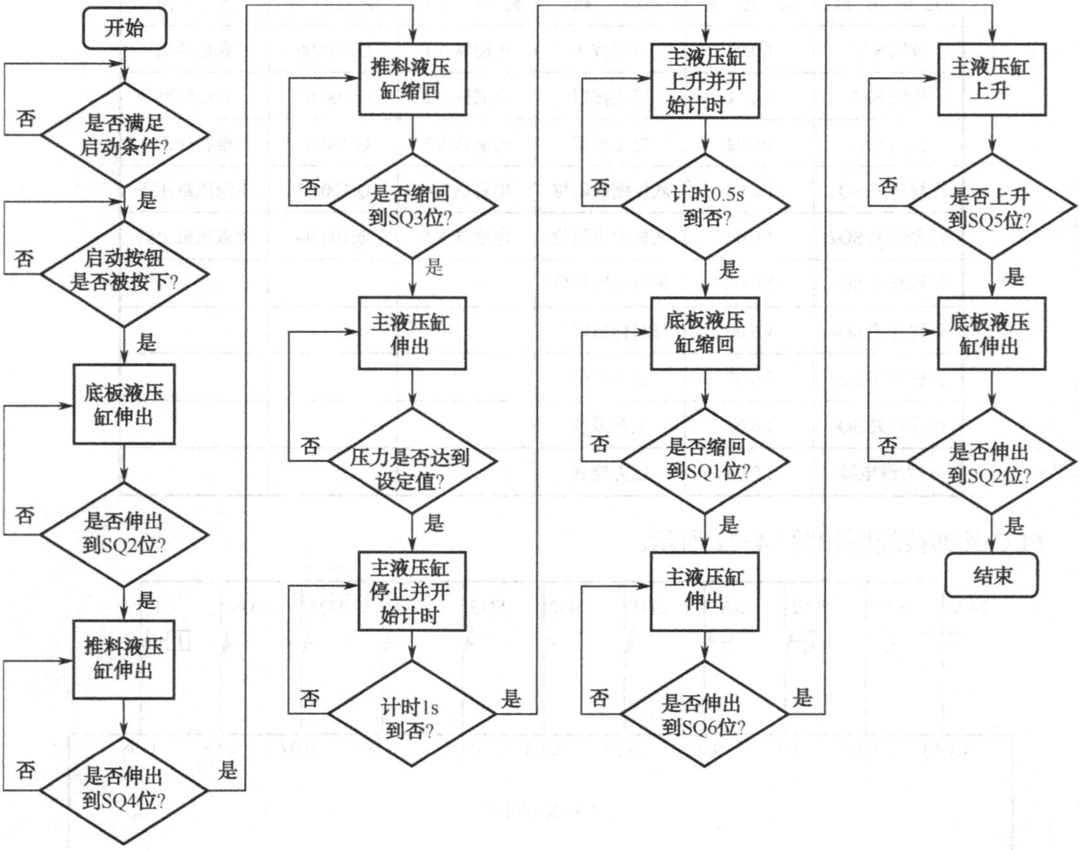

图 14-23　程序流程图

思考与练习题

1．试比较纯液压控制、电液压控制和 PLC 控制三种方法的特点。

2．编写如图 12-1（a）所示的行程开关控制的顺序回路的 PLC 控制程序。

3．编写如图 12-2（a）所示的压力继电器控制的顺序回路的 PLC 控制程序。

4．编写如图 12-4 所示的板料液压剪切机液压系统的 PLC 控制程序。

5．如图 14-24 所示为一个传送工件的机械手示意图，用于生产线上将工件从左边搬运到右边。要求如下：

（1）列出输入/输出地址分配表，画出 PLC 外部接线图。

（2）画出程序流程图。

（3）编写 PLC 控制程序。

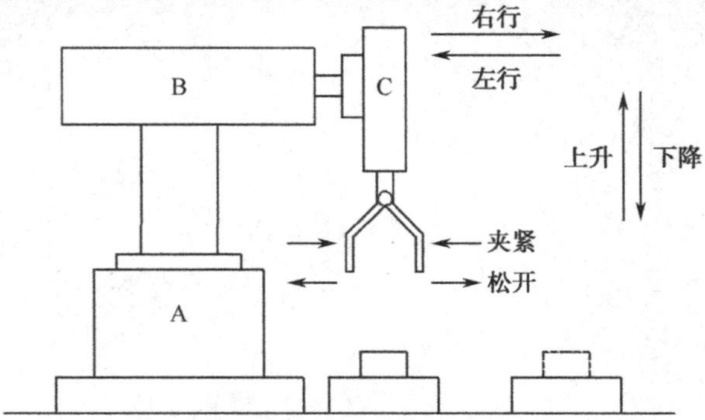

图 14-24　传送工件的机械手示意图

项目 15 液压系统的使用维护

一台液压设备，如果不注意合理使用和维护保养，就会过早损坏或频繁发生故障，使设备的寿命大大降低。为了减少和防止故障的发生，延长元件和系统的使用寿命，设备管理人员应制定液压设备的维护保养管理规范，并严格执行。

15.1 项目目标

（1）了解液压系统的安装和调试过程；
（2）熟悉液压设备的使用注意事项；
（3）知道液压设备维护保养的目的和方法；
（4）明白任务回路中各元件的作用，能正确选取所需元件，熟练安装运行任务回路；
（5）阅读工厂常见液压设备检测和维护知识；
（6）具备良好的综合应用能力和一定的回路分析和设计能力。

15.2 实训设备和元器件

项目所需实训设备和元器件见表 15-1。

表 15-1 实训设备和元器件明细表

名　称	数　量	名　称	数　量
计算机（安装教学软件）	1	实训设备及元件	自定

15.3 基础知识

15.3.1 液压系统的安装

液压系统的安装是液压系统将来能否正常可靠工作的一个重要环节。液压系统安装工艺不合理将会出现安装错误，造成液压系统无法运行，给生产带来巨大的经济损失，甚至造成重大事故。因此，必须重视液压系统的安装这一重要环节。

1. 安装前的准备工作

安装前一定要认真阅读液压系统工作原理图、系统管道连接图、各种元件的使用说明书，熟悉系统和各元件的工作原理、结构、安装和使用方法等。

对照安装明细表准备好各个元件并仔细检查，必须型号一致，性能合格，调整机构灵活，显示灵敏准确。如果发现问题要及时处理，不可将就使用。

液压元件安装前要用煤油清洗，所有液压元件都要进行密封和耐压试验。安装前应将各种控制仪表进行校验，避免不准确，造成事故。

2. 液压元件的安装

安装时一般按先下后上、先主后次、先内后外、先难后易、先精密后一般的原则顺序进行，并要着重注意以下几点。

1）液压泵的安装

液压泵布置在单独油箱时有两种安装方式：卧式和立式。液压泵采取立式安装的方式，管道和泵等都在油箱内部，便于收集漏油，外形整齐；而采取卧式安装时，管道露在外面，安装和维修比较方便。液压泵与电动机的连接轴有同轴度要求，一般要求偏心量小于 0.1 mm，两轴中心线的角度小于 1°。液压泵安装后吸油高度一般不得超过 0.5 m，其基座应有足够的刚度，且连接牢固，以防振动。

2）液压阀类元件的安装

阀应保证轴线呈水平位置安装；板式元件的安装要检查进/出油口处的密封圈是否符合要求；安装前密封圈应突出安装平面，保证安装后有一定的压缩量，以防泄漏；固定螺钉的拧紧力要均匀，使元件的安装平面与底板平面很好地接触；安装时应注意各阀类元件进油口和回油口的方位；安装的位置无规定时应安装在便于使用、维修的位置上。一般方向控制阀应保持轴线水平安装；安装换向阀时，四个螺钉要均匀拧紧，一般以对角线为一组逐渐拧紧。

3）液压缸的安装

安装前仔细检查活塞杆是否弯曲；对于底座式或法兰式液压缸可通过底座或法兰设置挡块的方法，力求安装螺钉不直接承受负载，以减小倾覆力矩；对于轴销式或耳环式液压缸，则应使活塞杆顶端的连接头方向与耳轴方向一致，以保证活塞杆的稳定；行程较长和油温较高的液压缸一端应保持浮动，以补偿热膨胀的影响。

4）辅助元件的安装

辅助元件应严格按照设计要求的位置进行安装并注意整齐、美观，在符合设计要求的情况下，尽可能考虑使用和维修方便。

滤油器的安装位置按其用途而定。为了滤除液压油源的污物以保护液压泵，吸油管路装设粗滤油器；为了保护关键液压元件，在其前面装设精滤油器；其余滤油器一般装在低压回路中。蓄能器的安装位置应远离热源，应牢固地固定在托架或基础上，但不能用焊接方法固定；蓄能器和管路之间应设截止阀，供充气、检查、调整或长期停机时使用；蓄能器和液压泵之间要加设单向阀，以防止蓄能器的压力油向液压泵倒流。

管道铺设应便于装拆和维护，不能妨碍生产人员行走及机电设备的运行和维护。对长管道应安装支架（或管夹）；对于橡胶软管，应注意远离热源或采取隔热措施，并避免相互之间及同其他物体间的摩擦。管道加工在管道安装过程中，应根据具体尺寸、形状及焊接要求加工管材。切割加工的油管端部应平整、无裂纹；弯曲加工的钢质弯管的弯曲半径不宜过小（一般应大于管子外径的 3 倍）；加工螺纹的管端应符合标准，无缺陷。对焊接管道，其坡口形式、焊接材料应符合焊接工艺要求。

3. 液压系统的清洗

金属硬管配管试装后拆下，要经酸洗去锈，碱洗中和，水洗清洁，然后干燥涂油，方可转入正式安装。

系统安装好后，在试车前还要进行全面的整体清洗。可在油箱中加入 60%～70%的工作油，并在主回油路上安装临时的过滤器（过滤精度视系统清洁程度而定），然后将执行元件的进/出油管断开，并用临时管道接通，启动系统连续或间歇工作，靠流动的工作油冲刷内部油道。清洗时间一般为几小时至十几小时，使内部各处的灰尘、铁屑、橡胶末等微粒被冲刷出来，要一直清洗到过滤器上无新增污染物为止。也可以不断开执行元件，在正常连接状态下空载运行，使执行机构连续动作，完成上述清洗工作。

清洗用的工作油要尽量排干净，防止混入新液压油中，影响新液压油的使用寿命。

15.3.2 液压系统的调试

液压系统在装配好或经维修、保养和重新装配后必须经过调试才能使用。调试的目的是通过调试了解和掌握液压系统各元件、回路的运行状态、工作性能，及时排除系统中存在的各种缺陷和故障，为系统的正常使用做好准备。调试前要根据说明书检查液压系统各液压管道、电气线路安装是否正确、可靠，液压油与说明书是否一致，油标高度是否符合要求，各液压元件的安装是否正确，各控制手柄是否打在相应位置，各仪表安装是否正确、显示是否正常等。

1. 启动液压泵

先空载启动液压泵，以额定转速、规定转向运转，观察泵是否有漏油和异常声响，泵的卸荷压力是否在允许范围内。启动时通常采取点动，经几次反复，确认无异常现象才允许投入空载连续运转。

2. 系统压力调试

液压系统中压力控制阀的调试应从泵源附近的压力阀开始依次调整。调整应在运动部件处于停止位或低速运动状态下进行。压力由低到高，边观察压力表及油路工作情况边调整，直至调至规定值。主油路液压泵出口处溢流阀的调整压力一般大于推动执行元件所需工作压力的 10%～20%，卸荷压力一般应小于 0.1～0.2 MPa。若用卸荷压力油给控制油路和润滑油路供油，其卸荷压力应保持在 0.3～0.6 MPa。压力继电器的调整压力比所控制的执行机构工作压力高 0.3～0.5 MPa。

3. 系统流量调试

1）排除系统空气

脱开执行元件与工作机构，使系统在空转条件下无负荷运转，操纵换向阀使液压缸做往复运动或使液压马达做回转运动。在此过程中一方面检查液压阀、液压缸或液压马达、电气元件、机械控制机构等是否灵活、可靠；另一方面进行系统排气。排气时，最好是全管路顺序进行。对于复杂或管路较长的系统要进行多次排气。

2）速度调节

由于流量阀在系统排气时已从小逐步开到最大，在调节时应先使液压缸的速度最大，然后逐渐关小流量阀并观察系统能否达到最低稳定速度，再按工作要求的速度来调节流量阀。

3）全负荷运转

按设计规定的自动工作循环或顺序动作，一般可在空载、工作负载、最大负载三种情况下分别进行。检查各动作的协调性，同步和顺序动作的正确性，启动、停止、换向、速度换接的平稳性，有无误信号、误动作和爬行、冲击等现象，此外还要检查系统在承受负载后，是否实现了规定的工作要求。例如，速度-负载特性如何，泄漏量如何，功率损耗及油温是否在设计允许值内，液压冲击和振动噪声是否在允许的范围内等。

此外，在调试期间对主要的调试内容和主要参数的测试应有现场记录，经核准归入设备技术档案，作为以后设备维修的技术数据。测试结束后，应对设备和液压系统做出评价。

15.3.3 液压系统的使用与维护保养

为了保证液压设备处于良好的工作状态，减少故障的发生，延长使用寿命，必须合理、正确地使用和维护保养液压设备。

1. 液压系统的使用

（1）操作者应明白液压系统的工作原理，熟悉各种操作和调节手柄的位置及旋向等。

（2）开车前应检查液压系统上各调节手柄、手轮是否处在相应位置，电器开关和行程开关的位置是否正常，主机上工件的安装是否正确、牢固，再对导轨和活塞杆进行擦拭，然后才可以开车。

（3）开车前还应检查油面，保证系统有足够的油液。液压油要定期检查、更换，新设备使用三个月后即应清洗油箱，更换新油，以后每隔半年到一年进行清洗和更换。

（4）开车时，应先启动控制油路液压泵。

（5）工作中要随时注意油液温度，油箱中油液温度不应超过 60℃，一般控制在 35～55℃，当油温过高时需设法冷却。当油温过低时，应进行预热，使油温逐步升高，再进入正常工作状态。

（6）系统中应根据需要配置粗、精滤油器，对滤油器要经常检查、清洗和更换。

（7）油箱要加盖密封，油箱上面的通气孔要设置空气过滤器，加油时要进行过滤。

（8）有排气装置的系统要进行排气，无排气装置的系统在工作之前要进行几次空载往复运动，使之自然排除气体。

（9）为保证电磁阀正常工作，应保持电压稳定，其波动值不应超过额定电压的±（5%～15%）。

（10）不得使用有缺陷的压力表，不允许在无压力表的情况下工作或调压。

（11）电气柜、操作台和指令控制箱等应有盖子或门，不得敞开使用，以免积污。

（12）当液压系统某部位产生异常时（如压力不稳定、压力太低、振动等），要及时分析原因进行处理，不要勉强运转，造成大事故。

（13）若设备长期不使用，应将各手轮、手柄全部放松，防止弹簧产生永久变形而影响元件的性能。

2. 液压系统的维护保养

维护保养的中心任务是保证供给液压系统清洁的液压油；保证液压系统的封闭性；保证液压元件和系统得到规定的工作条件，以保证液压执行机构按预定的要求进行工作。维护工作分为经常性的日常维护、定期检查和综合检查。维护工作应有记录，以利于今后的故障诊断和处理。

1）日常维护

日常维护是减少故障的最主要环节，通常是用目视、耳听及手触感觉等比较简单的方法，检查油量、油温、漏油、噪声、压力、速度及振动等情况，及时发现、解决问题，并对系统进行维护和保养，对重要的设备应填写“日常维护点检表”。日常维护有两个要点：一是防止泄漏；二是液压流体的处理。

发现异常现象的处理方法：如果在日常检查过程中发现任何异常现象，应将它报告给维修部门，并尽可能地在不耽误工作的情况下调查原因。同时，保持设备、周边及地面清洁是检查项目中比较容易的，应确保设备“5S”（整理、整顿、清洁、清扫、素养）的完全执行。

2）定期检查

定期检查是指每隔一段固定时间就对相关元部件进行检查维修（如定期更换密封件、

定期清洗更换液压元件、定期检查润滑油路），调查分析日常维护中发现的异常现象并进行排除，目的是提早发现事故的苗头。定期检查的时间间隔一般与滤油器的检查清洗周期相同，通常为 2～3 个月。

3）综合检查

综合检查大约一年一次。综合检查的方法主要是分解检查，要重点排除一年内可能产生的故障因素。其主要内容是检查液压装置的各元件和部件，判断其性能和寿命，并对产生故障的部位进行检修，对经常发生故障的部位提出改进意见。

15.4 实训操作

任务 液压支架液压系统的设计与日常维护

1. 任务说明

如图 15-1 所示液压支架是煤矿综合机械化开采的重要装备，在井下采煤工作面主要起支护作用，同时还担负着连接运输机，实现采煤工作面整体向前推进的重任。液压支架以高压液体为动力，通过各种动力油缸的伸缩，使支架完成升起、降落、行走和推移运输机等各种动作，以便支架随工作面不断推进而反复支撑、前移和调整。

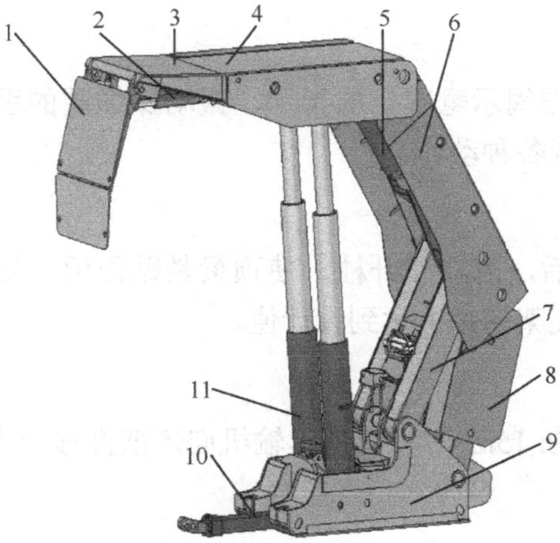

1—护帮板；2—护帮千斤顶；3—前梁；4—顶梁；5—平衡千斤顶；6—掩护梁；

7—前连杆；8—后连杆；9—底座；10—推移装置；11—立柱

图 15-1 液压支架示意图

为使液压支架运行正常，使用寿命长，首先要小心安装、试车，其次要经常对液压系统进行检查，并结合设备的使用条件和工作环境，制定和执行良好的保养计划。

2. 回路分析

如图 15-2 所示液压支架的液压系统利用泵站的高压乳化液来控制立柱、千斤顶和阀等，实现支架的支护性能和各种动作。系统主要由立柱、千斤顶、各种阀和高压胶管及管路附件等组成。

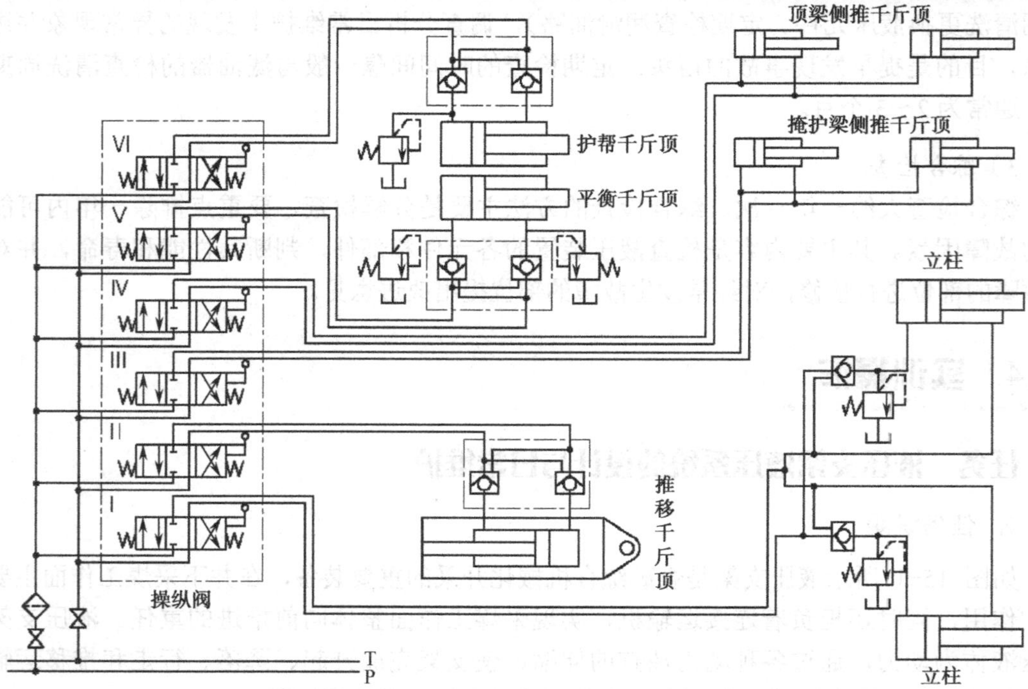

图 15-2　ZY2000/14/31 型支架液压系统图

3. 液压支架的操作

支架的操作按照“操作阀示意牌”的指示，搬动操纵阀的手柄，通过高压乳化液控制立柱和千斤顶的伸缩来实现各种动作。

1）支架的初撑

支架移过一个步距之后，应立即升柱，使顶梁紧贴顶板。当顶梁接顶后，应使操纵阀手柄停留一段时间，以使支架初撑力达到设计值。

2）推溜

当采煤机采煤通过有约 15m 时，将前运输机向煤壁推移一个截煤步距，要保证运输机平直。

3）移架

采煤机割煤后，支架即可降柱前移，以实现及时支护。支架跟机距离可根据顶板状况而定，降柱时应注意顶梁下降不要过多，如下降过多不但延长了操作时间，而且对维护顶板不利，还有可能使支架落在邻架侧护板之下，造成支架之间的“咬架”现象，使侧护板损坏。可同时操作降柱和移架两手柄，待支架开始移动时将降柱手柄放到中间位置，使支架擦顶移架，这样既有利于维护顶板又能提高工作效率。在移架过程中还可同时操作侧推千斤顶，从而扶正支架：一方面防止支架倾斜，另一方面保持支架之间合适的距离。

4）侧护板的操作

支架正常使用时，不必操作侧护板，此时侧护板靠弹簧力与邻架侧护板紧贴以护好顶板。当需要调架时可操作侧推千斤顶进行调架，侧护板的操作常和移架同时进行。

4. 液压支架的日常维护

为保证综采工作面的正常生产，延长支架的使用寿命，必须对支架的液压系统做如下日常维护工作。

（1）及时清理漏矸和淤积的浮煤，以免卡住各运动部件和碰坏零件，妨碍移架；

（2）检查各结构件之间连接部位的销轴不得窜出，开口销、B 形销、弹簧销和挡销等应齐全，开口销的尾部需张口以保证联结可靠，发现问题应及时处理；

（3）检查各受力部位、结构件等是否有损坏和严重塑性变形，焊缝有没有开裂，发现问题要及时处理；

（4）液压系统：

① 对所使用的乳化油和水质应定期进行化验，以满足使用要求。

② 泵站油箱及支架的过滤器每月清洗一次，系统中安装高压自清洗过滤器(精度25μm)。

③ 管路连接必须正确，立柱、千斤顶、阀、接头不得漏液。对开裂或划伤的胶管和损坏的 O 形圈、U 形卡要及时更换；对由于阀体等金属件造成的漏液，应成组更换拿到井上进行检修，之后必须按技术要求进行性能试验，合格后方可再下井使用。

④ 备用的各种软管、阀组、立柱、千斤顶和管路附件的连接口须用塑料堵（帽）或塑料袋装好，存放及运输过程中不得掉落，以防污物和尘土进入。这些备用液压件在存放时里面不得有乳化液，并采取防锈、防腐蚀措施，如存放前用乳化油清洗一下。

注意：冬季储存及运输应采取相应的防冻措施。

5. 操作步骤

（1）打开计算机，运行液压教学软件；

（2）在绘图区域按图 15-2 搭建回路；

（3）仿真运行回路并分析系统的工作过程和回路特点；

（4）分组讨论并拟定液压支架的日常维护点检表，各小组间可进行相互评价；

（5）完成实训报告（见附录）。

15.5 拓展知识

15.5.1 常见液压设备检测项目

1. 检查项目

液压系统检查项目主要有液压油箱、吸滤器、泵装置、压力控制阀、油路过滤器、方向控制阀、流量控制阀、管道和接头、传动装置等。

2. 检测对象及其检测点

一般而言，漏油是不可预料且经常发生的现象。每个装置的接头部位、安全阀的插头、容器的垫片、容器损坏处、润滑物的油塞等都是最容易产生泄漏的地方。

表 15-2 列出了工厂设备常见的检查点及其处理办法。

表 15-2　工厂设备常见的检测点及处理方法

检查设备	检查点	处理方法	备注和循环期
液压油箱	油量是否在限定的范围内？油温是否在限定的范围内？ 是否漏油？油中是否有气泡或乳化？ 地脚螺栓是否松动？滤油器入口或过滤器是否有污垢？ 是否有未使用的孔或损坏的密封？管子是否漏水或漏油？	加油 拧紧和更换垫片 紧固 清洗 紧固	一次/月 一次/周
压力泵	是否有松动的定位螺钉？ 是否漏油？（泵出口/入口，轴密封） 泵排放声音大吗？泵加热正常吗？泵振动正常吗？	紧固 检查	一次/月
压力计	是否在限定的范围内？ 玻璃容器是否破裂、破碎、变形或有咔哒声？ 是否漏油？检查是否很容易执行？提供停止阀了吗？ 是否有重叠的平缝？机用螺钉松动了吗？指出限定了吗？	恢复到限定范围内 修理或更换 紧固 紧固 显示	每日 一次/月
压力开关	是否在限定范围内？是否漏油？ 是否有松动的定位螺钉？	恢复到限定范围内 紧固 紧固	每日 一次/月
止回阀	是否漏油？	紧固	一次/月
压力安全阀	是否漏油？锁紧螺母是否安全？ 在加压过程中是否有噪声和振动？ 是否有松动的定位螺钉？	紧固 安全 紧固	一次/月
液压电磁阀	是否漏油？是否有松动的螺栓？ 电气接点电线是否裸露在外面？ 线圈的固定螺栓帽是否松动？	紧固 紧固 紧固	两次/月 一次/月 两次/月
节流阀	是否漏油？是否有松动的锁紧螺母？ 紧固方向正确吗？	紧固 安全 检查线路图	一次/周
压力保持阀	是否漏油？是否有松动的定位螺钉？ 锁紧螺母安全吗？	紧固 紧固 安全	一次/周 一次/周
液压泵	是否漏油？支柱螺栓是否松动？ 管子接头螺栓是否松动？ 是否有物体堵塞液压管或是否有损坏的软管？ 是否有异常振动？	紧固 紧固 紧固	一次/周
液压缸	是否有松动的定位螺钉？是否有注塑机拉杆螺母？ 是否有松动的拉杆？拉杆是否前、后平稳地移动？ 拉杆是否损坏或生锈？是否漏油？ 是否有松动的缓冲阀或螺母？防尘风箱是否损坏？	紧固 对角线紧固 紧固 紧固	一次/月 一次/周

一般来说，维修工在油压检查过程中需要检查的重要部位包括：①电磁阀是否有异常声音、松动或损坏的电线？②设备或管道中是否有咔哒声、振动或泄漏？③后端是否有未

使用的管子或软管？④油箱中是否装有规定的油量？⑤液压流体是否被污染？⑥过滤器是否堵塞？⑦液压油的温度是否过高？⑧排油管是否过热？

15.5.2 常见液压设备维护小结

表 15-3 列出了工厂常见的液压系统设备维护知识。

表 15-3 工厂常见的液压系统设备维护知识

部 位	序 号	检 查 项 目	检查方法和判定标准
润滑油	1	检查是否使用了指定的液压流体	确认是否使用适当的液压流体，新油储存罐中液压流体的类型是否和设备说明中的一致
	2	检查液压流体中是否含有灰尘或杂质	适当地从罐内中间油位取出一些油作油样。通过在过滤纸上滴 2～3 滴油目视检查是否有灰尘或杂质
	3	检查液压油中是否含有任何水分	从一些油中取样，目视检查是否呈乳状白色（乳化）或者明显的混浊。加热钢板，检查是否有油喷射
	4	检查液压流体中是否有气泡	将油放在有光源的地方，目视检查表面是否有小的气泡
	5	检查液压流体的黏度	采用黏度计检查黏度是否降低
	6	检查液压油的颜色是否有变化	将油的颜色和油样做比较，检查是否因变质或被污染而产生的颜色变化范围在±2.5 之内
	7	检查管子吸入口处液压流体的温度	在滤油器口插入一个温度计，检查液压流体的温度是否在±10°C 内
液压油箱	8	检查油位计	清洗时，检查油位计是否损坏，油量是否在上、下限位之间
	9	检查液压油箱是否损坏	检查液压油箱周围地面是否被污染，进行清洗，然后用手检查是否漏油、损坏或有松动的螺栓
	10	检查液压油箱上顶板的密封剂	清洗时，应对液压油箱的顶板、吸入管和回油管进行正确地密封
	11	检查设备部件的水平度	在基准板上放置一个水平仪，检查水平度是否降低
	12	检查设备框架的硬度	采用示波仪检查设备框架的振动情况，并判定它的硬度
	13	检查基础情况	清理基础和外围时，检查是否因地面的下沉等导致基础混凝土出现裂缝
	14	检查地脚螺栓和水平调节螺母的情况	清理基础和外围时，检查地脚螺栓和水平调节螺栓是否有缺陷
	15	检查滤油口和过滤器	取下盖子，清除滤油口及其周围的灰尘和污垢。检查是否有滤油器。取下过滤器，检查是否有污垢、堵塞和损坏
	16	检查滤油口盖和通气孔	清洗滤油口盖时，检查包装是否退化，通气孔是否有碰撞，滤芯是否有灰尘或堵塞
	17	检查液压油箱底部是否有灰尘和污垢	插入磁棒，清理液压油箱底内部，检查是否有黏着的金属粉末或杂质

续表

部　位	序　号	检查项目	检查方法和判定标准
液压油箱	18	检查箱内磨损碎屑	除去液压油箱的顶板，检查是否有磨损碎屑，是否位于准确的位置、高度和是否有损坏
	19	检查吸入管和回油管	从箱底测量吸入管的长度为 30 mm，回油管的长度为油位计的较低限位 检查在吸入管的末端是否有吸滤器
S 型过滤器	20	检查过滤套的内表面及滤芯内是否有灰尘、污垢和损坏	取下过滤器，拿出滤芯，清理附着在过滤器内表面上的污垢，检查滤芯可更换部件上是否有污垢、损坏和堵塞
	21	检查过滤芯的网眼	取下过滤器，拿出滤芯，检查网眼是否在 130～150 μm 之间
	22	检查过滤器的容量	探测过滤器的容量，并确认至少是流量的 2 倍
	23	检查过滤器管子接头是否漏油	清洗时，检查管子接头是否漏油
泵装置	24	检查泵内是否有异常声音和振动	开动泵，检查在无负荷状态下压力计上是否有异常振动
	25	检查泵轴承内是否有异常声音	用诊断仪器检查轴承是否有异常声音
	26	检查泵的异常发热	泵连续运转两小时或更长时间后，采用温度计或热温色标签检查温度是否异常
	27	检查泵管子接头是否漏油	当泵停止运转时，清理管子接头，用手检查是否漏油
	28	检查电动机的异常声音	采用诊断仪器检查是否有异常声音
	29	检查电动机的异常发热	泵连续运转两小时或更长时间后，采用温度计或热温色标签检查温度是否异常
	30	检查泵和电动机是否水平	检查泵和电动机的水平是很必要的，采用水平导板在共同基上的 X 轴和 Y 轴上两点来检查水平度，并且校验 X、Y 轴方向调整值为 0.02 mm 或更小
	31	检查泵和电动机是否置于中心	取下链条，采用刻度盘定中心。测量值应为 0.02 mm 或更小
	32	检查链形联轴器	取下端盖 1）检测链轮的中心位置。 2）用一个量规/量表来测量链轮齿的间距
压力控制阀	33	检查压力阀的工作条件	清洗压力阀，检查接头是否漏油，损坏的玻璃容器、弯针是否有控制标签。停止泵，检查指针是否指向“0”
	34	检查压力控制阀和管子接头是否漏油	用抹布清洗管子接头，然后用手检查是否漏油
	35	检查压力控制阀的操作条件	松动锁定螺母来提高或降低压力，在阅读压力计时，检查压力安全阀是否良好工作
方向控制阀	36	检查方向控制阀的异常发热	采用温度计检查温度是否在±10℃内
	37	检查方向控制阀的异常声音	用手动方式切换控制阀，倾听有无异常声音
	38	检查方向控制阀的工作条件	用手动方式向前、中和后转换液压流体方向，检查传动装置的运动方向是向前、中还是后
	39	检查是否漏油	用抹布清洗方向控制阀，然后用手检查是否漏油

续表

部　位	序　号	检 查 项 目	检查方法和判定标准
流量控制阀	40	检查流量调整阀的异常声音	采用诊断仪器检查是否因孔的堵塞而产生异常声音
	41	检查流量调整阀的工作条件	旋转流量控制旋钮，观察传动装置的运动，检查流量是否得到了精确控制。完成检查后，调节到正常的流量，做出控制标记
	42	检查管子接头是否漏油	清洗节流阀时，用手检查管子接头是否漏油
管子和接头	43	检查管子接头是否漏油	清洗管子时，用手检查是否漏油
	44	检查是否有破裂或损坏的管子	清洗管子时，检查管子是否破裂和损坏
	45	检查管子半径	清洗管子时，检查半径
	46	检查管子是否振动	清洗管子时，检查管子振动处是否有支撑物
传动装置	47	检查活塞杆套和顶盖是否漏油	清洗液压缸时，用手检查活塞杆套和顶盖处是否漏油
	48	检查活塞杆是否弯曲、有划痕、磨损或生锈	拉动活塞，使它完全伸到前面位置，并检查活塞杆是否弯曲。目视检查活塞杆是否有划痕、磨损和生锈
	49	检查活塞的工作条件	使活塞杆前、后运动，检查运动是否一致。检查操作停止时，活塞是否也停止工作
	50	检查液压缸固定螺栓是否松动	清洗附件时，检查液压缸固定螺栓是否松动
	51	检查活塞杆和加工点连接	检查活塞杆和加工点连接处是否有咔哒的声音

思考与练习题

1．液压系统安装前的准备工作包括哪几个方面？
2．液压系统调试步骤有哪些？主要应该注意什么问题？
3．为什么要进行维护保养工作？其中心任务是什么？
4．维护工作的分类及其各自的任务是什么？

项目16 液压系统的故障诊断与排除

液压设备是由机械、液压及电器等组成的统一体，结构复杂，其液压系统的故障也是各种各样的。由于内部情况从外部观察不到，要寻找故障产生的原因是比较困难的。当液压系统产生故障的时候绝不能毫无根据地乱拆，更不能将系统中的元件全部拆下来检查。只有熟悉液压系统工作原理、基本回路的功能和液压元件的结构，并且具有一定的实践经验，采用一定方法才能迅速查明故障原因，准确判断故障部位，并及时排除。

16.1 项目目标

（1）掌握液压系统的故障概念和特征；
（2）了解故障诊断的准备和步骤；
（3）熟悉常见故障诊断的方法，并通过故障诊断实例的学习加深理解；
（4）明白回路中各元件的作用，能正确选取所需元件，熟练安装运行系统回路；
（5）阅读液压元件和液压系统常见故障的分析及排除方法；
（6）具备良好的综合应用能力和一定的回路分析和设计能力。

16.2　实训设备和元器件

项目所需实训设备和元器件见表 16-1。

表 16-1　实训设备和元器件明细表

名　称	数　量	名　称	数　量
计算机（安装教学软件）	1	实训设备及元器件	自定

16.3　基础知识

16.3.1　液压系统的故障特征

一台好的液压设备若能正常、可靠地工作，它的液压系统必须具备许多性能要求。这些要求包括液压缸的行程、推力、速度及其调节范围，液压马达的转向、扭矩、速度及其调节范围等，以及运转平稳性、精度、噪声、效率等。在实际运行过程中，如果出现了某些不正常情况，而不完全能或不能满足这些要求时，则认为液压系统出现了故障。

根据液压系统使用过程中故障的发生情况，可以将液压系统的整个使用过程分为初期、中期和后期三个时期，每个时期的故障情况都有一些自己的特征。

1. 液压设备运行初期的故障特征

这个阶段时间较短，故障发生率较高，主要表现在设计、制造、安装等质量问题交织在一起。经常出现的故障有：结构件损坏；管接头因振动而松脱；密封件质量差或由于装配不当而破损造成外泄漏严重；管道或液压元件流道内的型砂、毛刺、切屑等污染物在油液的冲击下脱落，堵塞阻尼孔和滤油器；执行元件运动速度不稳定、液压阀阀芯卡死、运动不灵活和运动不到位；液压系统设计不完善、液压元件选用不当等造成负荷过大、系统发热、噪声、振动；执行机构运动精度差等故障现象。

2. 液压设备运行中期的故障特征

液压系统运行中期是一个稳定的正常使用期，这个时期时间长，故障率最低。故障主要表现为一些人为因素或一些不稳定因素造成的突发故障。例如，管路中，残留的杂质混入元件内部，突然使相对运动件卡死；弹簧突然折断、软管突然爆裂、电磁线圈突然烧毁；突然停电造成回路误动作等。

有些突发故障是有先兆的，但有些突发故障是无法预测的，只能采取安全保护措施加以防范，或准备一些易损备件，以便及时更换失效的元件。

3. 液压设备运行后期的故障特征

这个时期相对初期来说时间较长，故障率逐渐升高。由于疲劳破坏和过度磨损等原因，突然断裂、管道破裂及泄漏方面的故障明显增加。故障较多为个别或少数元件达到使用寿命后发生的老化故障。参照系统中各元件的生产日期、开始使用日期、使用的频繁程度及已经出现的某些征兆，如声音反常、泄漏越来越严重、油缸运动不平稳等，大致预测老化故障的发生期限是可能的。

16.3.2 故障诊断的准备和步骤

1. 故障排除前的准备工作

（1）认真阅读设备使用说明书，掌握以下情况。

① 设备的结构、工作原理及其性能。

② 液压系统的功能、系统的结构、工作原理及设备对液压系统的要求。

③ 系统中所采用的各种元件的结构、工作原理和性能。

（2）查阅与设备使用有关的档案资料，如生产厂家、制造日期、液压件状况、运输途中有无损坏、调试及验收时的原始记录、使用期间出现过的故障及处理方法等。

（3）除上述外，还应掌握液压传动的基础知识。

2. 处理故障的步骤

1）现场检查

任何一种故障都表现为一定的故障现象，这些现象是针对故障进行分析、判断的线索。由于同一故障可能是由多种不同的原因引起的，而这些不同原因所引起的同一故障又有着一定的区别，因此在处理故障时首先要查清故障现象，认真仔细地进行观察，充分掌握其特点，了解故障产生前后设备的运转情况，查清故障是在什么条件下产生的，并摸清与故障有关的其他因素。

2）分析判断

在现场检查的基础上，对可能引起故障的原因做初步分析判断，列出可能引起故障的原因。分析判断正确可使故障得到及时处理，分析判断不正确会使故障排除工作走许多弯路。

分析判断时应注意以下几点：首先，充分考虑外界因素对系统的影响，在查明确实不是外界原因引起故障的情况下，再集中注意力在系统内部查找原因；其次，分析判断时，一定要将机械、电气、液压三个方面联系在一起考虑，不可孤立地单纯对液压系统进行考虑；第三，要分清故障是偶然发生的还是必然发生的。对必然发生的故障，要认真查出故障原因，并彻底排除，对偶然发生的故障原因，只要查出故障原因并做出相应的处理即可。

3）调整试验

调整试验就是对仍能运转的设备经过上述分析判断后所列出的故障原因进行压力、流量和动作循环的试验，以去伪存真，进一步证实并找出哪些更可能是故障的原因。

调整试验可按照已列出的故障原因，依照先易后难的顺序一一进行；如果把握性较大，也可首先对怀疑较大的部位直接进行试验。

4）拆卸检查

拆卸检查就是对经过调整试验后进一步对认定的故障部位进行打开的检查。拆卸检查时，要注意保持该部位的原始状态，仔细检查有关部位，且不可用脏手乱摸有关部位，以防手上污物粘到该部位上，或用手将该处的污物抹掉，影响拆卸检查的效果。

5）处理

对检查出的故障部位，按照技术规程的要求，仔细认真地处理，切勿进行违反章程的草率处理。

6）重试与效果测试

故障处理完毕后，重新进行试验和测试。注意观察其效果，并与原来的故障现象进行对比。如果故障已经消除，就证实了对故障的分析判断与处理正确；否则，就要对其他怀疑部位进行同样的处理，直至故障消失。

7）故障原因的分析总结

按照上述步骤排除故障后，对故障要进行认真的定性、定量分析总结，以便对故障产生的原因、规律得出正确的结论，从而提高处理故障的能力，也可防止同类故障的再次发生。

16.3.3　常见故障的诊断方法

液压系统中油液在元件和管路中的流动情况外界是很难了解到的，所以给分析、诊断带来了较多的困难，因此要求人们具备较强分析判断故障的能力，在机械、液压、电气诸多复杂的关系中找出故障原因和部位并及时、准确地加以排除。

1. 简易故障诊断法

简易故障诊断法是目前采用最普遍的方法，它是靠维修人员凭个人的经验，利用简单仪表根据液压系统出现的故障，客观地采用问、看、听、摸、闻等方法了解系统工作情况，进行分析、诊断、确定产生故障的原因和部位，具体做法如下。

（1）询问设备操作者，了解设备运行状况。其中，包括液压系统工作是否正常；液压泵有无异常现象；液压油检测清洁度的时间及结果；滤芯清洗和更换情况；发生故障前是否对液压元件进行了调节；是否更换过密封元件；故障前后液压系统出现过哪些不正常现象；过去该系统出现过什么故障，是如何排除的等，需逐一进行了解。

（2）看液压系统工作的实际状况，观察系统压力、速度、油液、泄漏、振动等方面是否存在问题。

（3）听液压系统的声音，如冲击声、泵的噪声及异常声等，判断液压系统的工作是否正常。

（4）摸温升、振动、爬行及连接处的松紧程度，判定运动部件的工作状态是否正常。

总之，简易故障诊断法只是一个简易的定性分析，对快速判断和排除故障具有较广泛的实用性。

2. 液压系统原理图分析法

根据液压系统原理图分析液压传动系统出现的故障，找出故障产生的部位及原因，并提出排除故障的方法。液压系统原理图分析法是目前工程技术人员最为普遍采用的方法，它要求人们对液压知识具有一定基础并能看懂液压系统图，掌握各图形符号所代表元件的名称、功能，对元件的原理、结构及性能也应有一定的了解，有这样的基础，结合动作循环表对照分析，判断故障就很容易了。所以认真学习液压基础知识，掌握液压原理图是故障诊断与排除最有力的助手，也是其他故障分析法的基础。

3. 其他分析法

液压系统发生故障时，往往不能立即找出故障发生的部位和根源，为了避免盲目性，人们必须根据液压系统原理进行逻辑分析或采用因果分析等方法逐一排除，最后找出发生故障的部位，这就是用逻辑分析方法查找出故障。为了便于应用，故障诊断专家设计了逻辑流程图或其他图表对故障进行逻辑判断，为故障诊断提供了方便。故障的逻辑分析步骤如图 16-1 所示。

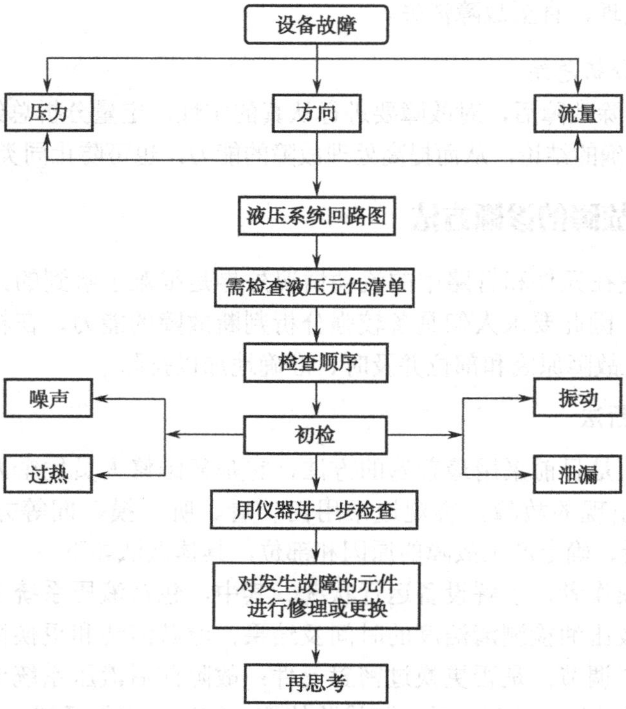

图 16-1　故障逻辑分析基本步骤图

16.3.4　故障诊断实例

1. 实例 16-1

如图 16-2 所示，液压系统在工作过程中突然不工作了。

（1）查油箱油位，看油位是否在最低油位以上。

（2）手动操纵方向控制阀（电磁阀通过电磁铁两端的手动按钮推动），如果阀芯推不动，说明是方向阀出了故障；如果方向阀可以换向，且液压缸动作了，说明是电磁阀的电气线路出了故障；如果液压缸还不能动作，则进行第三步。

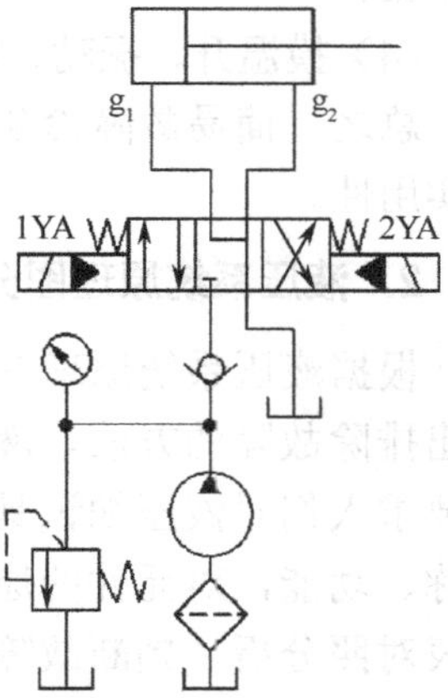

图 16-2　实例 16-1 液压系统图

（3）检查泵站压力。方向阀处于中位，查看泵出口处压力表的读数是否调至额定值。如果低得多，做下列检查：压力表开关是否开了；压力表是否损坏；溢流阀是否出现故障；滤油器是否堵塞；管路是否堵塞；泵是否损坏。如果压力低得不多，可做下列检查：泵内是否有严重的内泄漏；溢流阀调整是否正确。将溢流阀压力调高，再控制换向阀换向，液压缸应动作。如果液压缸的运动速度满足工作要求，故障排除；如果速度不能满足要求，则需修理液压泵；如果在溢流阀调整后液压缸仍不能动作，则做下一步检查。

上述工作做完以后，仍没有排除故障，那么可能就是液压缸出故障了。首先不要急于拆卸液压缸，将方向阀打开到左位或右位，启动液压泵一段时间后，仔细摸一摸整个缸壁，看看是否有局部发热处。如果活塞处密封损坏了，就会有油液从高压腔漏至低压腔，油液从狭窄的缝隙流过时，液压能便转化为热能，如果没有局部热点，则进行下一步检查。拆开液压缸一端的管接头 g1，将它连接到一个三通管接头上，三通的另外两端分别接压力表与截止阀。方向阀换向至左位，读压力表的读数，如果读数与主压力表的读数不接近，说明管路堵死；如果接近，用同样的方法试验另外一个管接头 g2，如果管路无堵塞，再进行下一步拆卸分解并检测液压缸。

2. 实例16-2

如图 16-3 所示为一台钣金液压折弯机，该机在工作下压时迟缓、无力，滑块抬起到位后无法保压而自行下滑，且开机 1 h 左右油温明显升高，致使操作工人无法进行正常工作被迫停车。

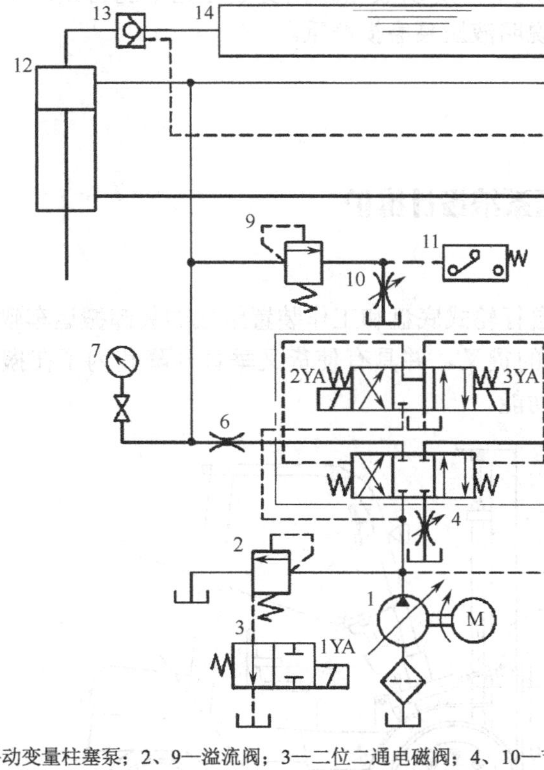

1—手动变量柱塞泵；2、9—溢流阀；3—二位二通电磁阀；4、10—节流阀；5—电液换向阀；6—节流器；7—压力表；8、13、15—液控单向阀；11—压力继电器；12、16—液压缸；14—上油箱

图 16-3　实例 16-2 液压系统图

（1）分析液压系统图可知，液压折弯机工作下压时迟缓、无力的故障主要与以下几个环节有关：液控单向阀堵塞而使液压缸急速下滑时吸空；溢流阀弹簧失效使压力油泄漏回

油箱；卸荷阀（二位二通电磁阀）动作不可靠或泄漏致使压力下降；溢流阀性能变化使压力下降；液压泵内泄漏严重、效率低，使泵油量减少。油温升高故障主要与油箱散热差、油量过少、系统内部循环阻力大、环境温度过高、液压泵效率过低等因素有关。滑块上位时自动下滑故障主要与管路及接口泄漏、液压缸泄漏、液控单向阀阀口密封不严而泄漏、液压系统进入空气等因素有关。

（2）检查两个液压缸密封处有无漏油现象，检查油箱容积及油量和质量是否符合要求，检查管道有无破裂现象。接通控制信号，检查各电磁铁、行程开关动作有无问题。拆下液控单向阀、溢流阀，检查有无问题，为验证问题所在重新更换液控单向阀。

（3）强制开车检查，查看系统各处有无漏油现象，调节溢流阀是否正常，并用手触摸各处温度作为标记。为使故障充分暴露，让该机不停地空载运行。

（4）开机 1 h 后，再到车间对设备进行检查，发现外观正常，无滴漏油现象，但使滑块处于上限位时发现故障依旧，说明滑块自行下滑与液控单向阀无关。随后用手又触摸各元件温度，当摸到液压泵时突感温度很高，约有 80℃，而其他元件无特别之处，由此确定其下行无力、迟缓、发热故障定与液压泵有关。

（5）将泵卸下后，发现泵的进油管已破裂，也即明确了滑块自行下滑的原因为液压泵吸油时连同空气一起吸进了液压系统中，所以液压缸往复运行也不能将系统中的空气排干净。用手转动液压泵轴时很轻松，说明液压泵磨损严重。

16.4 实训操作

任务 叉车工作和转向液压系统设计维护

1. 任务说明

如图 16-4 所示叉车是一种由自行轮式底盘和工作装置组成的装卸搬运车辆。在叉车前面设有门架，门架上装有运载货物的货叉，并具有使货叉垂直升降和为了在搬运或堆放作业时保持运载货物稳定的前后倾动功能。

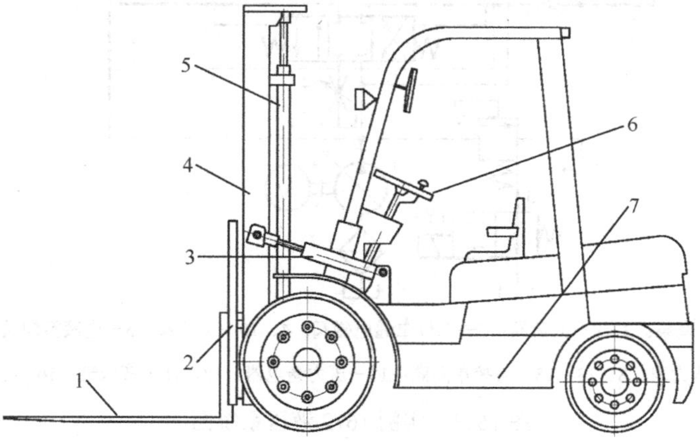

1—货叉；2—叉架；3—倾斜液压缸；4—门架；5—起升液压缸；5—平衡千斤顶；6—方向盘；7—底盘及车轮

图 16-4　叉车示意图

在一次操作叉车过程中发生了故障，故障现象为叉车的起升液压缸提升速度缓慢、无力，甚至无动作。

2. 回路分析

如图 16-5 所示为叉车工作和转向液压系统原理图。叉车的工作装置完成货叉的起升和门架倾斜操作。货叉起升和门架倾斜操作均是独立操作完成的，互不影响。而转向装置则是完成叉车行走的转向操作。液压泵 1、2 分别向工作装置和转向装置供油，两个液压系统的油路互不影响。叉车工作和转向装置主要有工作装置待机、工作装置起升操作、工作装置倾斜操作及转向装置转向操作四种工作情况。

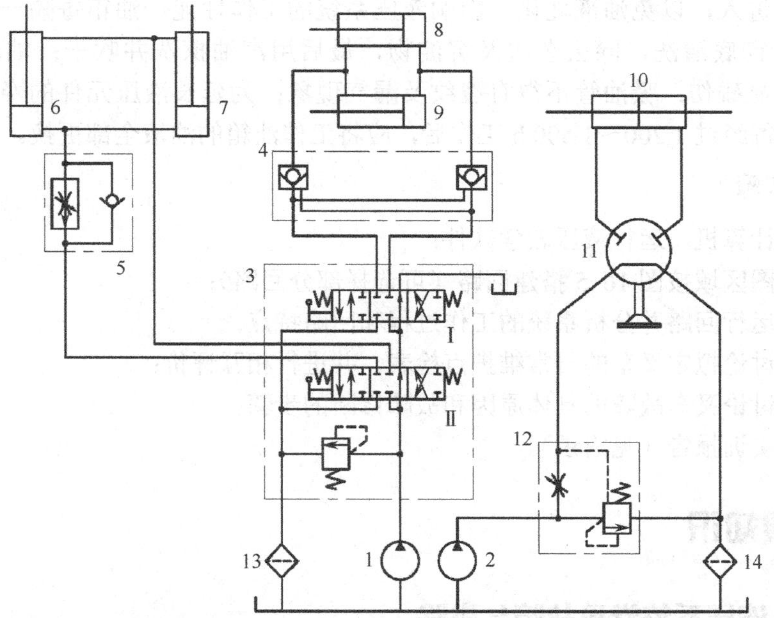

1、2—液压泵；3—多路换向阀；4—双向液压锁；5—单向调速阀；6、7—起升液压缸；8、9—倾斜液压缸；10—转向液压缸；11—转向控制器；12—转向控制流量阀；13、14—滤油器

图 16-5 叉车工作和转向液压系统原理图

3. 叉车液压系统的维护

叉车液压系统以液压油为工作介质，系统压力较高，元件配合必须精密。因此，对液压元件的养护和修理提出了较高的要求。首先，在拆卸前必须清除各元件表面污物。液压元件要在专用车间内检修，如在室外养护，应有防风沙设施。元件拆下后要放置在清洁的零件架或工作台上。其次，要按照液压件的分解顺序进行拆卸，并做好标记。拆卸时，不得乱敲打，谨防损伤螺纹和密封件。拆下的小零件、小弹簧应分别装入塑料袋内，以防丢失。

1）在叉车每天作业前后，应对液压系统进行检查和维护

在叉车作业前后应检查液压传动系统的管接头、升降油缸、倾斜油缸、油泵、全液压转向器、转向油缸是否有渗漏或严重漏油现象；检查工作油箱内的工作油是否足够；检查油箱液面高度；检查水冷却器是否有泄漏：检查油液温度是否正常，一般应控制在 80℃以下；检查滤清器有无堵塞；检查紧固件各管接头是否松脱、管路是否破损；检查液压缸活塞杆防尘密封是否失效；检查系统中是否混入空气等。

2）叉车工作一段时间后，应对液压系统进行定期维护

每次加油后正常运行 1 000 h 更换一次污染的液压油及滤芯，并清洗液压系统；每500 h 进行一次油样抽检，如不合格，应放掉油箱内的积水和污垢，彻底清洗油箱和更换滤芯，并用快速接口给油箱加油，按规定力矩紧定松动的管接头和连接头；更换破损的管路和失效的防尘密封件；清除油箱磁铁螺塞处的铁屑。

每周检查清洗一次装在工作油箱内的滤油器滤网，如有破损及网眼不匀时应更换；油箱要防止水分进入，以免油液乳化，影响液压系统的工作性能；油箱每隔一段时间结合养护或修理进行彻底清洗，除去杂质及沉淀物，最后用汽油擦洗并吹干；油箱体不得有脱焊、裂纹和明显碰伤；吸油管不得有裂纹及漏气现象；为延长液压元件的寿命，压力油在正常情况下，每经过 1 200～1 500 h 工作后，应将工作油箱的油液全部更换。

4. 操作步骤

（1）打开计算机，运行液压教学软件；

（2）在绘图区域按图 16-5 搭建回路（可选择部分回路）；

（3）仿真运行回路并分析系统的工作过程和回路特点；

（4）分组讨论拟定叉车的日常维护点检表，并进行相互评价；

（5）分组讨论叉车故障的具体原因和故障诊断的步骤；

（6）完成实训报告（见附录）。

16.5 拓展知识

16.5.1 液压系统常见故障与排除

液压系统常见故障分析及排除方法见表 16-2～表 16-6。

表 16-2 系统噪声、振动大的排除方法

故障现象及原因	排 除 方 法	故障现象及原因	排 除 方 法
泵中噪声、振动，引起管路、油箱共振	① 在泵的进、出油口用软管连接。 ② 泵不要装在油箱上，应将电动机和泵单独装在底座上，和油箱分开。 ③ 加大液压泵，降低电动机转数。 ④ 在泵的底座和油箱下面塞进防振材料。 ⑤ 选择低噪声泵，采用立式电动机将液压泵浸在油液中	管道内油流激烈流动的噪声	① 加粗管道，使流速控制在允许范围内。 ② 少用弯头多采用曲率小的弯管。 ③ 采用胶管。 ④ 油流紊乱处不采用直角弯头或三通。 ⑤ 采用消声器、蓄能器等

续表

故障现象及原因	排除方法	故障现象及原因	排除方法
阀、弹簧所引起的系统共振	① 改变弹簧的安装位置。 ② 改变弹簧的刚度。 ③ 将溢流阀改成外部泄油形式。 ④ 采用遥控的溢流阀。 ⑤ 完全排出回路中的空气。 ⑥ 改变管道的长短、粗细、材质、厚度等。 ⑦ 增加管夹使管道不致振动。 ⑧ 在管道的某一部位装上节流阀	油箱有共鸣声	① 增厚箱板。 ② 在侧板、底板上增设筋板。 ③ 改变回油管末端的形状或位置
		阀换向产生的冲击噪声	① 降低电液阀换向的控制压力。 ② 在控制管路或回油管路上增设节流阀。 ③ 选用带先导卸荷功能的元件。 ④ 采用电气控制方法，使两个以上的阀不能同时换向
空气进入液压缸引起的振动	① 很好地排出空气。 ② 可对液压缸活塞、密封衬垫涂上二硫化钼润滑脂即可	溢流阀、卸荷阀、液控单向阀、平衡阀等工作不良，引起的管道振动和噪声	① 适当处装上节流阀。 ② 改变外泄形式。 ③ 对回路进行改造。 ④ 增设管夹

表16-3 系统压力不正常的排除方法

故障现象	故障分析	排除方法
压力不足	溢流阀、旁通阀损坏	修理或更换
	减压阀设定值太低	重新设定
	集成通道块设计有误	重新设计
	减压阀损坏	修理或更换
	泵、马达或缸损坏、内泄大	修理或更换
压力不稳定	油中混有空气	堵漏、加油、排气
	溢流阀磨损、弹簧刚性差	修理或更换
	油液污染、堵塞阀阻尼孔	清洗、换油
	蓄能器或充气阀失效	修理或更换
	泵、马达或缸磨损	修理或更换
压力过高	减压阀、溢流阀或卸荷阀设定值不对	重新设定
	变量机构不工作	修理或更换
	减压阀、溢流阀或卸荷阀堵塞或损坏	清洗或更换

表16-4 系统液压冲击大的排除方法

故障现象	故障分析	排除方法
换向时产生冲击	换向时瞬时关闭、开启，造成动能或势能相互转换时产生的液压冲击	① 延长换向时间。 ② 设计带缓冲的阀芯。 ③ 加粗管径、缩短管路

续表

故障现象	故障分析	排除方法
液压缸在运动中突然被制动所产生的液压冲击	液压缸运动时，具有很大的动量和惯性，突然被制动，引起较大的压力增值，故产生液压冲击	① 液压缸进/出油口处分别设置反应快、灵敏度高的小型安全阀。 ② 在满足驱动力时尽量减小系统工作压力，或适当提高系统背压。 ③ 液压缸附近安装囊式蓄能器
液压缸到达终点时产生的液压冲击	液压缸运动时产生的动量和惯性与缸体发生碰撞引起的冲击	① 在液压缸两端设缓冲装置。 ② 液压缸进/出油口处分别设置反应快、灵敏度高的小型溢流阀。 ③ 设置行程（开关）阀

表 16-5 系统油温过高的排除方法

故障现象及原因	排除方法
设定压力过高	适当调整压力
溢流阀、卸荷阀、压力继电器等卸荷回路的元件工作不良	改正各元件的工作不正常状况
卸荷回路的元件调定值不适当，卸压时间短	重新调定，延长卸压时间
阀的漏损大，卸荷时间短	修理漏损大的阀，考虑不采用大规格阀
高压小流量、低压大流量时由溢流阀溢流	变更回路，采用卸荷阀、变量泵
黏度低或泵有故障，增大了泵的内泄漏量，使泵壳温度升高	换油，修理、更换液压泵
油箱内油量不足	加油，加大油箱
油箱结构不合理	改进结构，使油箱周围温升均匀
蓄能器容量不足或有故障	换大蓄能器，修理蓄能器
需要安装冷却器，冷却器容量不足，冷却器有故障，进水阀门工作不良，水量不足，油温自动调节装置有故障	安装冷却器，加大冷却器，修理冷却器的故障，修理阀门，增加水量，修理调温装置
溢流阀遥控口节流过量，卸荷的剩余压力高	进行适当调整
管路的阻力大	采用适当的管径
附近热源影响，辐射热大	采用隔热材料反射板或变更布置场所；设置通风、冷却装置等，选用合适的工作油液

表 16-6 系统动作不正常的排除方法

故障现象	故障分析	排除方法
系统压力正常，执行元件无动作	电磁阀中电磁铁有故障	排除或更换
	限位或顺序装置（机械式、电气式或液动式）不工作或调得不对	调整、修复或更换
	机械故障	排除
	没有指令信号	查找、修复
	放大器不工作或调得不对	调整、修复或更换
	阀不工作	调整、修复或更换
	缸或马达损坏	修复或更换

续表

故障现象	故障分析	排除方法
执行元件动作太慢	泵输出流量不足或系统泄漏太大	检查、修复或更换
	油液黏度太高或太低	检查、调整或更换
	阀的控制压力不够或阀内阻尼孔堵塞	清洗、调整
	外负载过大	检查、调整
	放大器失灵或调得不对	调整修复或更换
	阀芯卡涩	清洗、过滤或换油
	缸或马达磨损严重	修理或更换
动作不规则	压力不正常	见表 16-3 排除
	油中混有空气	加油、排气
	指令信号不稳定	查找、修复
	放大器失灵或调得不对	调整、修复或更换
	传感器反馈失灵	修理或更换
	阀芯卡涩	清洗、滤油
	缸或马达磨损或损坏	修理或更换

16.5.2　液压元件常见故障与排除

液压元件常见故障分析及排除方法见表 16-7～表 16-13。

表 16-7　液压泵常见故障分析及排除方法

故障现象	故障分析	排除方法
不出油、输油量不足、压力上不去	电动机转向不对	检查电动机转向
	吸油管或过滤器堵塞	疏通管道，清洗过滤器，换新油
	轴向间隙或径向间隙过大	检查更换有关零件
	连接处泄漏，混入空气	紧固各连接处螺钉，避免泄漏，严防空气混入
	油液黏度太大或油液温升太高	正确选用油液，控制温升
噪声严重，压力波动厉害	吸油管及过滤器堵塞或过滤器容量小	清洗过滤器使吸油管通畅，正确选用过滤器
	吸油管密封处漏气或油液中有气泡	在连接部位或密封处加点油，如噪声减小，拧紧接头或更换密封圈；回油管口应在油面以下，与吸油管要有一定距离
	泵与联轴节不同心	调整同心
	油位低	加油液
	油温低或黏度高	将油液加热到适当温度
	泵轴承损坏	检查（用手触感）泵轴承部分温升
泵轴油封漏油	漏油管道液阻过大，使泵体内压力升高到超过油封许用的耐压值	检查柱塞泵泵体上的泄油口是否用单独油管直接接通油箱。若发现将几台柱塞泵的泄漏油管并联在一根同直径的总管后再接通油箱，或者将柱塞泵的泄油管接到总回油管上，则应予改正。最好在泵泄漏油口接一个压力表，以检查泵体内的压力，其值应小于 0.08 MPa

表 16-8 液压缸常见故障分析及排除方法

故障现象	故障分析	排除方法
爬行	空气侵入	增设排气装置，如无排气装置，可开动液压系统以最大行程使工作部件快速运动，强迫排除空气
	液压缸端盖密封圈压得太紧或过松	调整密封圈，使它不紧不松，保证活塞杆能来回用手平稳地拉动而无泄漏（大多允许微量渗油）
	活塞杆与活塞不同心	校正二者同心度
	活塞杆全长或局部弯曲	校直活塞杆
	液压缸的安装位置偏移	检查液压缸与导轨的平行性并校正
	液压缸内孔直线性不良（鼓形锥度等）	镗磨修复，重配活塞
	缸内腐蚀、拉毛	轻微者修去锈蚀和毛刺，严重者须镗磨
	双活塞杆两端螺帽拧得太紧，使其同心度不良	螺帽不宜拧得太紧，一般用手旋紧即可，以保持活塞杆处于自然状态
冲击	靠间隙密封的活塞和液压缸间隙，节流阀失去节流作用	按规定调配活塞与液压缸的间隙，减少泄漏现象
	端头缓冲的单向阀失灵，缓冲不起作用	修正研配单向阀阀座
推力不足或工作速度逐渐下降，甚至停止	液压缸和活塞配合间隙太大或 O 型密封圈损坏，造成高低压腔互通	单配活塞或液压缸的间隙或更换 O 型密封圈
	由于工作时经常用工作行程的某一段，造成液压缸孔径直线性不良（局部有腰鼓形），致使液压缸两端高低压油互通	镗磨修复液压缸孔径，单配活塞
	缸端油封压得太紧或活塞杆弯曲，使摩擦力或阻力增加	放松油封，以不漏油为限校直活塞杆
	泄漏过多	寻找泄漏部位，紧固各接合面
	油温太高，黏度减小，靠间隙密封或密封质量差的油缸行速变慢。若液压缸两端高低压油腔互通，运行速度逐渐减慢直至停止	分析发热原因，设法散热降温，如密封间隙过大则单配活塞或增装密封杆

表 16-9 溢流阀常见故障分析及排除方法

故障现象	故障分析	排除方法
压力波动	弹簧弯曲或太软	更换弹簧
	锥阀与阀座接触不良	如锥阀是新的即卸下调整螺帽将导杆推几下，使其接触良好；或更换锥阀
	钢球与阀座密合不良	检查钢球圆度，更换钢球，研磨阀座
	滑阀变形或拉毛	更换或修研滑阀
调整无效	弹簧断裂或漏装	检查、更换或补装弹簧
	阻尼孔阻塞	疏通阻尼孔
	滑阀卡住	拆出、检查、修整
	进/出油口装反	检查油源方向
	锥阀漏装	检查、补装

续表

故障现象	故障分析	排除方法
漏油严重	锥阀或钢球与阀座的接触不良	锥阀或钢球磨损时更换新的锥阀或钢球
	滑阀与阀体配合间隙过大	检查阀芯与阀体间隙
	管接头没拧紧	拧紧连接螺钉
	密封破坏	检查、更换密封
噪声及振动	螺帽松动	紧固螺帽
	弹簧变形，不复原	检查、更换弹簧
	滑阀配合过紧	修研滑阀，使其灵活
	主滑阀动作不良	检查滑阀与壳体的同心度
	锥阀磨损	换锥阀
	出油路中央有空气	排出空气
	流量超过允许值	更换与流量对应的阀
	和其他阀产生共振	略微改变阀的额定压力值（如额定压力值的差在 0.5 MPa 以内，则容易发生共振）

表 16-10　减压阀常见故障分析及排除方法

故障现象	故障分析	排除方法
压力波动不稳定	油液中混入空气	排除油中空气
	阻尼孔有时堵塞	清理阻尼孔
	滑阀与阀体内孔圆度超过规定，阀卡住	修研阀孔及滑阀
	弹簧变形或在滑阀中卡住，使滑阀移动困难或弹簧太软	更换弹簧
	钢球不圆，钢球与阀座配合不好或锥阀安装不正确	更换钢球或拆开锥阀调整
二次压力升不高	外泄漏	更换密封件，紧固螺钉，并保证力矩均匀
	锥阀与阀座接触不良	修理或更换
不起减压作用	泄油口不通；泄油管与回油管道相连，并有回油压力	泄油管必须与回油管道分开，单独回入油箱
	主阀芯在全开位置时卡死	修理、更换零件，检查油质

表 16-11　节流调速阀常见故障分析及排除方法

故障现象	故障分析	排除方法
节流作用失灵及调速范围小	节流阀和孔的间隙过大有泄漏及系统内部泄漏	检查泄漏部位零件的损坏情况，予以修复、更新，注意接合处的油封情况
	节流孔阻塞或阀芯卡住	拆开清洗，更换新油液，使阀芯运动灵活
运动速度不稳定，如逐渐减慢、突然增快及跳动等现象	油中杂质黏附在节流口边上，通油截面减小，使速度减慢	拆卸清洗有关零件，更换新油，并经常保持油液洁净
	节流阀的性能较差，低速运动时由于振动使调节位置变化	增加节流连锁装置

续表

故障现象	故障分析	排除方法
运动速度不稳定，如逐渐减慢、突然增快及跳动等现象	节流阀内部、外部在泄漏	检查零件的精确和配合间隙，修配或更换超差的零件，连接处要严加封闭
	在简式的节流阀中，因系统负荷有变化，使速度突变	检查系统压力和减压装置等部件的作用及溢流阀的控制是否正常
	油温升高，油液黏度降低，使速度逐步升高	液压系统稳定后调整节流阀或增加油温散热装置
	阻尼装置堵塞，系统中有空气，出现压力变化及跳动	清洗零件，在系统中增设排气阀，油液要保持洁净

表 16-12　换向阀常见故障分析及排除方法

故障现象	故障分析	排除方法
滑阀不换向	滑阀卡死	拆开清洗脏污，去毛刺
	阀体变形	调节阀体安装螺钉，使压紧力均匀或修研阀孔
	具有中间位置的对中弹簧折断	更换弹簧
	操纵压力不够	操纵压力必须大于 0.35 MPa
	电磁铁线圈烧坏或电磁铁推力不足	检查、修理、更换
	电气线路出故障	消除故障
	液控换向阀控制油路无油或被堵塞	检查原因并消除
电磁铁作用时有响声	滑阀卡住或摩擦力过大	修研或调配滑阀
	电磁铁不能压到底	校正电磁铁高度
	电磁铁铁芯接触面不平或接触不良	消除污物，修正电磁铁铁芯

表 16-13　液控单向阀常见故障分析及排除方法

故障现象	故障分析	排除方法
油液不逆流	控制压力过低	提高控制压力使之达到要求值
	控制油管道接头漏油严重	紧固接头，消除漏油
	单向阀卡死	清洗
逆向不密封，有泄漏	单向阀在全开位置上卡死	修配，清洗
	单向阀锥面与阀座锥面接触不均匀	检修或更换

思考与练习题

1．液压系统各阶段的故障特征是什么？
2．排除故障前应进行什么准备工作？
3．处理故障分哪几步？
4．故障诊断方法有哪几种？
5．如图 13-9 所示的汽车起重机液压系统图中，如出现支腿伸不出、缩不回或动作缓慢的故障，试分析故障原因，说明故障诊断的过程。

6. 图 13-10 所示的液压机液压系统图中，如出现上滑块不动作的故障，试分析故障原因，说明故障诊断的过程。

阶段测试 3

理论部分（共 70 分）

一、判断题（每小题 1 分，共 10 分）

1．相比电液比例控制，电液伺服控制的控制精度更高，响应速度更快，成本较低，且抗污染能力强。（　　）

2．同步回路的作用是通过补偿压力的差异，使多个液压缸保持相同位移。（　　）

3．在压力控制的顺序动作回路中，顺序阀和压力继电器的调定压力应为执行元件前一动作的最高压力。（　　）

4．MJ-50 型数控车床液压系统采用换向阀切换减压阀，实现高、低压夹紧的切换。（　　）

5．油罐封头双动拉深液压机液压系统中，各执行器处于停止状态时，液压泵均采取了卸荷措施，为系统减少了能耗。（　　）

6．液压系统在装配好或经维修、保养和重新装配后，必须经过调试才能使用。（　　）

7．定期检查是减少液压系统故障的最主要环节。（　　）

8．简易故障诊断法是目前工程技术人员最为普遍采用的液压系统故障诊断方法。（　　）

9．液压元件在安装时一般按先上后下、先主后次、先外后内、先难后易、先精密后一般的原则顺序进行。（　　）

10．液压回路采用 PLC 控制只要用少量的元器件和接线，所以故障率很低，且控制系统具有很好的柔性。（　　）

二、填空题（每空 2 分，共 30 分）

1．电液比例控制系统能按输入电信号的正负和数值的大小同时实现液流的________，从而对执行器件实现方向、速度和力的连续控制。

2．在工作进给稳定性要求较高的多缸液压系统中，必须采用________。

3．多执行元件控制回路包括________、________和________。

4．液压元件安装前，要用_______清洗，所有液压元件都要进行_______和_______。

5．根据液压系统使用过程中故障的发生情况，可以将液压系统的整个使用过程分为三个时期：________、________和________。

6．液压系统的维护工作分为________、________和________。

7．全自动钢筋弯箍机液压系统用________对液压马达进行制动，以确保液压马达停止运动时有较小的前冲量。

三、简答题（每小题 5 分，共 10 分）

1．液压系统调试前的准备工作有哪些？

2．当你所在生产线的一台液压设备出现故障无法正常工作时，你应该如何处理？

四、分析题（共 20 分）

如图 16-6 所示为双泵供油系统，缸 18 为夹紧缸（失电夹紧），缸 17 为工作缸。两缸的工作循环为：缸 18 夹紧→缸 17 快进→工进→快退→原位停止→缸 18 松开（泵 1 为高压小流量泵，泵 2 为低压大流量泵）。分析该液压系统，回答以下问题。

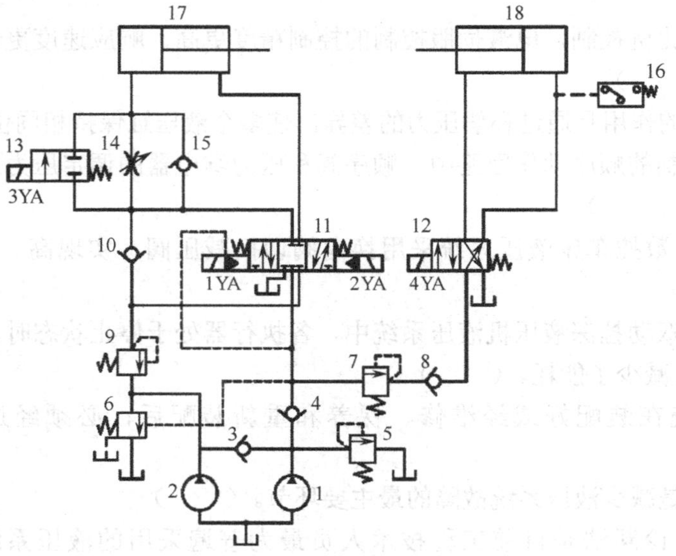

图 16-6　双泵供油系统

1．写出下列编号的元件名称。（共 4 分）

元件 5________，元件 6________，元件 7________，元件 11________。

2．编写电磁铁的动作顺序表。（共 4 分）

动作 \ 电磁铁	1YA	2YA	3YA	4YA
快进				
工进				
快退				
原位停止				

3．描述下面各动作的工作原理。（共 12 分）

（1）快进。

（2）工进。

（3）快退。

（4）缸 18 松开。

技能部分（共 30 分）

项目说明：

某台液压设备有 A、B 两个执行元件，皆为双作用液压缸，分别由二位四通单控电磁阀和三位四通双控电磁阀控制。动作要求如下：

按下启动按钮，A 缸伸出，伸出到位后当 A 缸无杆腔压力达到 30 bar 时，B 缸伸出，伸出速度可调，B 缸伸出到位后保压 5 s（此时三位四通双控电磁阀中位卸荷），B 缸和 A 缸再顺序返回。

该设备的工作模式分单循环和连续循环两种，可通过按键切换，另外系统的最高压力不得超过 50 bar。

考核要求：

1．画出液压回路图、输入/输出地址分配表和 PLC 外部接线图；（12 分）

2．画出系统工作流程图并用 PLC 编程；（10 分）

3．在实验台上完成回路并实现动作要求。（8 分）

项目17 液压系统的设计计算

液压系统的设计计算是在掌握液压基础知识、液压元件的原理结构及基本回路的基础上进行的。为了设计制造出稳定、可靠的液压设备，设计人员必须将主机对液压系统的设计要求和设计相关的情况了解清楚，此外还必须了解常用液压元件、液压辅件的产品性能、品牌优劣，甚至液压元件的加工设备和管理情况。

17.1 项目目标

（1）掌握液压系统的设计步骤；
（2）学会系统方案设计的一般方法；
（3）具有一定的设计计算和使用技术文件、技术资料的能力；
（4）能够根据计算结果选取液压元件；
（5）具备良好的综合利用所学知识解决工程实际问题的能力。

17.2 实训设备和元器件

项目所需实训设备和元器件见表17-1。

表17-1 实训设备和元器件明细表

名　称	数　量	名　称	数　量
计算机（安装教学软件）	1	实训设备及元器件	自定

17.3 基础知识

17.3.1 液压系统的设计依据与工况分析

1. 设计步骤

液压系统的设计步骤并无严格的顺序，各步骤间往往要相互穿插进行。一般来说，在明确设计要求之后，大致按如下步骤进行。

（1）明确液压系统的设计要求，进行工况分析；

（2）确定液压系统方案，拟定液压系统图；

（3）液压元件的选择和液压系统的计算；

（4）液压系统性能的验算；

（5）绘制工作图，编制技术文件。

2. 液压系统的设计依据

在设计液压系统时，首先应明确以下问题，并将其作为设计依据。

（1）主机的用途、工艺过程、总体布局及对液压传动装置的位置和空间尺寸的要求。

（2）控制对象与控制内容：明确主机对液压系统的性能要求，如自动化程度、调速范围、运动平稳性、换向定位精度及对系统效率、温升等的要求。

（3）限制条件：如压力脉动、振动、噪声、冲击的允许值。

（4）液压系统的工作环境，如温度、湿度、振动冲击及是否有腐蚀性和易燃物质存在等情况。

（5）使用条件：连续运转、间隙运转（运转的频度），特殊液体的使用等。

3. 液压系统的工况分析

工况分析的目的是明确在工作循环中执行元件的负载和运动的变化规律，它包括运动分析和动力分析。

1）运动分析和执行元件的选择

运动分析就是根据主机的执行元件，按工艺要求的运动情况绘制位移-时间循环图（如图17-1所示）或速度-时间循环图（如图17-2所示）来研究其运动规律。

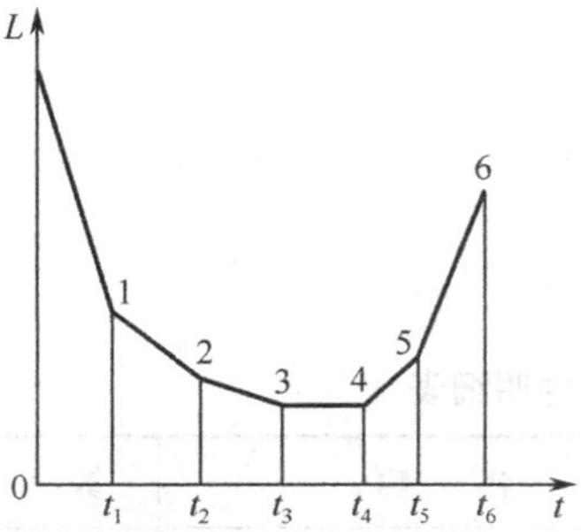

图 17-1　位移-时间循环图

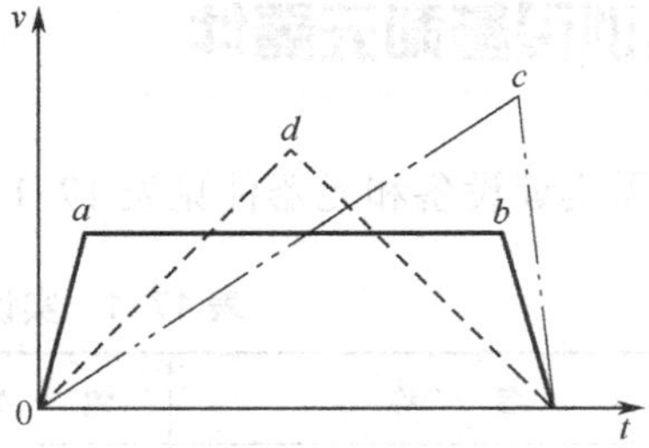

图 17-2　速度-时间循环图

液压执行元件的选择可参照表 17-2。

表 17-2　执行元件类型的选择

运动形式	往复直线运动		回转运动		往复摆动
	短行程	长行程	高速	低速	
执行元件类型	活塞缸	柱塞缸；液压马达与齿轮齿条机构；液压马达与丝杠螺母机构	高速液压马达	低速液压马达；变速液压马达与减速机构	摆动液压马达

2）动力分析

动力分析就是研究机器在工作过程中其执行机构的受力情况，对液压系统而言，就是研究液压缸或液压马达的负载情况。

一般来说，液压缸承受的负载有工作负载 F_w、惯性负载 F_m、摩擦阻力 F_f、背压负载 F_b、液压缸自身的密封阻力 F_{sf}，因此作用在液压缸上的外负载为

$$F = F_w + F_m + F_f + F_b + F_{sf} \tag{17.1}$$

（1）工作负载 F_w。工作负载为液压缸运动方向的工作阻力，常见的工作载荷有作用于活塞杆轴线上的重力、切削力、挤压力等，它可能是定值，也可能是变值。

（2）惯性负载 F_m。惯性负载为运动部件在启动加速或减速制动过程中产生的惯性力，其值可按式（17.2）计算：

$$F_m = ma = m\frac{\Delta v}{\Delta t} \tag{17.2}$$

式中　m——运动部件总质量（kg）；

a——加速度（m/s^2）；

Δv——Δt 时间内速度的变化值（m/s）；

Δt——启动或制动时间（s）。一般机械系统取 0.1～0.5 s；行走机械系统取 0.5～1.5 s；机床运动系统取 0.25～0.5 s；机床进给系统取 0.05～0.2 s。工作部件较轻或运动速度较低时取小值。

（3）摩擦阻力 F_f。摩擦阻力是指液压缸驱动工作机构所需克服的摩擦阻力，它与导轨形状、安放位置和工作部件的运动状态有关。

平导轨：
$$F_f = \mu(mg + F_N) \tag{17.3}$$

V 形导轨：
$$F_f = \frac{\mu(mg + F_N)}{\sin(\alpha/2)} \tag{17.4}$$

式中　F_N——作用在导轨上的垂直载荷；

α——V 形导轨夹角，通常为 90°；

μ——导轨摩擦系数，其值可参照表 17-3。

表 17-3　导轨摩擦系数

导轨类型	导轨材料	运动状态	摩擦因数
滑动导轨	铸铁对铸铁	启动时	0.15～0.20
		低速（v<0.16 m/s）	0.1～0.12
		高速（v>0.16 m/s）	0.05～0.08
滚动导轨	铸铁对滚动体		0.005～0.02
	淬火钢导轨对滚动体		0.003～0.006
静压导轨	铸铁对铸铁		0.005

（4）背压负载 F_b。液压缸运动时还必须克服回油路压力形成的背压阻力 F_b，其值为

$$F_b=p_bA_2 \tag{17.5}$$

式中　A_2——液压缸回油腔的有效工作面积；

p_b——液压缸背压。在液压缸结构参数尚未确定之前，一般按经验数据估计一个数值。系统背压的一般经验数据为：中低压系统或轻载节流调速系统取 0.2～0.5 MPa；回油路有调速阀或背压阀的系统取 0.5～1.5 MPa；采用补油泵补油的闭式系统取 1.0～1.5 MPa；采用多路阀的复杂中高压工程机械系统取 1.2～3.0 MPa。

（5）液压缸自身的密封阻力 F_{sf}。液压缸工作时还必须克服其内部密封装置产生的摩擦阻力 F_{sf}，其值与密封装置的类型、油液工作压力，特别是液压缸的制造质量有关，计算比较烦琐。一般将它计入液压缸的机械效率 η_m 中考虑，通常取 η_m=0.90～0.97。

液压缸运动分为启动、加速、恒速、减速制动等阶段，不同阶段的负载计算是不同的：

启动时：
$$F=(F_w+F_f)/\eta_m \tag{17.6}$$

加速时：
$$F=(F_w+F_f+F_m+F_b)/\eta_m \tag{17.7}$$

恒速运动时：
$$F=(F_w+F_f+F_b)/\eta_m \tag{17.8}$$

减速制动时：
$$F=(F_w-F_m+F_f+F_b)/\eta_m \tag{17.9}$$

17.3.2　系统主要参数的确定

功率、压力和流量是液压系统的主要参数。根据这三个参数来计算和选择元件、辅件和原动机的规格型号。系统压力选定后，液压缸主要尺寸或液压马达的排量即可确定，进而确定执行元件的流量。

1. 系统工作压力的确定

根据液压执行元件的负载循环图，可以确定系统的最大载荷点，在充分考虑系统所需流量、系统效率和性能要求等因素后，可参照表 17-4 或表 17-5 选择系统工作压力。

工作压力是确定执行元件结构参数的主要依据。它的大小影响执行元件的尺寸和成本，乃至整个系统的性能。在系统功率一定时，一般选用较高的工作压力，使执行元件和

系统的结构紧凑、质量轻、经济性好。但是，若工作压力选得过高，会提高对元件的强度、刚度及密封要求和制造精度要求，不但达不到预期的经济效果，反而会降低元件的容积效率，增加系统发热，降低元件寿命和系统可靠性；反之，若工作压力选得过低，就会增大执行元件及整个系统的尺寸，使结构变得庞大。所以应根据实际情况选取适当的工作压力。

表 17-4　按负载选择系统工作压力

负载/kN	<5	5～10	10～20	20～30	30～50	>50
系统压力/MPa	<0.8～1	1.6～2	2.5～3	3～4	4～5	>5

表 17-5　按主机类型选择系统工作压力

设备类型	机床					农业机械 汽车工业 小型工程机械 辅助机械	工程机械 重型机械 锻压设备 液压支架	船用系统
	磨床	组合机床 牛头刨床 插床 齿轮加工机床	车床 铣床 镗床	珩磨机床	拉床 龙门 刨床			
压力/MPa	<2.5	<6.3	2.5～6.3		<10	10～16	16～32	14～25

2. 执行元件流量的确定

（1）液压缸的最大流量（m^3/s）

$$q_{\max}=Av_{\max}/\eta_V \tag{17.10}$$

式中　A——液压缸的有效面积（m^2）；

$v_{\max}$——液压缸的活塞与缸体的最大相对速度（m/s）；

η_V——执行元件的容积效率。

（2）液压缸的最小流量（m^3/s）

$$q_{\min}=Av_{\min}/\eta_V \tag{17.11}$$

式中　$v_{\min}$——液压缸的活塞与缸体的最大相对速度（m/s）。

液压缸的最小流量应该等于或大于流量控制阀或变量泵的最小稳定流量。

（3）液压马达的最大流量（m^3/s）

$$q_{\max}=V_m n_{\max}/\eta_V \tag{17.12}$$

式中　V_m——液压马达的排量（m^3/r）；

$n_{\max}$——液压马达的最高转速（r/s）。

液压马达的最小流量按其排量和所要求的最小转速来计算。

3. 执行元件的工况图

工况图是在执行元件主要参数确定之后，根据设计任务要求，算出不同阶段中的实际工作压力、流量和功率之后做出的，如图 17-3 所示。工况图是选择液压泵、液压控制阀和计算电动机功率等的依据。利用工况图，可验算各工作阶段所确定的参数的合理性。例如，当多个执行元件按各工作阶段的流量或功率叠加，其最大流量或功率重合而使流量或功率分布很不均衡时，可在整机设计要求允许的条件下，适当调整有关执行元件的动作时间或速度，尽量避开或减小流量、功率的最大值，以提高整个系统的效率。

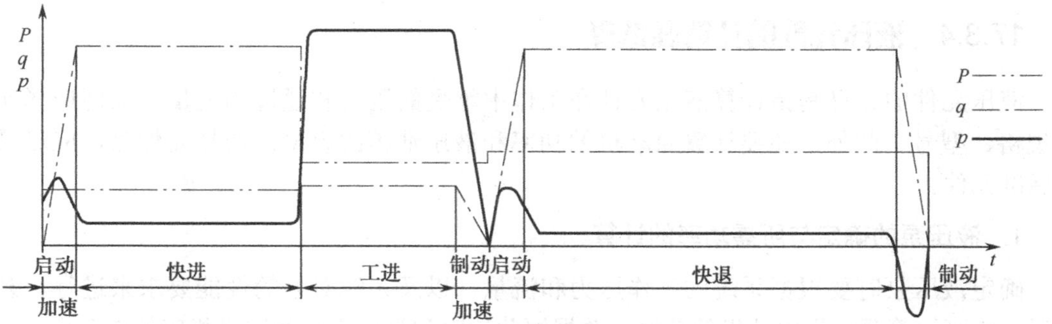

图 17-3　液压缸的压力图、流量图和功率图示例

17.3.3　液压系统原理图的拟定

拟定系统原理图从工作原理和结构组成上来具体体现设计任务中的各项要求，它对系统的性能及设计方案的合理性、经济性具有决定性的影响。它包括确定系统类型、选择液压回路和绘制系统原理图三项内容。

1. 确定系统类型

系统有开式系统和闭式系统两种类型。选择系统的类型主要取决于它的调速方式和散热要求。采用节流调速和容积节流调速的系统、有较大空间放置油箱且不需另设散热装置的系统、要求结构尽可能简单的系统等一般都宜采用开式系统；采用容积调速的系统、对工作稳定性和效率有较高要求的系统、行走机械上的系统等一般宜采用闭式系统。

2. 选择液压回路

选择液压回路是根据系统的设计要求和工况图从众多的成熟方案中评比挑选出来的。挑选时既要保证各项工艺要求，也要考虑符合节省能源、减少发热、减小冲击、成本低、经济效益高等原则。

选择工作先从对主机主要性能起决定性作用的回路开始，例如，对以速度调节、变换为主的主机（如机床），液压系统应从选择调速及速度换接回路开始；对以力的变换和控制为主的主机（如液压挖掘机），应从选择功率调节及多路换向阀回路开始等。然后再考虑其他辅助回路，例如，有间歇及空载程序运行要求的系统要考虑卸载回路；有垂直运动部件的系统要考虑平衡回路；多执行元件的系统要考虑顺序动作、同步动作和互不干扰回路等。

3. 绘制系统原理图

选择满足液压系统主要要求的各液压回路之后，再配上一些测压、控温之类的辅助回路，即可组成一个完整的液压系统。绘制液压系统应注意以下事项。

（1）从实际出发尽量采用具有互换性的标准液压元件。

（2）力求系统结构简单、动作可靠，避免多余的液压元件和回路，减少发热，提高效率。

（3）保证工作循环中的每一个动作均安全可靠，互不干扰。

（4）有必要的安全保护措施。

（5）防止冲击、振动及噪声。

17.3.4 液压元件的计算和选择

液压元件的计算是指计算液压元件在工作中承受的压力和通过的流量，以便选择元件的规格、型号。此外，还要计算原动机的功率和液压油箱的容量。选择元件时，应尽量选用标准元件。

1. 液压泵的确定与所需功率的计算

确定液压泵时要根据系统的工作压力和流量，以及系统对泵的性能要求来进行。泵选定后，就可计算泵所需电动机的功率，并根据此功率和泵所需转速选择相应的电动机。

1）确定液压泵的最大工作压力 p_B

液压泵的最大工作压力不小于液压执行元件最大压力及进油路上总压力损失之和，即

$$p_B \geqslant p_1 + \sum \Delta p \tag{17.13}$$

式中 p_1——液压执行元件最大工作压力（MPa）；

$\sum \Delta p$——从液压泵出口到执行元件入口之间所有沿程压力损失和局部压力损失之和。初算时按经验数据选取：管路简单，管中流速不大时，取 $\sum \Delta p$ =0.2～0.5 MPa；管路复杂，管中流速较大或有调速元件时，取 $\sum \Delta p$ =0.5～1.5 MPa。

2）确定液压泵的流量 q_B

多液压缸同时动作时，液压泵的流量要大于同时动作的几个液压缸（或马达）所需的最大流量，并应考虑系统的泄漏和液压泵磨损后容积效率的下降，即

$$q_B \geqslant K(\sum q)_{max} \tag{17.14}$$

式中 K——系统的泄漏系数，一般取 K=1.1～1.3，大流量取小值，小流量取大值；

$(\sum q)_{max}$——同时工作的执行元件的最大总流量（m^3/s）。

采用差动液压缸回路时，液压泵所需流量为

$$q_B \geqslant K(A_1 - A_2)v_{max} \tag{17.15}$$

式中 A_1，A_2——液压缸无杆腔与有杆腔的有效面积（m^2）；

v_{max}——活塞的最大移动速度（m/s）。

当系统使用蓄能器时，液压泵流量按系统在一个循环周期中的平均流量选取，即

$$q_B = \frac{\sum_{i=1}^{z} V_i K}{T_i} \tag{17.16}$$

式中 V_i——液压缸在工作周期中的总耗油量（m^3）；

T_i——机器的工作周期（s）；

z——液压缸的个数。

3）选择液压泵的规格

根据上面所计算的最大压力 p_B 和流量 q_B，查液压元件的产品样本，选择与 p_B 和 q_B 相当的液压泵的规格型号。

上面所计算的最大压力 p_B 是系统的静态压力，系统工作过程中存在过渡过程的动态压力，而动态压力往往比静态压力高得多，所以泵的额定压力 p_B 应比系统最高压力大 25%～60%，使液压泵有一定的压力储备。若系统属于高压范围，压力储备取小值；若系统属于中、低压范围，压力储备取大值。

4）确定驱动液压泵的功率

（1）当液压泵的压力和流量比较恒定时，所需功率为

$$P=\frac{p_B q_B}{10^3 \eta_B} \tag{17.17}$$

式中　p_B——液压泵的最大工作压力（N/m^2）；

q_B——液压泵的流量（m^3/s）；

η_B——液压泵的总效率。各种形式液压泵的总效率可参考表 17-6。液压泵规格大，取大值，反之取小值，定量泵取大值，变量泵取小值。

表 17-6　液压泵的总效率

液压泵类型	齿 轮 泵	螺 杆 泵	叶 片 泵	柱 塞 泵
总效率	0.6～0.7	0.65～0.80	0.60～0.75	0.80～0.85

（2）在工作循环中，泵的压力和流量有显著变化时可分别计算出工作循环中各个阶段所需的驱动功率，然后求其平均值。

泵的额定压力应选得比最大工作压力高 25%～60%，以便有压力储备；额定流量按最大流量选取即可。

按上述功率和泵的转速可以从产品样本中选取标准电动机，再进行验算，使电动机发出最大功率时，其超载量在允许范围内（一般允许短时超载 25%）。

2. 液压控制阀的选择

阀类元件的规格应按阀所在回路的最大工作压力和通过该阀的最大流量从产品样本中选定。选用阀类元件时应考虑其结构形式、特性、压力等级、连接方式、集成方式及操纵方式等。

（1）选择压力控制阀时，应考虑压力阀的压力调节范围、流量变化范围、所要求的压力灵敏度和平稳性等。特别是溢流阀的额定流量必须满足液压泵最大流量的要求。

（2）选择流量控制阀时，应考虑流量阀的流量调节范围、流量-压力特性、最小稳定流量、压力补偿要求或温度补偿要求，对油液过滤精度的要求，阀进/出口压差大小及阀内泄漏量的大小等。

（3）选择方向控制阀时，应考虑方向阀的换向频率、响应时间、操纵方式、滑阀机能、阀口压力损失及阀内泄漏量的大小等。

通过各类阀件的实际流量最多不应超过其额定值的 120%。

3. 蓄能器的选择

（1）蓄能器用于补充液压泵供油不足时，其有效容积为

$$V=\Sigma ALK-q_{B}t \quad (17.18)$$

式中 A——液压缸有效面积（m^2）；

L——液压缸行程（m）；

K——液压缸损失系数，估算时可取 K=1.2；

q_B——液压泵供油流量（m^3/s）；

t——动作时间（s）。

（2）蓄能器作应急能源时，其有效容积为

$$V=\Sigma ALK \quad (17.19)$$

当蓄能器用于吸收脉动缓和液压冲击时应将其作为系统中的一个环节与其关联部分一起综合考虑其有效容积。根据求出的有效容积并考虑其他要求即可选择蓄能器的形式。

4. 管道的选择

液压系统中使用的油管分硬管和软管，选择的油管应有足够的通流截面和承压能力，同时应尽量缩短管路，避免急转弯和截面突变。

一般中高压系统选用无缝钢管，低压系统选用焊接钢管，钢管价格低，性能好，使用广泛。软管用于两个相对运动件之间的连接。高压橡胶软管中夹有钢丝编织物；低压橡胶软管中夹有棉线或麻线编织物；尼龙管是乳白色半透明管，承压能力为 2.5～8 MPa，多用于低压管道。因软管弹性变形大，容易引起运动部件爬行，所以软管不宜装在液压缸和调速阀之间。

油管的规格设计一般由它所连接的液压元件接口处的尺寸决定。

5. 油箱容量的确定

初始设计时，油箱容量可按经验公式（17.20）确定。

$$V=\alpha\Sigma q \quad (17.20)$$

式中 α——经验系数，低压系统取 2～4，中压系统取 5～7，高压系统取 6～12，行走机械取 1～2；

Σq——同一油箱供油的各液压泵流量总和。

系统设计完成后，应按散热或温升要求验算油箱容积。

17.3.5 液压系统性能的验算

验算液压系统性能的目的在于判断设计质量，并改进和完善液压系统或从几种方案中评选最佳方案。常见的有系统压力损失及发热温升验算。

1. 系统压力损失验算

当系统元件规格型号和管道尺寸确定后，绘出系统图，此时就可以较准确地进行压力损失 Δp 的计算。压力损失包括沿程压力损失 Δp_L、局部压力损失 Δp_c 和阀类元件的压力损失 Δp_V，即

$$\Delta p=\Delta p_L+\Delta p_c+\Delta p_V \quad (17.21)$$

应按系统工作循环的不同阶段对进油路和回油路分别计算压力损失。将计算值与初选值相比较，若验算值较大，一般应对原设计进行必要的修改，重新调整有关阀类元件

的规格和管道尺寸等，以降低系统的压力损失。部分阀类元件压力损失Δp_V见表 17-7。

表 17-7　部分阀类元件的压力损失Δp_V

阀　名	压力损失Δp_V（MPa）	阀　名	压力损失Δp_V（MPa）
单向阀	0.2～0.3	背压阀	0.3～0.8
行程阀	0.15～0.2	转阀	0.15～0.2
换向阀	0.15～0.3	节流阀	0.2～0.3
顺序阀	0.15～0.3	调速阀	0.3～0.5

2. 系统发热温升验算

液压系统中各种能量损失都转化为热量使油温升高。系统连续工作一段时间后，系统所产生的热量和散发到空气中的热量平衡时系统油温不再升高，此时的油温应不超过允许值。油温超过允许值时，必须采取适当的冷却措施或修改液压系统的设计。

1）*液压系统的发热功率*

液压系统发热的原因主要是液压泵和执行元件的功率损失、管道的压力损失及溢流阀的溢流损失。管道的发热较少，与它自身的散热基本平衡，可以忽略不计。

（1）液压泵的功率损失

$$\Delta P_P=\frac{1}{T}\sum_{i=1}^{n}P_{P_i}(1-\eta_{P_i})t_i \tag{17.22}$$

式中　P_{P_i}——各液压泵的输入功率（kW）；

η_{P_i}——各液压泵的总效率；

t_i——各液压泵的运行时间（s）；

T——工作周期（s）；

n——液压泵数量。

（2）液压执行元件的功率损失

$$\Delta P_2=\frac{1}{T}\sum_{j=1}^{m}P_{2_j}(1-\eta_{2_j})t_j \tag{17.23}$$

式中　P_{2_j}——各执行元件的输入功率（kW）；

η_{2_j}——各执行元件的总效率；

t_j——各执行元件的运行时间（s）；

m——执行元件数量。

（3）溢流阀的功率损失

$$\Delta P_Y=\sum_{i=1}^{k}p_{Y_i}q_{Y_i} \tag{17.24}$$

式中　p_{Y_i}——各溢流阀的调整压力（MPa）；

q_{Y_i}——各溢流阀的溢流量；

k——溢流阀数量。

（4）节流功率损失

$$\Delta P_{\mathrm{j}}=\sum_{i=1}^{k}\Delta p_{\mathrm{j}_i}q_{\mathrm{j}_i} \tag{17.25}$$

式中 $\Delta p_{\mathrm{j}i}$——各流量阀进/出口压差（MPa）；

$q_{\mathrm{j}i}$——通过各流量阀的流量；

k——流量阀数量。

（5）液压系统的发热功率

$$\Delta P=\Delta P_{\mathrm{P}}+\Delta P_{2}+\Delta P_{\mathrm{Y}}+\Delta P_{\mathrm{j}} \tag{17.26}$$

液压系统的发热功率也可以用下面的公式进行估算：

$$\Delta P=P_{\mathrm{I}}-P_{\mathrm{O}} \text{ 或 } \Delta P=P_{\mathrm{I}}(1-\eta) \tag{17.27}$$

式中 P_{I}——各液压泵输入的总功率（kW）；

P_{O}——各执行元件输出的总功率（kW）；

η——系统效率，包括泵效率、回路效率和执行元件效率。

2）液压系统的散热功率

液压系统中产生的热量由系统中的各散热面散发到空气中去，其中油箱是最主要的散热面。当只考虑油箱的散热时，液压系统的散热功率为

$$P_{\mathrm{C}}=KA\Delta T \tag{17.28}$$

式中 ΔT——油温与环境温度之差（℃）；

A——油箱散热面积（m^2）；

K——油箱散热系数（$W/m^2\cdot$℃），其值按表 17-8 选择。

表 17-8 油箱散热系数 K 值

散热条件	通风条件较差	通风条件良好	用风扇冷却	循环水强制冷却
散热系数	8～9	15～17.5	23	110～175

3）系统温升计算

当液压系统的发热功率ΔP与油箱的散热功率 P_{C} 相等时，系统处于热平衡状态。此时，系统温升为

$$\Delta T=\frac{\Delta P}{KA} \tag{17.29}$$

按式（17.28）计算出的温升不应超过允许的温升值。一般机床液压系统取 $\Delta T\leqslant 25$～30℃。一般低、中压系统的正常工作油温为 30～55℃，最高不允许超过 70℃；高压系统的正常工作油温为 50～80℃，最高不允许超过 90℃，可取 $\Delta T\leqslant 35$～40℃。

17.3.6 绘制正式工作图和编制技术文件

1. 绘制正式工作图

经过对液压系统性能的验算和必要的修改之后便可绘制正式工作图，包括液压系统原理图、液压站装配图（包括油箱装配图、液压泵机架、集成块装配图等）、液压装置的总体结构图、管路布置图及各种非标准元件的装配图和零件图等。在管路安装图中应画出各油

管的走向、固定装置结构、各种管接头的形式和规格等。

液压系统的原理图必须采用国家标准规定的图形符号并按停车状态绘出。液压系统原理图通常包括液压系统图，液压元件、辅件的型号规格及简要说明，液压执行元件的动作循环图，电磁铁、压力继电器及各种电气控制开关的动作顺序表等。

2. 液压装置的结构设计

液压系统原理图确定之后可根据所选择的液压元件、辅助元件进行液压装置的设计。这时，必须对液压装置的总体结构形式、液压元件的配置形式进行选择。

1）液压装置的结构形式

液压装置的结构有集中式和分散式两种形式。集中式结构是将液压系统的动力源、控制阀组等独立设置于主机之外，组成液压泵站。其优点是：安装维修方便，油源的振动、发热不会影响主机，但占地面积较大。分散式结构是将液压系统的动力源、控制阀组等分别安装在设备的适当位置。其优点是：结构紧凑，占地面积小，但安装维修困难，系统的振动、发热对主机性能有一定影响。

2）液压阀的配置形式

板式配置是将板式液压元件用螺钉固定在平板上，板上钻有与阀口对应的孔，通过管接头连接油管并将各阀按系统图接通。这种配置可根据需要灵活改变回路形式。液压实验台等普遍采用这种配置。

目前液压系统大多都采用叠加阀集成式，它是将液压阀安装在集成的底块上，此块一方面起安装底板作用，另一方面起内部油路作用。这种配置形式结构紧凑，安装方便。

3. 编制技术文件

液压系统的技术文件主要包括设计任务书，设计计算说明书，液压设备操作使用说明书（包含液压系统原理图），零部件目录表，标准件、通用件和外购件总表，安装及试车要求等。

17.4 课程设计

课程设计是整个液压课程结束之后进行的一个重要的总结性教学环节，学生需要综合运用液压传动、机械设计等有关课程的知识，并通过团队合作的方式设计完成一台液压设备的液压系统。

1. 课程设计参考题目

课程设计题目由教师指定或学生自选，可参考表 17-9。

表 17-9 课程设计参考题目

序 号	题 目	序 号	题 目
1	发动机盖双动冲压机液压系统设计	19	厂内专用翻斗车液压系统设计
2	自升式石油钻井平台桩脚升降液压系统	20	载车调平液压系统设计

续表

序号	题目	序号	题目
3	导弹发射梁液压起升定位系统设计	21	钻镗两用组合机床的液压系统
4	装卸堆码机液压系统设计	22	冲床液压系统设计
5	滚筒式液压抽油机系统设计	23	校直液压机的液压系统设计
6	铣削专用机床液压系统设计	24	双头车床液压系统设计
7	木材加工机液压系统设计	25	自动打桩机液压系统设计
8	炼钢炉前操作机械手液压系统设计	26	步移式铸型输送机液压系统设计
9	钢管平头倒棱机液压系统设计	27	上料机液压系统设计
10	多轴钻孔机床液压系统	28	铸型输送机液压系统设计
11	板料折弯机液压系统设计	29	工程抢险车液压系统设计
12	铸型输送机液压传动系统设计	30	全自动液压自卸车液压系统设计
13	锅炉蛇形管弯管机液压传动及控制系统	31	推土机液压系统设计
14	油罐内部除锈机器人液压系统设计	32	混凝土输送车液压系统设计
15	金刚镗床液压系统设计	33	汽车起重机液压系统设计
16	垃圾车提拉式压缩填装机构设计	34	挖掘机液压系统设计
17	仿形机床液压系统设计	35	制钉机液压系统设计
18	汽车维修举升机液压系统设计		

2. 课程设计工作流程

（1）教师在基础知识教学完成之后，进一步选取典型液压系统进行设计计算实例的讲解。

（2）多个学生组建项目设计团队（人数限制 4～6 人，学生填写姓名、班级、学号等基本信息，设组长一名），组长填写选题课程设计任务书（见附录）。课程设计题目可以由教师指定或学生自选，教师指定题目范围包括工业生产、电力煤炭、石油化工、冶金、建筑工程等各个领域，供学生选择；学生自选题目由学生根据自己的兴趣及平时的观察提出，教师负责对学生所选题目合理性、工作量大小及要达到的目标进行把关。

（3）教师审核每个组的课程设计任务书，与各位组员讨论任务书中的职责分工是否合理、工作量是否均衡（主要工作有工况分析、方案拟订、机构设计、参数计算、元件选型、性能验算、课程设计报告编写和答辩 PPT 制作等），明确每个组的设计计划进度和目标，最后每个小组成员在任务书上签字确认。

（4）在将课程设计任务向学生下达之后，每位学生按计划和职责要求完成课程设计任务（可通过液压教学软件仿真验证，并使用实训设备进行实物模拟），教师负责指导答疑和评分（平时成绩占总成绩的 50%），课程设计的大部分工作在课后由组长召集组员分工合作完成。

（5）教师定期检查各个小组的设计进度，对每位组员分工任务的完成情况进行评分作为学生课程设计的平时成绩（占总成绩的 50%）。每个组按时完成课程设计报告和答辩 PPT。

（6）在课程设计最终完成之后，教师组织课程设计答辩，由教师和每个小组的组长组成答辩小组。答辩时，答辩小组对每个小组进行答辩问答（答辩内容由记录员记录），对每个组的课程设计报告和答辩表现进行评分（课程设计报告和答辩表现评分占总成绩的50%）。

思考与练习题

1．设计液压系统一般经过哪些步骤？要进行哪些计算？

2．如何拟定液压系统原理图？

3．设计一台小型液压机的液压系统，要求实现快速空程下行→慢速加压→保压→快速回程→停止的工作循环。快速往返速度为 3 m/min，加压速度为 40～250 mm/min，压制力为 200 kN，运动部件总重量为 20 kN。

4．设计一台板料折弯机液压系统。要求完成的动作循环为快进→工进→快退→停止，且动作平稳。根据实测，最大推力为 15 kN，快进快退速度为 3 m/min，工作进给速度为 1.5 m/min，快进行程为 0.1 m，工进行程为 0.15 m。

5．设计一台专用钻床的液压系统，要求完成“快进→工作→快退→停止（卸荷）”的工作循环。已知：切削阻力为 13 412 N，运动部件自重为 5 390 N，快进行程为 300 mm，工进行程为 100 mm，快进和快退运动速度为 4.5 m/min，工进速度为 60～1 000 mm/min，加速和减速时间为Δt=0.2 s，机床采用平导轨，摩擦系数为$\mu = 0.1$。

附录A 液压实训设备的基本操作

液压实训设备的基本操作（如图 A-1 所示为德国博世力士乐公司制造的液压实训教学设备）主要包括液压元件和油管的安装与拆卸、液压动力站的开启与关闭、P/T 分配器的供油/卸荷模式、液压系统的卸压。

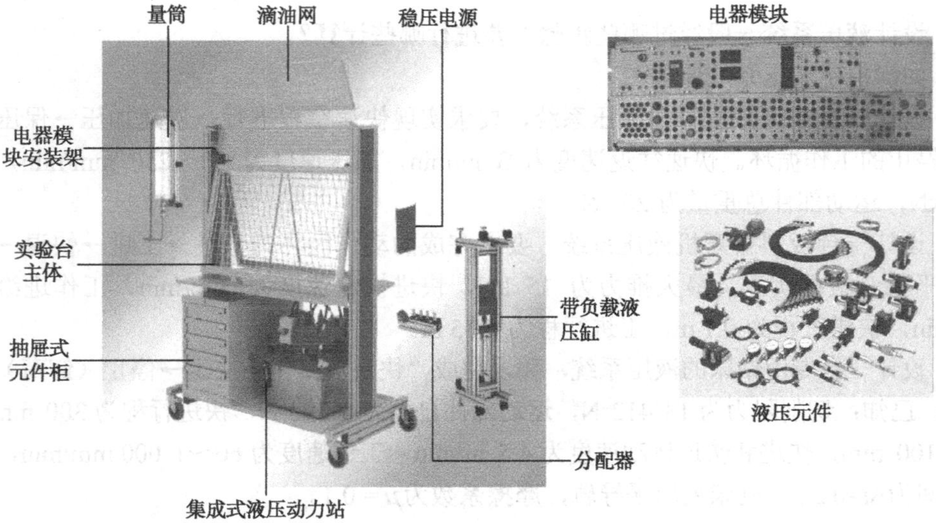

图 A-1　液压实训教学设备

1. 安装与拆卸

1）元件的安装与拆卸

带快速安装底板的液压元件可直接安装到实验网格板上，安装时必须注意牢固，拆卸时注意安全。

2）油管的安装与拆卸

安装带快速接头的油管时如图 A-2 所示，对正接口，用力一推听到“啪”的一声说明安装到位。拆卸时手握油管头部，用拇指和食指回拉锁紧管套即可。

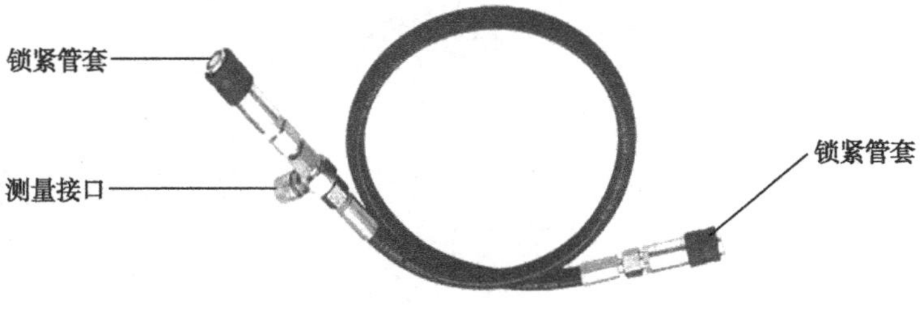

图 A-2　油管示意图

2. 液压动力站的开启与关闭

1）准备

如图 A-3 所示为液压动力站，先从外观上检查液压设备是否符合启动条件，再检查外接油路连接，检查完毕后即可开启液压动力站。

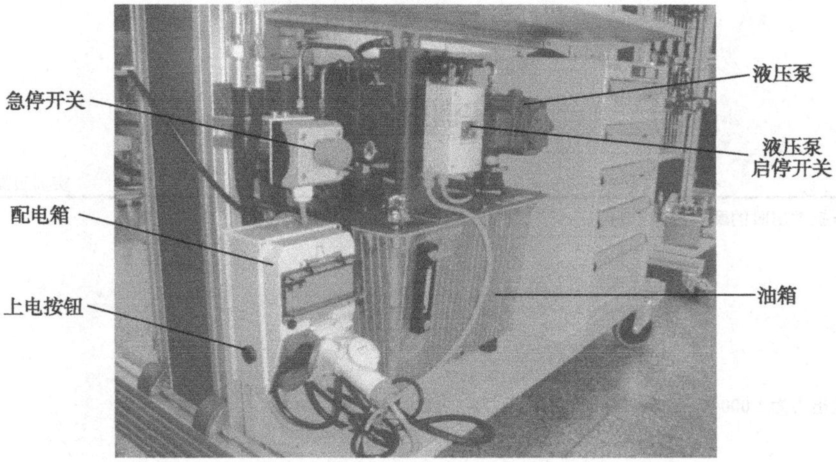

图 A-3 液压动力站示意图

2）开启

打开电源总开关，旋出急停开关，打开液压泵启停开关，最后按下配电箱上电按钮，液压泵开始运转。

3）关闭

按下急停开关，液压泵停止工作，关闭电源总开关。

3. P/T 分配器的供油/卸荷模式

P/T 分配器上有两对用于 P（液压泵）和 T（油箱）的油管接头，用于连接油管到不同的元件上。如图 A-4 所示，通过操纵分配器上的手柄实现供油模式和卸荷模式的切换。

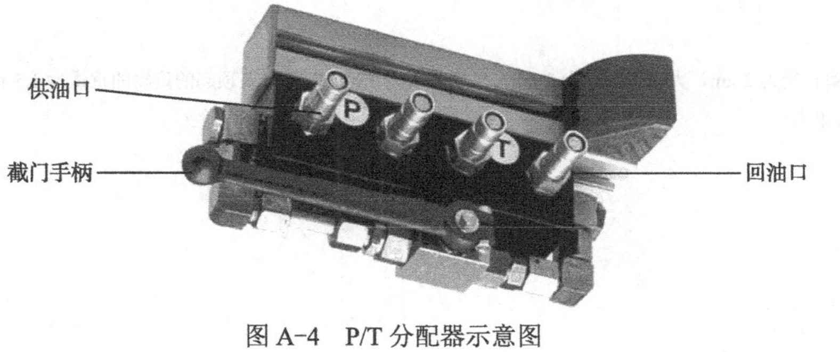

图 A-4 P/T 分配器示意图

4. 液压系统的卸压

（1）在液压设备上安装液压系统后，拆卸前必须先进行卸压，否则会因管道和元件中油液压力过大而导致下次液压系统安装困难。

（2）卸压时要将节流阀、调速阀、截止阀及作为背压阀的溢流阀开口或弹簧全部打开，便于液流畅通。

（3）先将液压泵关闭，然后反复按压指令开关，使换向阀处于换向状态，以将系统内多余的压力油排出。

（4）当系统的压力表指示为零时表示卸压完毕，最后关闭系统的电源开关。

附录B　实训报告

实训报告1

实训日期：

1．计算液压缸伸出时的摩擦力。

2．液压缸输出力为1 000 N，计算液压缸伸出时无杆腔的压力。

3．液压缸输出力为2 000 N，活塞面积为3 qcm，液压源工作压力为15 MPa，计算液压缸伸出时无杆腔的压力。

4．分析液压千斤顶的组成及各部分的作用。

5．假设小活塞直径为2 cm，大活塞直径为8 cm，手柄长度为15 cm，若需要顶起的重物的重量为1.5 t，试确定在手柄上应施加多大的作用力？

考核要求与标准：

考核内容		配　分	得　分
按要求正确完成各项操作		20	
动作顺序符合要求		20	
整理好实训设备，关闭计算机		10	
实训报告		50	
教师签字		总得分	

实训报告2

实训日期：

1．填写实验记录表。

出口压力（MPa）	1.5	2	2.5	3	4	最大压力
记录时间（s）	10	10	10	10	10	10
量筒读数（L）						
流量（L/min）						

2．绘出 *P*–*Q* 曲线图。

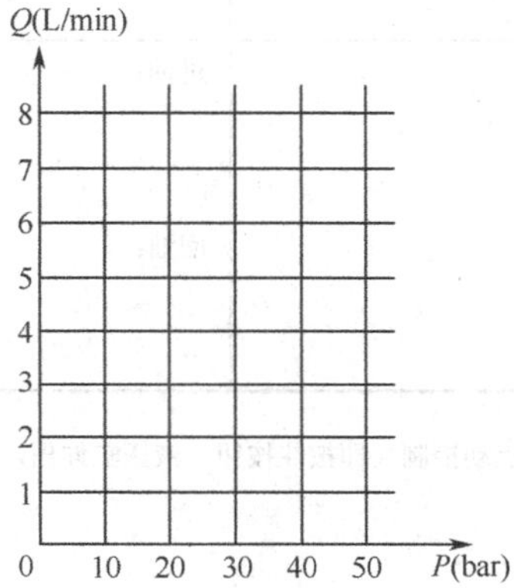

3．总结。

（1）压力与流量的关系。

（2）液压泵正常工作的压力范围。

（3）压力与负荷的关系。

考核要求与标准：

考 核 内 容		配　分	得　分
按要求正确完成各项操作		20	
动作顺序符合要求		20	
关断液压源，拆下管路，整理好，所有元件归位		10	
实训报告		50	
教师签字		总得分	

实训报告 3

实训日期：

1．描述项目 3 任务 2（液压缸的伸出自保持控制）系统回路的工作过程。

指令开关控制	电气回路元件的状态描述	油流情况
按下 SA1		进油： 回油：
按下 SA2		进油： 回油：

2．要求采用间接控制的方式实现液压缸点动控制（即按住按钮，液压缸伸出，松开按钮，液压缸返回），画出液压回路和控制电路。

考核要求与标准：

考 核 内 容		配　分	得　分
按要求正确完成各项操作		30	
动作顺序符合要求		20	
关断液压源，拆下管路，整理好，所有元件归位		10	
实训报告		40	
教师签字		总得分	

实训报告4

实训日期：

1．描述项目4任务2（液压马达的正/反转自保持控制）系统回路的工作过程。

指令开关控制	电气回路元件的状态描述	油流情况
按下SA1		进油： 回油：
按下SA2		进油： 回油：
按下SA3		

2．要求采用间接控制的方式实现液压马达的点动控制（即按住按钮SA1，液压马达正转，松开按钮SA1，液压马达停止转动；按住按钮SA2，液压马达反转，松开按钮SA2，液压马达停止转动），画出液压回路和控制电路。

考核要求与标准：

考核内容		配分	得分
按要求正确完成各项操作		30	
动作顺序符合要求		20	
关断液压源，拆下管路，整理好，所有元件归位		10	
实训报告		40	
教师签字		总得分	

实训报告 5

实训日期：

1. 描述项目 5 任务 1（淬火炉）系统回路的工作过程。

换向阀手柄	油流情况
按下	进油： 回油：
松开	进油： 回油：

2. 描述项目 5 任务 2（压合装置）系统回路的工作过程。

控制条件	电气回路元件状态描述	油流情况
按下 SA1		进油： 回油：
油缸无杆腔压力达到 40bar		进油： 回油：

3. 如将项目 5 任务 2 液压回路中的二位四通单电控电磁阀改为三位四通双电控电磁阀，控制要求不变，请画出控制电路。

考核要求与标准：

考 核 内 容		配　　分	得　　分
按要求正确完成各项操作		30	
动作顺序符合要求		20	
关断液压源，拆下管路，整理好，所有元件归位		10	
实训报告		40	
教师签字		总得分	

实训报告6

实训日期：

1．描述钻床夹紧机构系统回路的工作过程。

控制条件	电气回路元件状态描述	油流情况
按下 SA1		进油： 回油：
夹紧压力达到设定值		
按下 SA2		进油： 回油：

2．当夹紧缸的夹紧力达到设定值后钻机自动下降，钻机的下降速度可调，钻孔完毕后按下停止按钮钻机上升，请画出钻机升降回路。

考核要求与标准：

考 核 内 容		配 分	得 分
按要求正确完成各项操作		25	
动作顺序符合要求		25	
关断液压源，拆下管路，整理好，所有元件归位		10	
实训报告		40	
教师签字		总得分	

实训报告7

实训日期：

1．画出液压折弯机的系统回路图。

2．画出液压工作台的系统回路图。

考核要求与标准：

考 核 内 容		配　　分	得　　分
按要求正确完成各项操作		30	
动作顺序符合要求		30	
关断液压源，拆下管路，整理好，所有元件归位		10	
实训报告		30	
教师签字		总得分	

实训报告8

实训日期：

1．画出搅拌装置的液压回路和电气控制回路。

2．画出冲压液压机液压回路图的电气控制回路。如将液压回路中的二位四通单电控电磁阀改为三位四通双电控电磁阀（如图8-9所示），画出相应的电气控制回路。

考核要求与标准：

考核内容		配分	得分
按要求正确完成各项操作		30	
动作顺序符合要求		30	
关断液压源，拆下管路，整理好，所有元件归位		10	
实训报告		30	
教师签字		总得分	

实训报告9

实训日期：

1．画出如图9-7所示切削装置液压回路修改图的电气控制回路。

2．画出如图9-10所示钻机升降机构液压回路修改图的电气控制回路。

考核要求与标准：

考核内容		配分	得分
按要求正确完成各项操作		30	
动作顺序符合要求		30	
关断液压源，拆下管路，整理好，所有元件归位		10	
实训报告		30	
教师签字		总得分	

实训报告 10

实训日期：

将液压回路中的三位四通双电控电磁阀换成二位四通单电控电磁阀，画出相应的液压回路图和电气回路图。

考核要求与标准：

考核内容		配　分	得　分
按要求正确完成各项操作		30	
动作顺序符合要求		30	
关断液压源，拆下管路，整理好，所有元件归位		10	
实训报告		30	
教师签字		总得分	

实训报告 11

实训日期：

1．将接近开关 B3 设置在 150 mm 位置，调节溢流阀设置负载压力，记录液压缸的制动距离。

负载压力	停止位置	制动距离	负载压力	停止位置	制动距离
10 bar			30 bar		
20 bar			40 bar		
25 bar			45 bar		

结论：

2．通过实验完成以下问题。

（1）液压缸速度的改变与指令值之间呈现怎样的变化关系？

（2）什么因素决定着液压缸的移动方向？

（3）滑阀在阀体上有一定的叠盖量，通过调节指令值调用 1 确定液压缸开始移动的最小指令值？

（4）斜坡信号影响哪些方面？

（5）如果指令值增大，液压缸的制动距离如何变化？

考核要求与标准：

考核内容		配分	得分
按要求正确完成各项操作		30	
动作顺序符合要求		20	
关断液压源，拆下管路，整理好，所有元件归位		10	
实训报告		40	
教师签字		总得分	

实训报告12

实训日期：

1．填写图12-4（a）中各个元件的名称和作用。

编　号	元件名称	作　用
1		
2		
3		
4		
5		
6、7		
8、9		
10		
11		
12		
13、14		

2．描述系统的工作过程。

考核要求与标准：

考核内容		配　分	得　分
按要求正确完成各项操作		30	
动作顺序符合要求		20	
关断液压源，拆下管路，整理好，所有元件归位		10	
实训报告		40	
教师签字		总得分	

实训报告 13

实训日期：

写出塑料注射成型机液压系统部分工况下回路的动作过程。

1．合模

（1）慢速合模

进油路：泵 2—电液换向阀 5—合模缸 28

回油路：

（2）快速合模

进油路：

回油路：

2．注射座前移

进油路：

回油路：

3．注射

（1）慢速注射

进油路：

回油路：

（2）快速注射

进油路：

回油路：

4．保压

进油路：

回油路：

5．顶出

进油路：

回油路：

考核要求与标准：

考核内容		配分	得分
按要求正确完成各项操作		20	
动作顺序符合要求		20	
关断液压源，拆下管路，整理好，所有元件归位		10	
实训报告		50	
教师签字		总得分	

实训报告14

实训日期：

在下方空白处写出金属屑压块机的PLC控制程序。

考核要求与标准：

考核内容	配分	得分
按要求正确完成各项操作	40	
动作顺序符合要求	30	
关断液压源，拆下管路，整理好，所有元件归位	10	
实训报告	20	
教师签字	总得分	

实训报告 15

实训日期：

1．写出液压支架液压系统部分工况下回路的动作过程。

（1）升柱

进油路：＿＿＿＿＿＿＿＿＿＿＿＿＿＿＿＿＿＿＿＿

回油路：＿＿＿＿＿＿＿＿＿＿＿＿＿＿＿＿＿＿＿＿

（2）移架

进油路：＿＿＿＿＿＿＿＿＿＿＿＿＿＿＿＿＿＿＿＿

回油路：＿＿＿＿＿＿＿＿＿＿＿＿＿＿＿＿＿＿＿＿

2．在下方空白处画出液压支架的日常维护点检表。

考核要求与标准：

考 核 内 容		配　分	得　分
按要求正确完成各项操作		30	
动作顺序符合要求		20	
关断液压源，拆下管路，整理好，所有元件归位		10	
实训报告		40	
教师签字		总得分	

实训报告16

实训日期：

1．在下方空白处画出叉车的日常维护点检表。

2．如叉车的门架无法倾斜或操纵缓慢，试分析故障原因和排除方法。

考核要求与标准：

考 核 内 容		配　分	得　分
按要求正确完成各项操作		20	
动作顺序符合要求		20	
关断液压源，拆下管路，整理好，所有元件归位		10	
实训报告		50	
教师签字		总得分	

附录C　课程设计任务书

<table>
<tr><td colspan="2">项目名称</td><td colspan="3"></td></tr>
<tr><td colspan="2">指导老师</td><td colspan="3"></td></tr>
<tr><td colspan="5">课题组成员</td></tr>
<tr><td>姓名</td><td colspan="2">任务分工</td><td>姓名</td><td>任务分工</td></tr>
<tr><td></td><td colspan="2"></td><td></td><td></td></tr>
<tr><td></td><td colspan="2"></td><td></td><td></td></tr>
<tr><td></td><td colspan="2"></td><td></td><td></td></tr>
<tr><td colspan="5">背景说明：</td></tr>
<tr><td colspan="5">目的与意义：</td></tr>
<tr><td>课程设计计划进度</td><td colspan="4">每一阶段的主要任务、实施时间安排、阶段成果和主要责任人：</td></tr>
<tr><td>审查意见</td><td colspan="4">指导老师意见：
签名：　　　　年　　月　　日</td></tr>
</table>

学生签名：

附录D 常用液压元件图形符号

1. 液压泵、液压马达和液压缸

名称		符号
液压泵	液压泵	
	单向定量液压泵	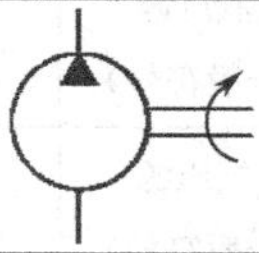
	双向定量液压泵	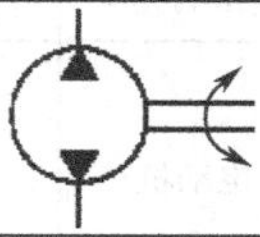
	单向变量液压泵	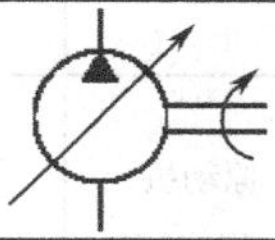
	双向变量液压泵	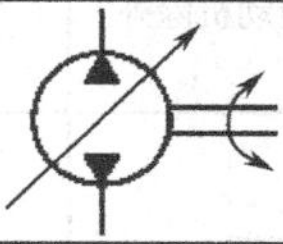
液压马达	液压马达	
	单向定量液压马达	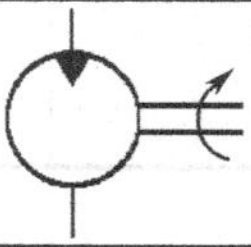
	双向定量液压马达	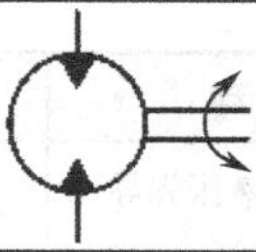
	单向变量液压马达	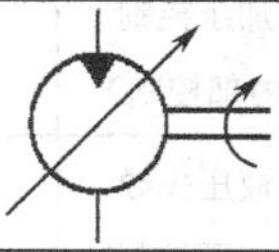
	双向变量液压马达	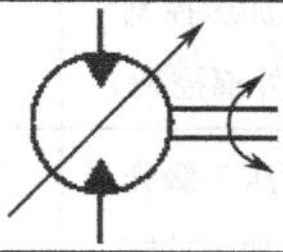
	摆动马达	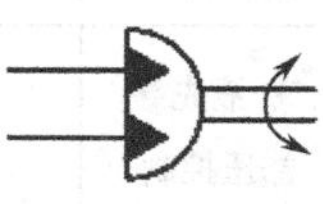

名称		符号
泵-马达	定量液压泵-马达	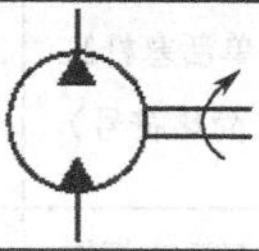
	变量液压泵-马达	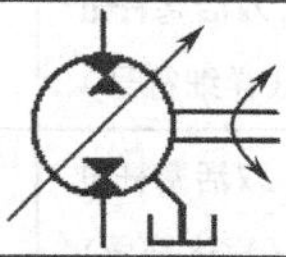
	液压整体式传动装置	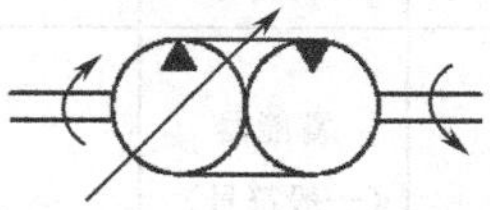
单作用缸	单活塞杆缸（详细符号）	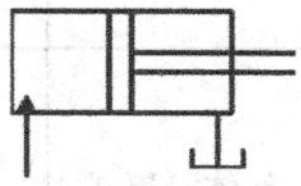
	单活塞杆缸（简化符号）	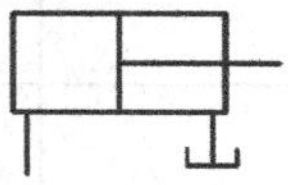
	带弹簧复位单活塞杆缸（详细符号）	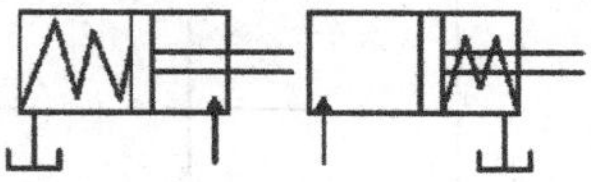
	带弹簧复位单活塞杆缸（简化符号）	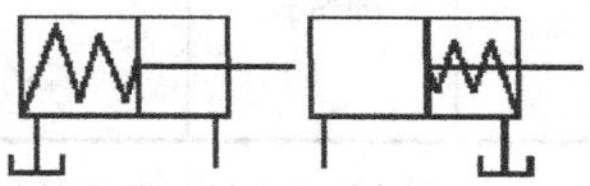
	柱塞缸	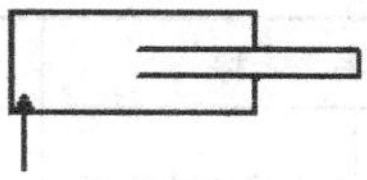
	伸缩缸	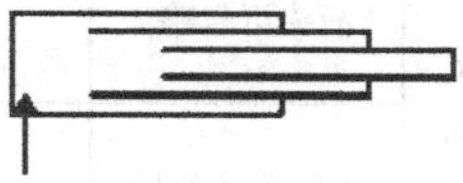
压力转换器	气-液转换器（单程作用）	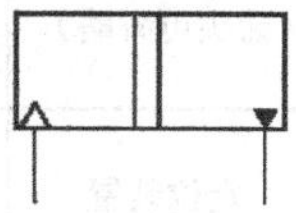
	气-液转换器（连续作用）	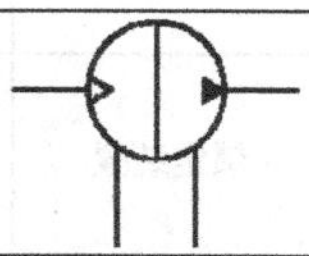

续表

名称		符号	名称		符号
双作用缸	单活塞杆缸（详细符号）	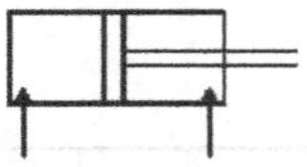	压力控制器	增压器（单程作用）	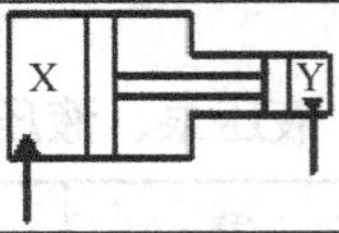
	单活塞杆缸（简化符号）	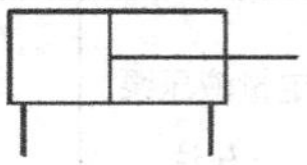		增压器（连续作用）	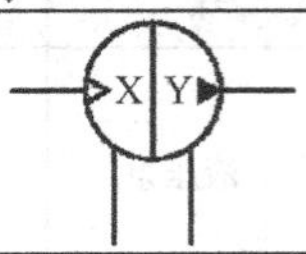
	双活塞杆缸（详细符号）	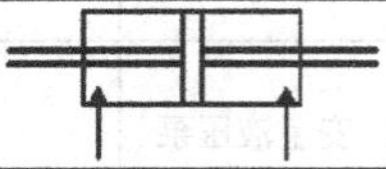	能量源	液压源（一般符号）	
	双活塞杆缸（简化符号）	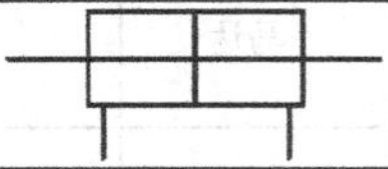		气压源（一般符号）	
蓄能器	蓄能器（一般符号）			电动机	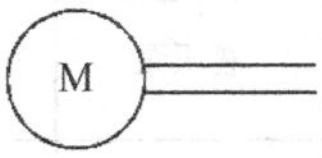
	气体隔离式			原动机（电动机除外）	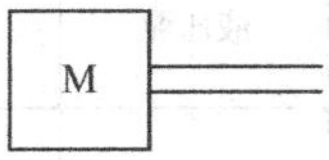
	重锤式		辅助气瓶		
	弹簧式		气罐		

2. 机械控制装置和控制方法

名称		符号	名称		符号
机械控制件	直线运动的杆（箭头可省略）		先导压力控制方法	液压先导加压控制（内部控制）	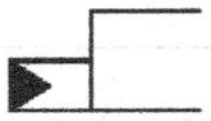
	旋转运动的轴（箭头可省略）	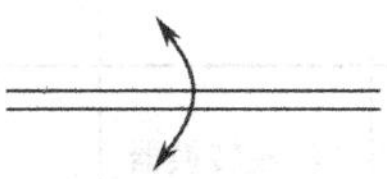		液压先导加压控制（外部控制）	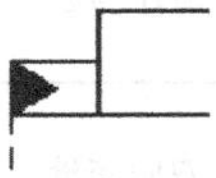
机械控制件	定位装置		先导压力控制方法	液压二级先导加压控制	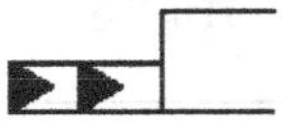
	锁定装置	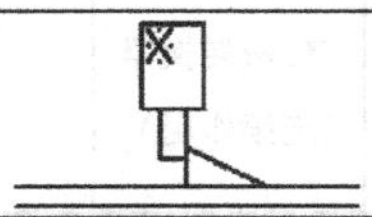		气-液先导加压控制	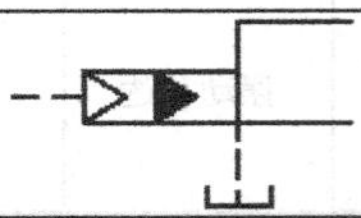

续表

名称		符号
机械控制件	弹跳机构	
机械控制方法	顶杆式	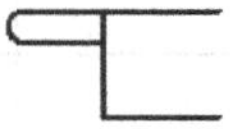
	可变行程控制式	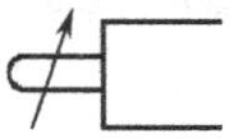
	弹簧控制式	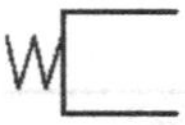
	滚轮式	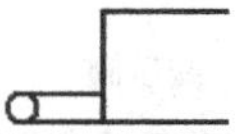
	单向滚轮式（箭头可省略）	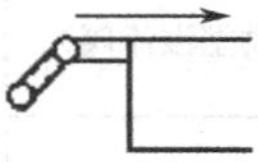
人力控制方法	人力控制（一般符号）	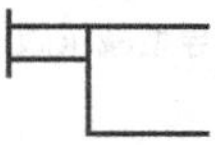
	按钮式	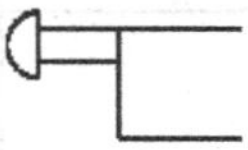
	拉钮式	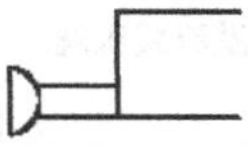
	按-拉式	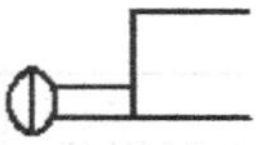
	手柄式	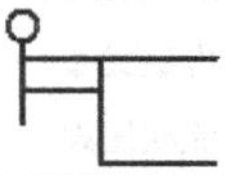
	单向踏板式	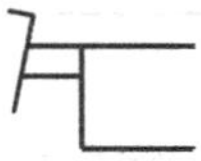
人力控制方法	双向踏板式	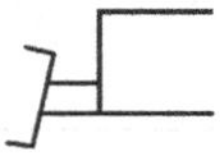
反馈控制方法	反馈控制（一般符号）	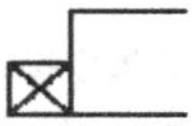

名称		符号
先导压力控制方法	电-液先导加压控制	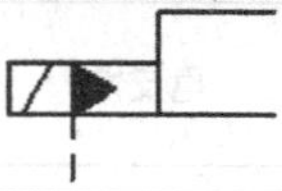
	液压先导卸压控制（内部控制）	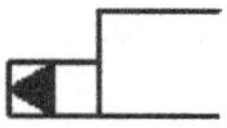
	液压先导卸压控制（外部控制）	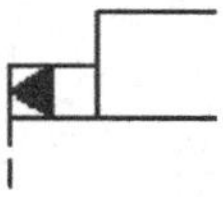
	电-液先导控制	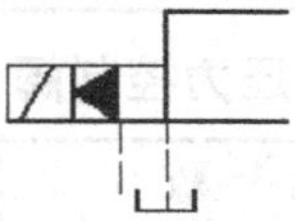
	先导型压力控制阀	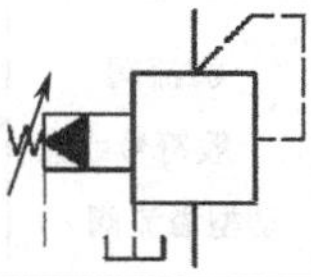
	先导型比例电磁式压力控制阀	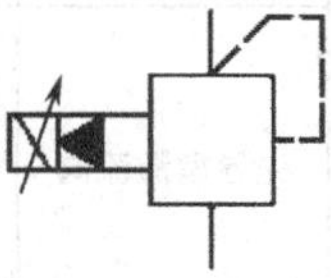
电气控制方法	单作用电磁铁	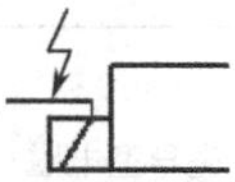
	双作用电磁铁	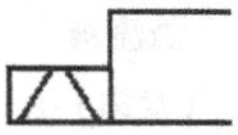
	单作用可调电磁操作	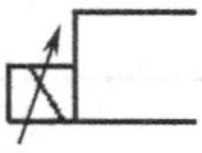
	双作用可调电磁操作	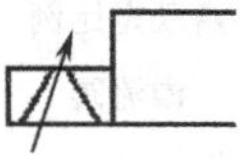
	旋转运动电气控制装置	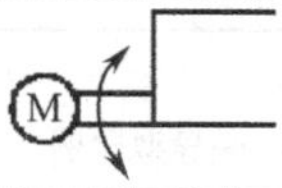
直接压力控制方法	加压或卸压控制	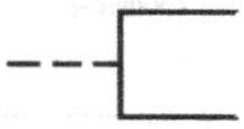
	差动控制	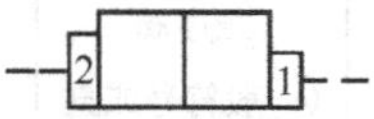

续表

名称		符号	名称		符号
反馈控制方法	电反馈	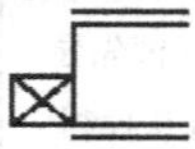	直接压力控制方法	内部压力控制	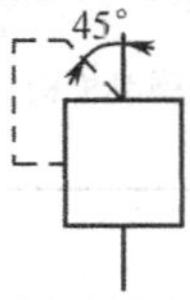
	内部机械反馈	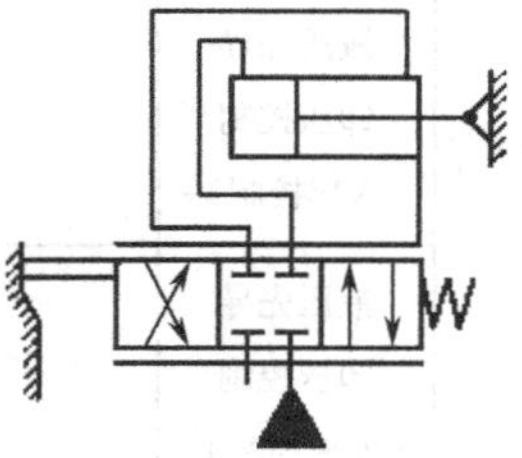		外部压力控制	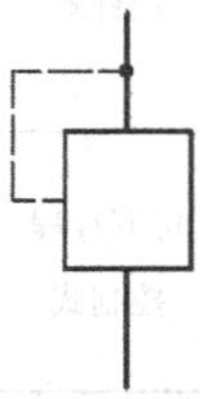

3. 压力控制阀

名称		符号	名称		符号
溢流阀	溢流阀（一般符号或直动型溢流阀）	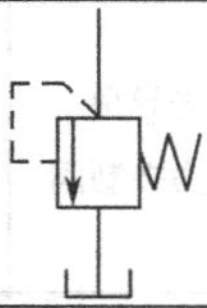	减压阀	减压阀（一般符号或直动型溢流阀）	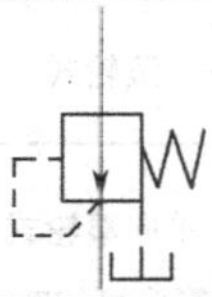
	先导型溢流阀	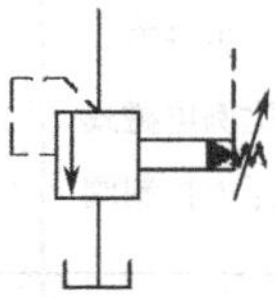		先导型减压阀	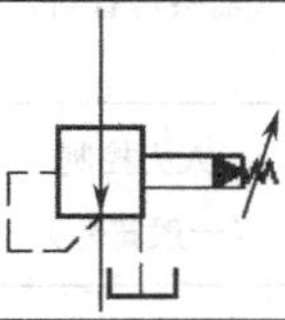
	先导型电磁溢流阀（常闭）	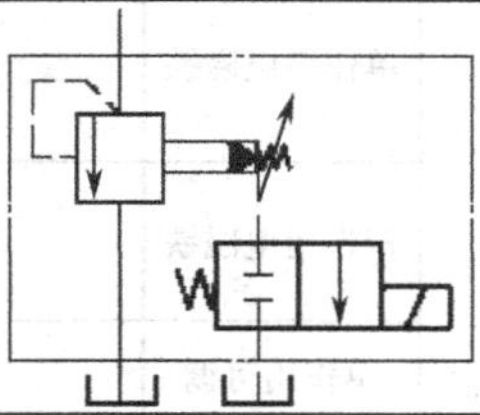		溢流减压阀	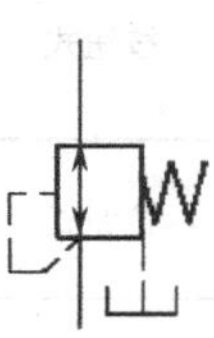
	直动型比例溢流阀	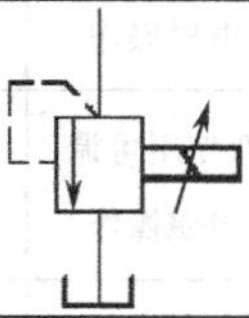		先导型比例电磁式溢流减压阀	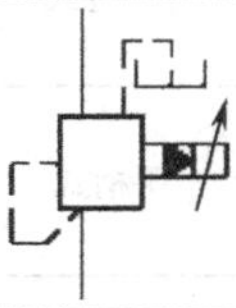
溢流阀	先导型比例溢流阀	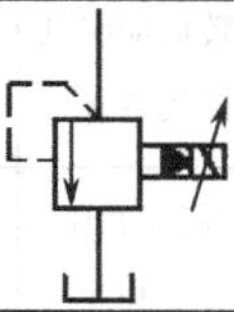	减压阀	定差减压阀	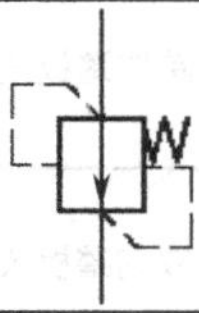
顺序阀	顺序阀（一般符号或直动型溢流阀）	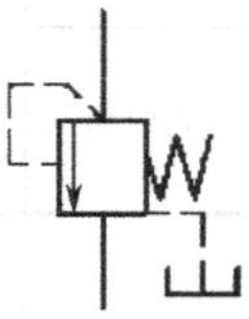	顺序阀	单向顺序阀（平衡阀）	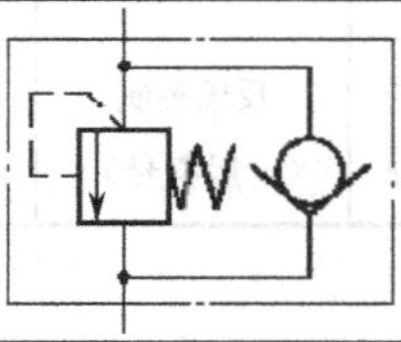

续表

名称		符号	名称	符号
顺序阀	先导型顺序阀	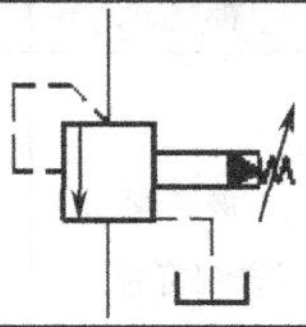	卸荷阀	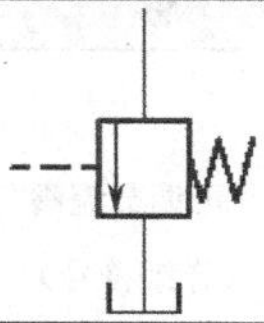

4. 方向控制阀

名称		符号	名称		符号
单向阀		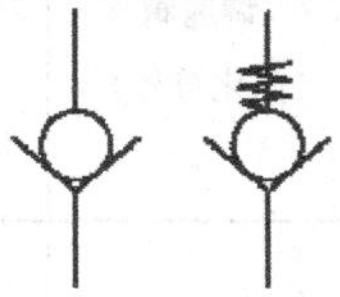	换向阀	二位五通液动阀	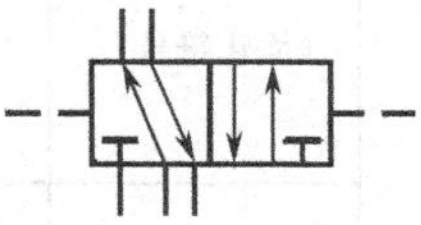
液控单向阀		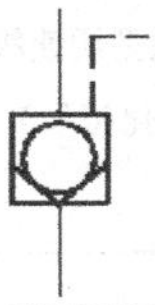		二位四通机动阀	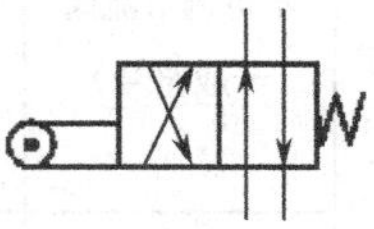
双液控单向阀（双向液压锁）		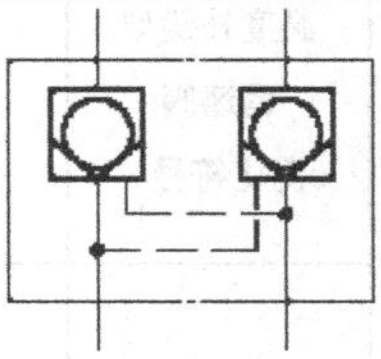		三位四通电磁阀	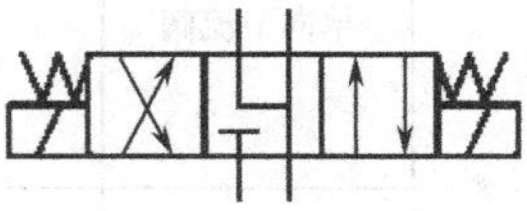
换向阀	二位二通电磁阀（常断）	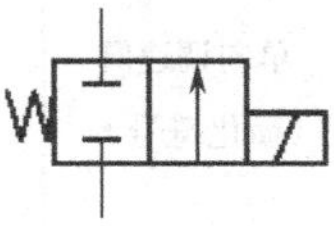		三位四通电液阀（内控外泄）	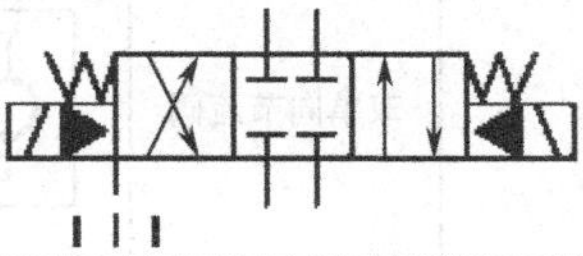
	二位二通电磁阀（常通）	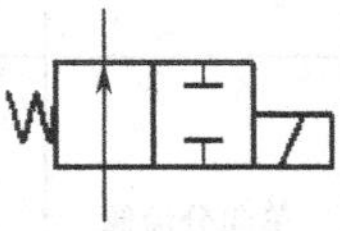		三位五通电磁阀	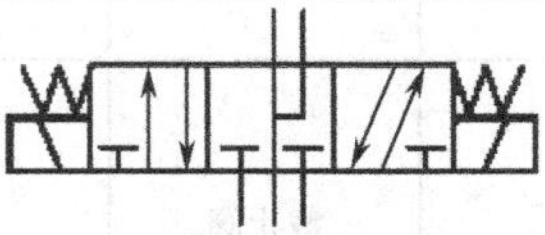
换向阀	二位三通电磁阀	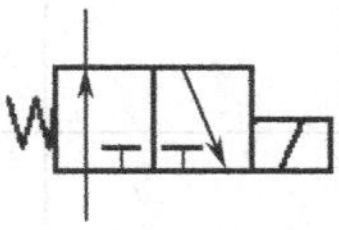	换向阀	三位六通手动阀	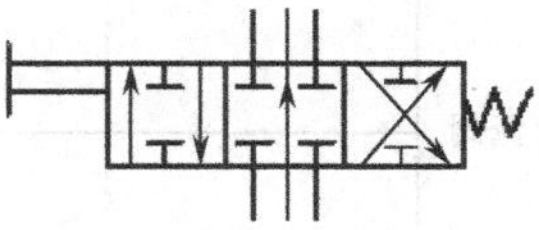
	二位三通电磁球阀	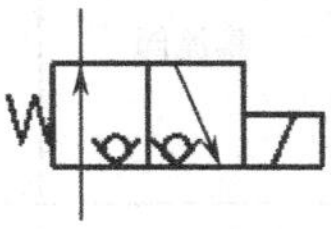		三位四通比例阀（中位正遮盖）	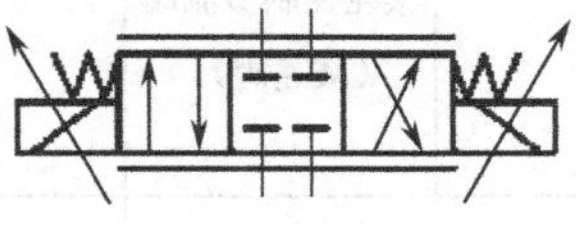
	二位四通电磁阀	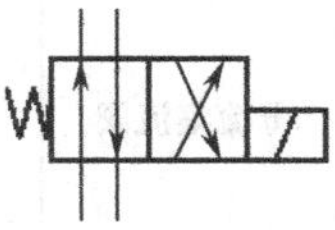		四通伺服阀	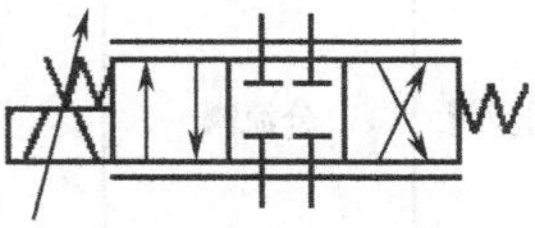

5. 流量控制阀

名称		符号	名称		符号
节流阀	可调节流阀（详细符号）	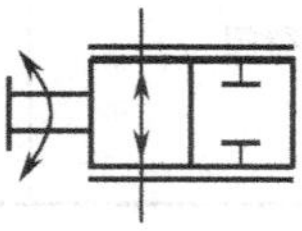	调速阀	调速阀（详细符号）	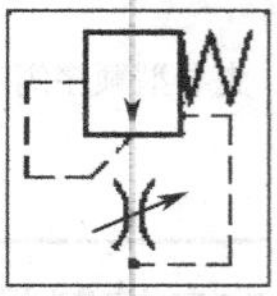
	可调节流阀（简化符号）			调速阀（简化符号）	
	不可调节流阀（一般符号）	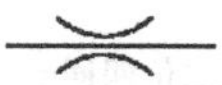		旁通型调速阀（简化符号）	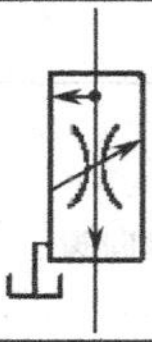
	单向节流阀	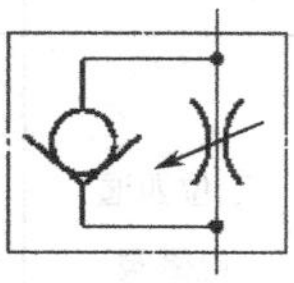		温度补偿型调速阀（简化符号）	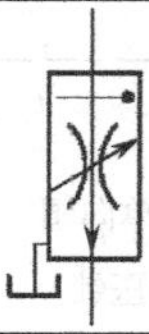
	双单向节流阀	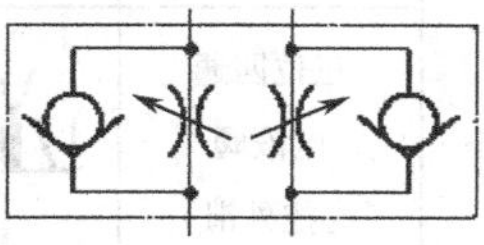		单向调速阀（简化符号）	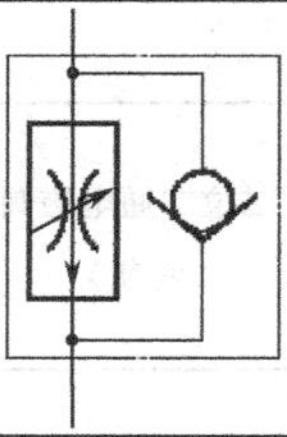
节流阀	截止阀		同步阀	单向分流阀	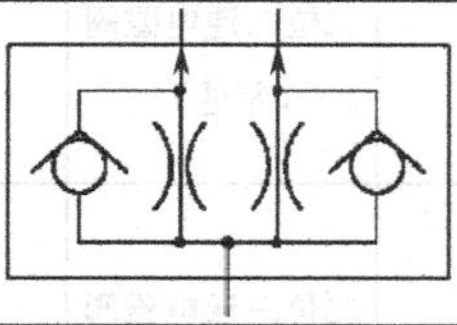
	滚轮控制节流阀（减速阀）	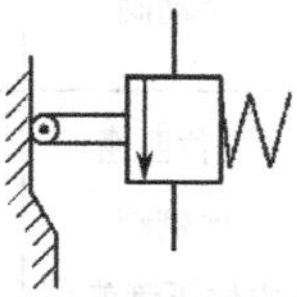		集流阀	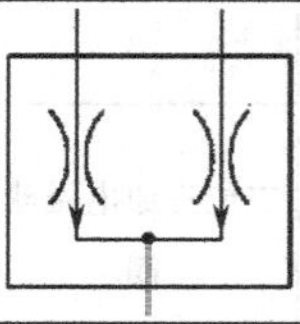
同步阀	分流阀	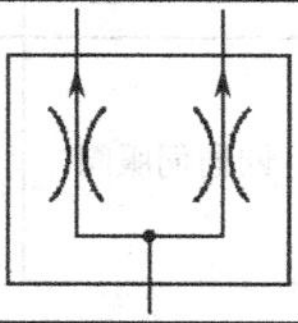		分流集流阀	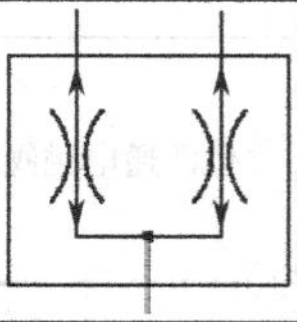

6. 油箱

名称		符号	名称		符号
通大气式	管端在液面上	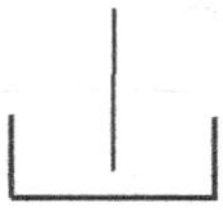	油箱	管端在油箱底部	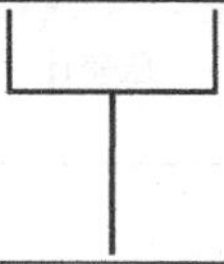
				局部泄油或回油	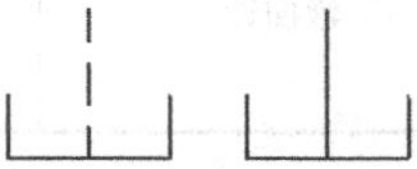
	管端在液面下（带过滤器）	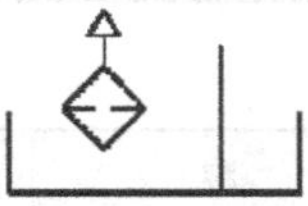		加压油箱或密闭油箱	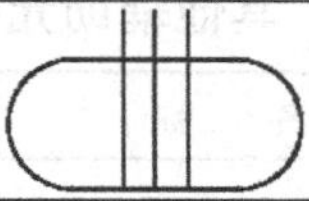

7. 流体调节器

名称		符号	名称		符号
过滤器	过滤器（一般符号）	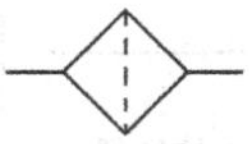	空气过滤器		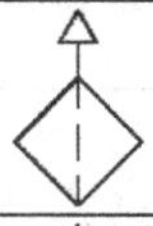
	带污染指示器的过滤器	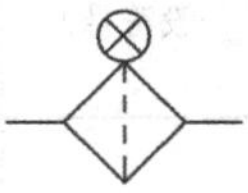	温度调节器		
过滤器	磁性过滤器	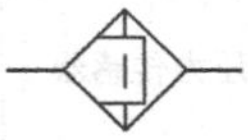	冷却器	冷却器（一般符号）	
	带旁通阀的过滤器	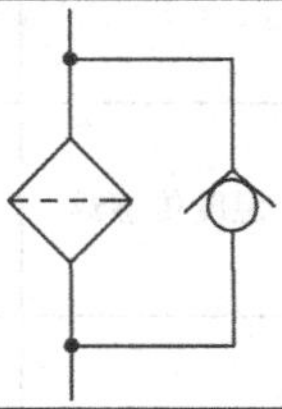		带冷却剂管路的冷却器	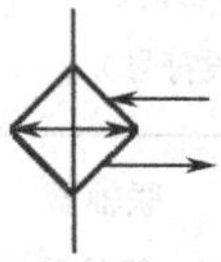

8. 检测器、指示器

名称		符号	名称		符号
压力检测器	压力指示器		流量检测器	流量计	
				累计流量计	
	压力表（计）			检流计（液流指示器）	
	电接点压力表（压力显控器）	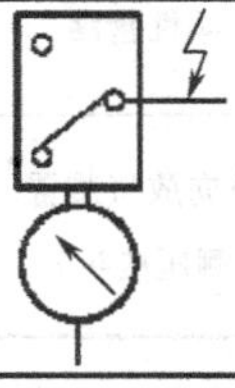	温度计		

续表

名　　称	符　　号	名　　称	符　　号
压力检测器 压差计		转速仪	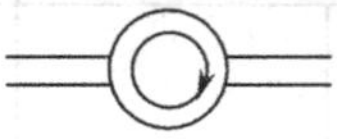
液面计		转矩仪	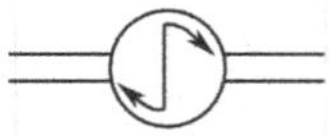

9. 其他辅助元器件

名　　称	符　　号	名　　称	符　　号
压力继电器（详细符号）		压差开关	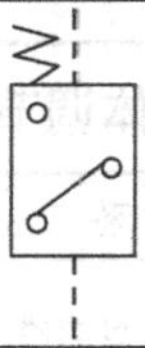
压力继电器（一般符号）	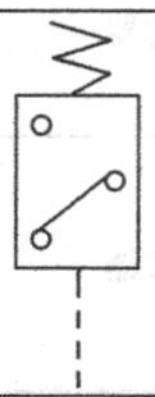	传感器 传感器（一般符号）	
行程开关（详细符号）	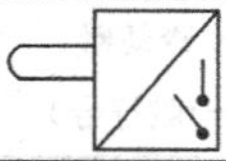	传感器 压力传感器	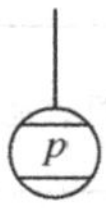
行程开关（一般符号）	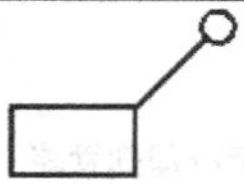	传感器 温度传感器	
联轴器 联轴器（一般符号）		放大器	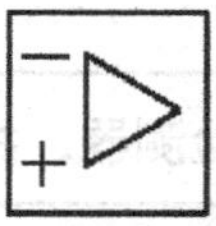
联轴器 弹性联轴器	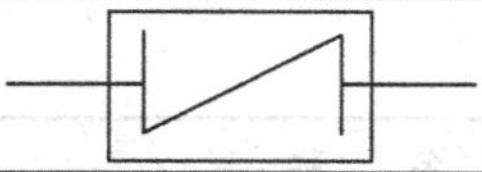		

10. 管路、管路连接口和接头

名　　称	符　　号	名　　称	符　　号
管路 管路（压力管路或回油管路）		管路 交叉管路	
管路 连接管路	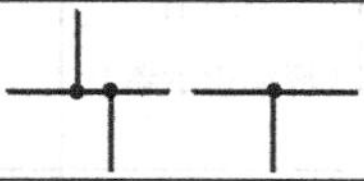	管路 柔性管路	
管路 控制管路		管路 单向放气装置（测压接头）	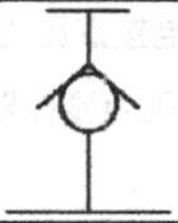

续表

名称		符号	名称		符号
快换接头	不带单向阀的快换接头	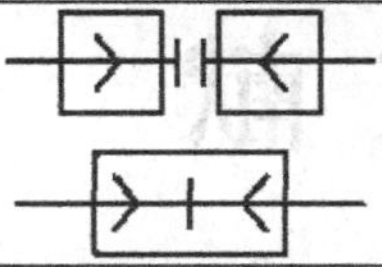	旋转接头	单通路旋转接头	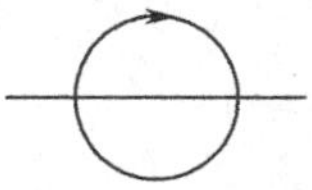
	带单向阀的快换接头	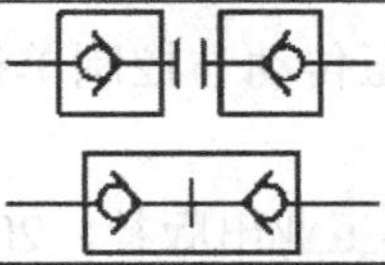		三通路旋转接头	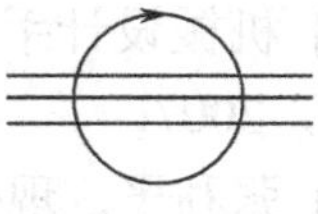

参 考 文 献

[1] 机械设计手册编委会．机械设计手册（液压传动与控制单行本）．北京：机械工业出版社，2007．

[2] 张利平．现代液压技术 220 例．北京：化学工业出版社，2004．

[3] 周士昌．液压系统设计图集．北京：机械工业出版社，2004．

[4] 吴卫荣．液压技术．北京：中国轻工业出版社，2011．

[5] 张勤．液压技术与实训．北京：科学出版社，2011．

[6] 徐瑞银，候印浩，宋志安．液压传动技术．济南：山东科学技术出版社，2009．

[7] 左健民．液压与气压传动．北京：机械工业出版社，2001．

[8] FESTO 液压培训教材．

[9] 博世力士乐比例与伺服阀技术培训教材．

[10] 博世力士乐液压操作教师指导手册．